魔法森林

開啟生命、生態與靈性對話的詩意空間

Enchanted Forests

The Poetic Construction of A World Before Time

Boria Sax

博利亞・薩克斯——著　劉泗翰——譯

獻給在那片我稱之為「我的森林」裡的樹木，
雖然那並不是我的，而是他們的。
獻給住在林間枝椏、岩縫、地洞與樹蔭裡的
動物、植物與蕈菇。

導言：森林與記憶 Introduction: Forests and Memory 045

Chapter 01

樹與葉 Wood and Leaves 059

01 森林：沒有大腦的思考之地
02 森林意象藏在神話與字源裡
03 走進森林身分認同跟著流動
04 森林萬物的語音表意
05 森林的語言充滿暗示的力量

Chapter 02

樹的靈性 The Spirituality of Trees 079

06 雜種與異常是污染或神聖？
07 民間傳說中的植物體現萬物有靈
08 世界之樹：連結宇宙各部分的紐帶
09 樹木的靈性渴望天國？

Chapter 03

森林的神祕生物 Mythic Beings of the Forest 103

10 恩基杜：野人的基本形象
11《西遊記》樹精幻化人形
12 非洲「邪惡」森林帶來危險與解脫

Chapter 04
征服森林 Conquest of the Woods 125
13 人類英雄殺死森林守護者
14 遇見現代版的胡姆巴巴

Chapter 05
皇室狩獵 The Royal Hunt 139
15 重新思考動物的狩獵化與馴化
16 狩獵的兩種模式：收穫與採集
17 管理森林：從公共財到皇室保留地
18 國王將森林經營神聖化
19 中世紀森林彰顯皇室魅力
20 美洲森林成為男性的荒野樂園
21 雄鹿斑比的真實林中生活

Chapter 06
森林與死亡 The Forest and Death 181
22 羅馬時代的日耳曼印象
23 日耳曼與羅馬森林：從文明的邊界到庇護地
24 但丁《神曲》裡的暗黑森林
25 日耳曼確立森林民族的身分認同
26 森林裡的死亡：對毀滅的浪漫渴望
27 從《林中獵人》思索人類介入自然

Chapter 07
森林之主 Lord of the Forest 205
28 與擬人化的森林靈魂對話
29 綠騎士：超自然力量的使者
30 綠騎士史詩顯現童話特質
31 煉金術：神祕的身心轉化過程

Chapter 08
森林女王 Lady of the Forest 225
32 雅加婆婆：反映人類對自然的矛盾心態
33〈糖果屋〉：以森林為背景的恐怖童話
34 森林女子：原始強大的自然化身
35 母樹：傳遞智慧的樹族女族長

Chapter 09
古典、洛可可與哥德森林 Classical, Rococo and Gothic Woods 245
36 維柯的文明史：森林是文明興起與衰敗的條件
37 古典森林：希臘羅馬文化啟發的自然聯想
38 洛可可森林：樹木繁茂的歡樂莊園
39 哥德式森林：掩藏廢墟的陰鬱浪漫
40 哥德式與洛可可風格的互補滲透

Chapter 10
原始森林 The Primeval Forest 271
41 哈德遜河畫派：記錄荒野消失前的輝煌

Chapter 11
夢中森林 The Forest of Dreams 291
42〈睡美人〉：遵循自然界生命模式
43〈玫瑰公主〉：少女融為森林的自然力量
44 迪士尼森林：遊戲精神主宰的皇室幻想
45 創造與行銷夢想的迪士尼世界

Chapter 12
叢林法則 Law of the Jungle 309
46 歐美人驚異幻想的熱帶叢林
47《黑暗之心》：深入西方文明的內心叢林
48 殖民強權在非洲重溫「人類的童年」
49「叢林」之名的暗示

Chapter 13
拿著大斧頭的人 The Man with the Big Axe 333
50 美國政府的森林保護與矛盾

Chapter 14
樹的政治 The Politics of Trees 351
51 木材短缺的政策管理角力
52 納粹德國的環保主張

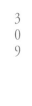

Chapter 15
森林裡的河流 The River in the Forest 373
53 交織科學與情感的森林保護
54 後現代森林：一個包羅萬象的有機整體
55 拒絕人類中心主義的線性觀念

後記 Epilogue 391
文化中的森林．大事記 398
譯名對照 401
原書註 410
延伸閱讀 425
謝詞 429
圖片使用致謝 430

塞繆爾・韋爾（Samuel Wale），《伊甸園中的亞當與夏娃》
（*Adam and Eve in the Garden of Eden*），約 1773 年，版畫。
這裡的天堂是按照植物園的模型想像出來的，亞當和夏娃是植物園的所有人。
他們的支配優勢強大卻不招搖，細心照顧來自全球各地的動植物。

克里斯蒂安・馮・梅歇爾（Christian von Mechel）
仿漢斯・霍爾拜因（Hans Holbein）創作的《墮落》（*The Fall*），
1760 年，版畫。蛇的形狀幾乎完全融入了樹枝。

娃娃島上的樹，印度戈爾康達（*Golconda*），十七世紀初，
以墨水、不透明水彩和金粉繪於畫紙。

約翰・奧古斯都・納普 (John Augustus Knapp)，《世界之樹》（*Yggdrasil*），
十九世紀末或二十世紀初，畫布蛋彩畫。

尚・布迪雄（Jean Bourdichon），
《聖休伯特的異象》（*Vision of St Hubert*），
祈禱書《安妮・德・布列塔尼的美好時光》
（*Grandes Heures d'Anne de Bretagne*）插圖，1503-8 年。

《薩爾斯堡彌撒書》（Salzburg Missal）頁面，1478 年。
在這裡，知識樹和生命樹是同一棵。右半邊帶來死亡，但左邊的一半帶來永生。
這棵樹的樹枝被用來做成釘耶穌的「真十字架」，也出現在樹枝上。

阿布索隆・施圖姆（Absolon Stumme），《耶西之樹》，
1499 年，畫板蛋彩畫。

《報喜的獨角獸》（*Unicorn of the Annunciation*），《時禱書》（*Book of Hours*）
的泥金裝飾插圖，荷蘭，約 1500 年。背景是亞倫開花的手杖，在此處象徵復活。

尚－奧諾黑．佛拉戈納，《鞦韆的快樂危險》，
約 1767-8 年，布面油畫。

尚－奧諾黑．佛拉戈納（Jean-Honoré Fragonard），《紀念品》（*The Souvenir*），
約 1776-8 年，油彩、畫板。

詹姆斯．杜菲爾德．哈丁（James Duffield Harding），
《奧斯塔的奧古斯都凱旋門景觀》（*View of the Triumphal Arch of Augustus, Aosta*），
1850 年，版畫。這座異教紀念碑先是改造成教堂，後來荒廢，任其成了廢墟。
在某種意義上，在拱門陰影下平靜工作的牧民是羅馬征服者的後人。

尤金．拉米（Eugène Lami），《凡爾賽宮的大噴泉》
（*The Grand Waterworks, Versailles*），1844 年，版畫。
興建凡爾賽宮的目的就是為了展示人類掌控自然的能力，大量的水泵甚至可以逆轉水流的方向。到了十九世紀中葉，人類仍然保有這種期望，但是背景中的樹木在幾乎完全不受控制的情況下重新生長，甚至到了開始讓人為人工造景感到不安的程度。

克勞德．羅蘭，《女神與羊男共舞的風景》，1641 年，布面油畫。

彼得羅．法布里斯（Pietro Fabris），《那不勒斯的梅格莉娜與唐安娜宮遠景》（*View of Mergellina and the Palazzo Donn'Anna Beyond, Naples*），1777 年，布面油畫。場景中描繪了漁民在捕魚、農民在烤魚以及其他人在交談。

左圖｜雅克・菲爾明・博瓦雷（Jacques Firmin Beauvarlet）仿佛杭斯瓦・布歇創作的《釣魚》（*Fishing*，左上）與《狩獵》（*Hunting*，左下），十八世紀，水彩版畫。法國洛可可藝術家將森林中的活動變成了情色遊戲，即使畫中主角是兒童。
下圖｜盧卡斯・凡・瓦爾肯博赫（Lucas van Valckenborch），《春天》（*Spring*），1595 年，布面油畫。即使百花盛開的春天已經到來，畫中人物仍然穿著非常正式的服裝。背景是一座文藝復興時期的花園，精心佈置了許多形狀對稱的小塊土地。

《獨角獸越過溪流》（*The Unicorn Crosses a Stream*），
出自《獨角獸掛毯》，荷蘭南部，1495-1505 年，羊毛、絲綢和銀器。
獵人以一種看似儀式化的方式執行任務，上演一齣罪惡與救贖的戲劇。

加斯頓·菲比斯的《狩獵書》插圖，十五世紀。
請注意，步行的農民即使在前景中，也比騎馬的貴族或雄鹿小得多。
中世紀的狩獵確立了階級制度與封建秩序，在這種秩序中，
平民百姓的地位甚至比被獵殺的動物還要低。

保羅・烏切洛（Paolo Uccello），《森林狩獵》（*The Hunt in the Forest*），1470 年代，蛋彩、油彩和黃金繪於畫板。這幅畫裡的背景是拉文納森林，據說但丁在那裡找到靈感，寫下了《神曲》。樹木受到精心照料，枯枝都加以修剪，而且有足夠的空地，可以毫無困難地容納一大群人。

盧卡斯・克拉納赫二世，《薩克森選侯約翰・腓特烈一世的獵鹿》（*Stag Hunt of John Frederick I, Elector of Saxony*），1544 年，布面油畫。這些雄鹿遭到幾乎是產業化規模的獵殺，使用的十字弓是統治階層和仕女專用的。狩獵活動在很大程度上仍然是儀式性的，同時不使用火器，因為使用火器仍被視為缺乏騎士精神。

林登（F. A. Lydon），威爾遜的詩〈致野鹿〉（Address to a Wild Deer）的插圖，
尤其是開頭的幾行：「萬歲，野性之王，孕育自然的源頭／從清晨的起霧以來，
已越過上百個山頂。」選自《詩人的珍寶》（*Gems from the Poets*, 1859-60）。

埃德溫·藍道西爾爵士（Sir Edwin Landseer），
《峽谷王者》（*The Monarch of the Glen*），約 1851 年，布面油畫。
鹿角上的十二犄角被視為是皇室的標誌。

湯瑪斯・科爾，《帝國歷程：野蠻國度》，約 1834 年，布面油畫。

湯瑪斯・科爾，《帝國歷程：田園或農牧國度》，約 1834 年，布面油畫。

約翰・賈斯特（John Gast），《美利堅向前行》（*American Progress*），1872 年，布面油畫。
對這位畫家以及與他同時代的幾乎所有同儕來說，美國向西擴張就是進步的代名詞。

湯瑪斯・科爾，《伊甸園》（*The Garden of Eden*），1828 年，布面油畫。
畫家們根據原始的美國風景來想像《聖經》中的天堂。

自殺森林裡的鷹身女妖哈爾彼，
古斯塔夫・多雷為但丁的《神曲：地獄篇》繪製的插畫，1887 年。

但丁在幽暗的森林裡，古斯塔夫・多雷（Gustave Doré）
為但丁的《神曲：地獄篇》繪製的插圖（1887）。

左圖｜小紅帽和大野狼，阿帕德・施密哈默（Arpád Schmidhammer）繪製的插畫，慕尼黑，約 1904 年。日耳曼人在塑造森林時經常誤導觀眾，讓森林顯得既古老又年輕。森林裡若是長滿如此巨大的樹木，就不太可能擁有如此豐富的地表與林下層植被。

右圖｜亞瑟・拉克姆（Arthur Rackham），童話故事〈糖果屋〉裡韓塞爾和葛蕾特遇到邪惡女巫的插圖，1909 年。此處的醜老太婆看起來與俄羅斯的雅加婆婆沒什麼不同。

伊凡・比利賓替〈美麗的薇希莉莎〉故事繪製的插圖，
薇希莉莎手裡拿著眼睛發亮的骷髏頭，1900 年

伊凡・比利賓（Ivan Bilibin）替〈美麗的薇希莉莎〉
故事繪製的雅加婆婆插圖，1900 年

The Tree of LIBERTY, – with, the Devil tempting John Bull.

左圖｜法蘭西斯．夸爾斯（Francis Quarles），《象形文字 XIV》（*Hieroglyph XIV*），取材自《徽章》（*Emblems*）一書（1696 年）。火焰和落葉是短暫無常的兩個傳統象徵。

右圖｜詹姆斯．吉爾雷（James Gillray），《自由之樹，魔鬼誘惑約翰牛》（*The Tree of Liberty, with the Devil tempting John Bull*），1798 年，手繪彩色蝕刻版畫。這幅漫畫將法國大革命期間種植的自由之樹與背景中的英國傳統樹木進行了對比。

3 Comic Sections
THE POST-STANDARD
SYRACUSE, N.Y., SUNDAY, DECEMBER 11, 1938
16 Pages of Colored Comics
405-12-11-38
Tarzan
by EDGAR RICE BURROUGHS
TARZAN'S ENEMY
LINDA AND MARSADA PUSHED ON THROUGH THE WILDERNESS IN SEARCH OF THE "MISSING LINK." MARSADA GLANCED FREQUENTLY INTO THE TREES, FOR THERE, HE WAS TOLD, HE WOULD FIND HIS QUARRY. AND TO THE KEEN EARS OF THE SENTINEL APE CAME THE SOUND OF THE SAFARI. HE HID IN THE BUSHES.
AND WHEN HE SAW THE MAN-THINGS MARCHING, HE RACED TO GIVE THE ALARM TO HIS FELLOWS WHO-----
-WERE FEEDING PEACEABLY WHILE TARZAN, THEIR NEW KING, TOOK A MIDDAY NAP IN THE TREES.
OGLUT, THE FORMER KING, WHOM TARZAN HAD CONQUERED, GAZED OFTEN ALOFT THROUGH HATE-FILLED EYES.
THE APE-MAN WAS SUDDENLY AROUSED BY A COMMOTION BELOW. HE DROPPED SWIFTLY TO EARTH.
THERE HE FOUND THE SENTINEL CRYING THE ALARM. "TARMANGANI! TARMANGANI! GOMANGANI! THUNDERSTICKS!"
"WE KILL!" GROWLED THE APES, WHO LOATHED THE MAN-THINGS AND THEIR GUNS.
TARZAN BADE THEM BE QUIET WHILE HE SCOUTED THE SAFARI TO DETERMINE THE DANGER.
HOGARTH
"OGLUT GO WITH TARZAN," THE EX-KING GRUNTED. HE HOPED VAGUELY THAT ALONE IN THE FOREST----
NEXT WEEK: A NEW DANGER
----HE MIGHT SOMEHOW HARM HIS RIVAL. HIS CHANCE WAS SOON TO COME!

刊登在《雪城標準郵報》（*Syracuse Post-Standard*）的泰山連環漫畫，
1938 年 12 月 1 日。

一九五〇年代在美國課堂上使用的海報，說明木材的用途。
儘管森林仍然被賦予浪漫色彩，卻也高度商業化。

左圖｜亞德里安·科萊爾（Adriaen Collaert），仿馬丁·德·沃斯（Maerten de Vos）的《非洲寓言》（*Allegory of Africa*），1580-1600年，版畫。

右圖｜《叢林中的猛蛇》（Fierce Snakes of the Jungle），1889年。彩色平版印刷的畫作描繪了巨蛇殺死象徵純真的白鳥。整個非洲因恐懼而動彈不得，但是白人殖民者卻不分青紅皂白地向對著蛇開槍。

卡斯帕．大衛．弗烈德里希，《林中獵人》，約 1814 年，布面油畫。

森林的語言　遍及於一切

在薩克斯土地上的沙溫崗溪（Shawangunk Kill）景色。

導言：森林與記憶

Introduction: Forests and Memory

在茂密的栗子樹下，
鄉村鐵匠就站在那裡。

——美國詩人亨利·沃茲華斯·朗費羅（Henry Wadsworth Longfellow），〈鄉村鐵匠〉（The Village Blacksmith）

我的祖父伯納德·薩克斯在一九一四年從俄羅斯移民到美國，先是做了幾年的家具商，後來替俄羅斯新成立的布爾什維克政府工作，出售從沙皇宮殿掠奪來的古董而致富。於是他跟妻子布魯瑪一起以極低的價格買進一些廢棄的農地，幾乎是免費的。這塊土地為一小群俄羅斯猶太人——主要是共產黨員——提供了一個緩衝區，讓他們暫時隔絕這個充滿威脅的世界。他們就像一群鳥兒，在暴風雨中被吹離了飛行路線，突然來到陌生的地方，害怕遭到掠食者捕獵，在森林中尋覓安身之地。

在我小時候，這片森林似乎可以追溯到無盡遙遠的古代，只要往林子裡多走幾步路，時空就彷彿失去了意義——儘管偶爾看見散落在地面的彈殼或空啤酒罐，就會讓我想起「文明」並不是真的那麼遙遠。幾十年來，偶爾會有人到此伐木、偷獵，情侶與鄰居也會漫步穿越樹林，但是，在這約莫半個世紀的時間裡，可能只有我會反覆前來此地探索。這塊土地的其中一部分，大約有三十三公頃的面積，已經歸我所有，依然一如既往地可愛，卻無利可圖。

承載記憶的地標樹

當你開始漸漸了解森林之後，有些樹木就會變得比其他樹木更顯眼。自史前時代以來，樹木就經常被視為地標，用來紀念過去發生的事件，儘管其中有許多關聯可能都只是傳說。像是菩提樹，據傳是佛陀禪修悟道之地；安克威克紫杉（Ankerwycke Yew），據說見證了約翰國王簽署《大憲章》；另外像羅賓漢及其部屬聚集的大橡樹，英格蘭國王查理二世躲避克倫威爾士兵的皇家橡樹（Royal Oak），還有亨利四世在簽署南特詔書（Edict of Nantes）之後親手栽植的布雷隆橡樹（Breslon Oak）等等。

不只歷史事件如此。自古以來，情侶就會在山毛櫸樹皮上刻下自己的名字或姓名字首縮寫，通常周圍還環繞著一顆心，這早已成為一種習俗。古羅馬詩人奧維德（Ovid）、文藝復興時期的義大利詩人魯多維奇．亞里歐斯托（Ludovico Ariosto）、還有英國的莎士比亞等人都提起過這種做法[1]。湯瑪斯・哈代（Thomas Hardy）在詩作〈在風雨中〉（During Wind and Rain）的最後兩句寫道：

> 啊，不；年歲啊，年歲；
> 看雨滴刨除了他們鐫刻的名字。[2]

這些名字會隨著樹木一起生長和腐爛，受到風雨、天候、昆蟲和閃電的影響，但是或許注定會保留很長的時間。

我那塊地有一份在一九三三年簽訂的契約，其中引用了一八四五年做的一項調查。契約開宗明義就先記載財產邊界，「從所謂的『梨子樹』開始」；調查接著又提到另一個樹木標記，「在橋附近的栗子樹樁」；另外，還有兩處提到了特定的白橡樹。[3]當地人都熟悉這些樹木，因此這樣的劃界可以具有法律效力。我曾經試圖尋找那棵梨子樹或是樹木殘株，卻徒勞無功。儘管如此，替我管理這片土地的林務員安東尼・德爾韋斯夫告訴我說，現在仍然可以照著契約中規定的邊界走一圈。

尚－奧諾黑．佛拉戈納（Jean-Honoré Fragonard），《紀念品》（*The Souvenir*），
約 1776-8 年，油彩、畫板。

（左）美國情人，十九世紀末、二十世紀初的明信片。
（右）被刻滿塗鴉的山毛櫸，美國紐約州。

「原始」森林

歐洲浪漫主義時期的繪畫與詩歌，似乎偏愛看起來幾乎是原始的森林，但是又有過往文明的遺跡。大樹旁邊是雜草叢生的廢墟，通常是曾經宏偉的建築，例如教堂、城堡或是古典神廟，而且往往只剩下一面牆或一根柱子，藝術家可能還會畫到月光照射在曾經鑲有彩繪玻璃、如今卻光禿禿的窗格子，閃閃發亮。美國東北部的森林在某種程度上就符合這樣的公式。遠遠望去，東部的森林就像一片未受破壞的荒野，不過卻曾經有許多石牆將田野分隔開來。然而，與歐洲森林相比，這裡的建築廢墟要少得多，因為早年的殖民者更依賴似乎取之不盡、用之不竭的木材來蓋房子，而不是使用石材。結果，許多美國的穀倉、棚屋、堡壘和房舍可能都已解體，幾乎不留痕跡。

正如歐洲浪漫主義繪畫作品經常包含人類衝突的遺緒，美國的浪漫主義作品則記錄了人類的貪婪。大家可能會認為，廢墟見證了面對排山倒海而來的逆境，一場為了生存而進行的悲慘鬥爭，然而事實卻鮮少如此。從十六世紀到十八世紀，歐洲殖民者聲稱自己擁有這片土地，於是驅逐了美洲原住民。然後，在十九世紀和二十世紀初，他們放棄了農場，向西遷移，去追求更大的財富。森林很快就收復了廢棄的農場。我居住的紐約州以其大城市聞名，不過目前該州的森林覆蓋率約為百分之六十五，是十九世紀末的三倍多。[4]

關於美國東北部林地的文字記載出奇的少。我常去的紐約植物園裡有一塊名為塞恩家族森林（Thain Family Forest）的區域，在宣傳文字中說是紐約市現存最大的「原始森林」。原始森林一詞本身現在不無爭議，過去的意思是指大片未受人類影響的樹木生長區域，有點像神話中的伊甸園。不過導覽員跟我說，植物園對「原始森林」的定義是：據我們所知，從未被砍伐過的區域。即使是這個擁有豐富資源、在紐約甚或全世界都是最多人參觀的植物園，也無法確切地判斷其所在的土地是否曾經遭到砍伐。我與紐約州的許多地主討論過這個問題，但是他們對自己土地的早期歷史知道的極其有限，有些人甚至一無所知。我們美國人跟過去歷史是多麼的隔絕啊！

話說，相關文字記載何以如此稀缺？其中一個原因是，土地所有權在舊世界多半被視為一種遺產，而在新世界，則被視為一種商品，可以在合適的機會進行交易。繼承莊園土地讓很多美國人聯想到貴族秩序，而他們來到新大陸就是為了逃避這樣的秩序。所以他們不會種樹庇蔭後代子孫，也不會記錄他們財產的詳細歷史。

植物盲

另一個原因則是稱為「植物盲」（plant blindness）的現象。這並不是說像植物一樣盲目，因為實際上植物對光的反應很快，根本就不盲。這個名詞最早是由詹姆斯・萬德喜（James H. Wandersee）與伊莉莎白・舒斯勒（Elisabeth E. Schussler）在一九九九年二月號《美國生物教師》（*The American Biology Teacher*）期刊的客座社論裡創造出來的。作者給的一個定義是「以人類為中心而有誤導性的排序，認為植物不如動物，因此不值得列入考量」。他們指出，人類經常忽視植物、未能欣賞它們的特質或認知到它們對人類的重要性。[5]

作者主要關切的是植物在科學課堂上被忽視了，但植物盲這個概念對歷史也有影響。森林成了一片模糊的棕綠色，在人類眼中好像超越時間。直到相當晚近，我們才開始認真記錄下森林的變化，主要原因是深具影響力的美國園藝家菲德烈克・克萊門茲（Frederic Clements）在二十世紀初提出來的一個概念，稱為「極相森林」（climax forest），認為森林會回復到最初、永恆的原始林樣態。他將森林的發展比喻成有機體的生長，只是他並未看到森林也會衰老和死亡[6]，反而認為它們可能像神靈一樣，永遠處於鼎盛時期。

從林中景觀溯史

在已有一百多年歷史的出版物中，我找到一些十八世紀的文件，約略提到在我那塊土地上有一座工坊，只是並未具體說明那是鋸木坊、穀物磨坊，還是其他類型，就座落在兩條溪流的交會處，那裡的水流淹沒岩石，會是建造大型工坊的理想地點。附近的道路還有一個向下的長斜坡，

二十世紀初的美國家庭照，在森林裡，一家人在有紀念性的樹木前面拍照留念。

墾荒客可以輕鬆地將原木滾下去，或是將穀物運送到磨坊。我每次造訪此地，都忍不住環顧這個區域，希望暴風雨、暴漲的河水、傾倒的樹木，甚或純粹的偶然，可能會揭露這棟建築的一些遺跡，例如磨石或棚屋的地基。不過至少到目前為止，都尚未發現工坊的蹤影。

然而，寫在這片土地上的歷史，遠比文件和書籍中的記載要多。在我那片土地上曾經找到美洲原住民的文物，例如箭頭和許多難以確認年代的陶器碎片，另外還有一百多公尺的石牆蜿蜒穿過其中，可見這裡曾經用來耕種。至於兩個水泥砌成的牛奶冷卻器殘骸，則是以沉重的鏈條固定在地上，告訴我此地曾經是一座牧場。

我曾經看過樹枝上掛著鹿的頭骨，從不遠處看過去，就像是妖精。這是什麼隱晦的民俗嗎？還是惡作劇？如果這些頭骨是為了嚇跑鹿，這一招肯定沒有什麼用；但如果目的是為了嚇唬入侵的人，或許有時還能奏效。我不知道究竟是誰將頭骨留在那裡，不過卻猜得到可能是誰。有位身材魁梧的農民，曾經為我祖母看守過這片土地，他的舉止彬彬有禮，甚至還有一點拘謹，然而過度自制有時暗藏著潛在的暴力傾向。他喜歡突然拿出槍枝，為他在家裡飼養的寵物貓頭鷹射殺老鼠，同時嚇唬城裡人。在他死後，我得知他很有可能被指控謀殺，但是後來他用過的子彈從當地警長辦公室神祕消失後，案件被撤銷了。這就是森林的祕密。

一陣風吹過森林，每一片樹葉都成了記憶。非常早期的墾荒客對美國有生動的描述，其中提到了豐富的生活，而且富裕的程度似乎是個奇蹟。你只需要將手放入溪流中，魚就會自動游進你的掌心；鹿和火雞不僅為數眾多，似乎還對獵人投懷送抱；鳥群則是多到幾乎隨意向空中射擊一槍，就可能將牠們擊落。[7]

這樣的豐沛之辭無疑是誇大了，或許是出於美國人天生對誇張的熱愛——我們現在的廣告仍然充斥著這樣的浮誇——也可能是為了吸引新的殖民者。不過如此豐富多彩的描述多半還是來自經驗，其中大部分要歸功於原住民管理森林的方式，且不論他們是有意還是無心。大多數景觀歷史學家認為，他們故意放火焚燒森林，不僅是為了清出空地來蓋村落或農耕，也是為了管理獵物[8]——儘管這樣的觀點受到質疑。[9]無論是閃電、事故或是故意製造的火災，都一定會清除森林下層的灌木叢，讓地景看起來像是公園。

最後，隨著土壤開始枯竭，美洲原住民離開這片土地，繼續前進，而這裡又重新長出森林，或是被另一個群體接管，也因此造就了由年齡長幼不等的森林、草原和過渡區拼湊而成的地景，可能有大量不同的動植物在此繁衍生息。二十世紀初，殖民者認為原住民本質上是森林中的一股自然力量，在歐洲人到來之前，自古以來就沒有改變過。然而，他們在現今美國東北部使用空地從事農耕的歷史，似乎只能追溯到哥倫布發現新大陸之前約五百年。[10]

美洲原住民與歐洲人一樣，都只能代表美國東北部森林悠久歷史的一個篇章。大約一萬兩千年前，冰川消退之後，最初的森林主要是松樹和冷杉。又過了大約兩千年，才比較常見到樺樹，[11]隨後是橡樹、楓樹、山毛櫸和山核桃樹。至於栗子樹則是到了大約三千年前才出現，[12]還一度成為林冠中最主要的樹木，只不過在二十世紀初，因為染上了從東亞輸入的病原體，幾乎慘遭殲滅。

我的那塊地屬於大西洋遷徙路線的一部分，也就是鳥類遷徙的路線。牠們的基本路徑是在更新世末期設定的。美洲原住民使用的空地或許也協助牠們完成這段艱困的旅程，因為草原物種特別可能棲息在這樣的地方。如今，由於多重因素，包括光污染、噪音污染和電網造成的方向迷失，以及棲地遭到破壞和氣候變化等等，讓候鳥遷徙變得更加困難。

讀出樹的密語

樹木在生長時，其樹幹直徑每年都會長粗一圈，即為年輪。夏末成長的新細胞比較緊湊，樹木成長時就會產生一條黑線，當水分、養分和光照充足時，生長速度快，年輪間距就會擴大。如果樹木遭到火燒等災難毀損時，也會留下明顯的疤痕。此外，風、陽光模式、附近樹枝的重量和其他因素都會導致年輪不對稱。科學家從樹木的生長模式不僅可以得到許多有關樹木本身的訊息，還可以藉此判斷森林中的氣候、天氣和其他狀況。

動物似乎大多反映出人類短暫的情緒，如歡樂、恐懼或好奇。相形之下，樹木似乎透露出人類一些比較持久的情感，或是更廣泛地說，就是揭露人類的狀況。樹木有不同的個性，從某種角度來說，甚至比人類更生動。它們透過傷痕、曲折、斷裂和成長方向的變化來講述自己的歷史，展現面對逆境時的決心。誠如赫曼·赫塞（Hermann Hesse）在〈樹〉（Trees）一文中所寫的，當我們看著一棵剛剛砍伐的樹椿時，「它的年輪與畸形殘缺，忠實地記錄了所有的掙扎，所有的疾病與痛苦，所有的歡樂與繁榮，所有的荒年與豐年，還有它們承受的攻擊與風雨侵襲」。[13]

比利時作家莫里斯·梅特林克（Maurice Maeterlinck）在描述法國坎城地區盧河（Loup River）峽谷中的一棵百年月桂樹時寫道：「從那扭曲、甚至可以說是蠕動的樹幹，可以輕易地讀出它困苦而堅韌的一生，就像是一整齣戲。」從一粒種子落入垂直岩石的裂縫中，先是長出一根細細的枝幹，朝下指向水面；後來，樹枝急轉朝上，面向太陽。在此同時，「一個隱藏的潰瘍深深地咬住了在半空中支撐它的可憐手臂」。這棵樹長了兩條新的樹根，遠高於彎曲的樹幹，將其牢牢地固定在花崗岩壁上。梅特林克問道：「對於我們短暫的生命來說，這些無聲戲劇太長了，人類的眼睛能提供什麼幫助呢？」[14]

我們可以利用湖底積聚的沉積物，相當精確地估計森林裡的樹木組成以及火災發生的頻率，因為其中含有花粉粒和灰燼。不過，卻沒有類似的方法可以測量過去動物群的相對密度。由於每個時代中不同樹木的相對數量差異很大，因此依賴樹木生存的動物相對數量很可能也是如此。無論如何，我個人就親眼目睹了野生動物的大幅減少。在我小時候，河裡幾乎每塊大石頭上都可以看到烏龜棲息，但是這十幾年來，我卻連一隻都不曾見過。

自從歐洲人來到此地之後，北美森林的多樣性一直在穩定下降。原因有很多，包括大規模砍伐與過度狩獵。森林不斷遭到劃地區隔、高速公路和農業的分割等等，將動植物種群隔離開來，使它們無法輕易適應變化。這些樹木似乎受到無窮無盡的外來寄生蟲和病原體侵襲，包括舞毒蛾（一八六九年到達）、栗枝枯病（一九〇〇年左右）、山毛櫸介殼蟲（一九二〇年）、荷蘭榆樹病（一九二八年）、胡桃潰瘍病（一九六七年）和光蠟瘦吉丁蟲（二〇〇二年）等。今天的森林都不是長在最肥沃的土地上，因為那些土地向來都保留作為農業使用。數量曾經多到可以連續好幾天遮蔽天空的旅鴿，用大量的糞便替土壤施肥，但是這些鳥類在十九世紀和二十世紀初遭到獵殺滅絕，為留給我們的森林美景添了一絲失落。

幾千年來，人們將恐懼與希望寄託在森林上；然後，再竭力掩飾、否認或忽視自己的影響，將所有一切都歸因或歸咎於大自然。森林是人類的可怕替身，在某些方面與人類完全背道而馳，而在其他方面卻又非常人性化。森林披露了我們對大自然的多重看法，從感到驚恐害怕到視為美麗的田野風光，不一而足。我們帶著強烈的恐懼與渴望看待森林，一邊摧毀森林，卻又同時將其奉為神靈。

有歷史背景的林務員只要檢視樹木，就可以了解過去在這片土地上發生過的許多事情，其中不僅包括有關人類活動的具體訊息，還有火災、洪水、颶風等。森林看似抹去了過去的痕跡，卻又以陶器碎片、花粉粒、廢墟、小徑、外來的植群、散落的紀錄、樹皮上的傷痕等形式，巧妙地保存了歷史。我的那片森林繼承了過去先祖的記憶，包括美洲原住民、墾荒殖民、農民、共產黨員、烏龜、候鳥和鹿。當我從他們手中接過這片土地時，也希望這裡能夠成為一個野生動物保護區，紀念他們留下來的這些錯綜複雜的遺產。

01 樹與葉
Wood and Leaves

語言是化石般的詩。

——美國詩人拉爾夫．沃爾多．愛默生（Ralph Waldo Emerson）

在猶他州，有一塊佔地四十三公頃的林地，生長著一片基因完全相同的美洲白楊木，稱為「潘多」（Pando），整座森林都是由同一個根系發展出來的。它們的歷史可以追溯到最後一個冰河時期末期，也就是大約一萬四千五百年前。當時有一棵樹倒下來，讓樹冠空出一片天空，陽光從中照射下來，鼓勵其他樹幹發芽。如果以DNA來分析，整片樹林就是一棵植物；但是如果依樹幹的數量來計算，則有四千七百棵樹，[1]每一棵都有獨特的輪廓，很大程度上取決於各自相對於水和陽光等元素的位置。在其悠久的歷史中，潘多經歷了許多動亂，包括火災、乾旱和歐洲人的到來，現在則是受到大量鹿群的威脅，因為鹿會啃食它們的新芽。就算是潘多也不會永遠存在，但是當它最終滅亡時，如此漸進且模糊的滅亡，還可以稱之為死亡嗎？我們應該稱潘多為森林，還是一棵樹呢？

葉子是樹的一部分，還是獨立的存在？當樹葉被風從樹枝上撕裂下來之後，可能還會存活很久。從根部長出來的第二根樹幹又怎麼說呢？應該視為原來樹木的一部分，還是另外一棵樹？如果是兩棵樹的樹幹生長在一起，或許還屬於不同物種，但是看起來卻像是一棵樹，這又該如何認定呢？是一棵樹，還是兩棵樹？橡實呢？或是一朵花？還有菌根真菌呢？它們可能是從樹根長出來，也可能緊緊地包覆在樹根周圍，與樹的生命息息相關，以至於很難說這些夥伴該如何區分。

一棵樹大約有一半以樹根的形式埋在地底下。新芽可能從樹根或樹樁發芽，甚至還可能從倒落在地上的樹枝發芽。即使沒有發出新芽，你也不會說這棵樹「死了」，因為它仍然是無數生命形式的宿主，而且在許多情況下，幾乎與這些生命密不可分。這些生命可能包括鳥類、地衣、真菌、小動物和小植物。樹木當然不是瞬間死亡，只是植物的個體特徵緩慢地融入整座森林。

當個別身分變得如此模糊時，關於自然界的生物是競爭還是合作的老問題就不再有意義了。可能是其中之一，完全取決於你認定每個生物從哪裡開始，又在哪裡結束。如果你將潘多視為一群個別的樹木，它們可能就會彼此爭奪陽光；但是如果將潘多視為一棵有許多分叉樹枝的樹，那麼它就只是在適應不斷變化的環境。

01 森林：沒有大腦的思考之地

樹木沒有大腦，至少沒有我們認定的大腦，除非將整個有機體視為某種形式的大腦。樹根和樹枝都有類似神經網路的結構。根部以及由菌根真菌組成的網絡，不僅是傳輸營養物質、水、碳和礦物質的管道，也會以化學訊號的形式傳送資訊。這些資訊不但在樹木及其後代之間傳遞，還可以傳給其他樹木，甚至是不同物種的樹木。比方說，如果有棵樹受到蚜蟲的攻擊，它可以告訴周圍的樹木，讓它們立即準備好化學防禦。縮時攝影可以將好幾個月甚至好幾年濃縮成短短幾分鐘，在這樣的影片中，樹木顯得生動而且有明確的目的。

用當代植物學家史蒂文．曼庫索（Steven Mancuso）的話來說，「如果植物有眼睛、耳朵、大腦和肺，我們就不會質疑它們是否能看、能聽、能分析或是能呼吸。就是因為它們沒有這樣的器官，因此我們需要發揮一點想像力，才能理解它們複雜的功能」。[2]當蝴蝶在許多植物的葉片上產卵時，葉片會分泌一種費洛蒙吸引黃蜂來吃掉蝴蝶幼蟲，顯示植物有立即反應並提前計劃的能力。[3]以生存策略來說，這種行為本身很聰明，但是植物聰明嗎？我們對於這種說法存疑的原因，是因為缺乏我們認定可以產生智慧的個體我（individual self）。根據曼庫索的說法，「即使我們在動物界使用的『個體』定義，也與植物界沒有什麼關聯」。與動物不同的是，植物可以分裂成兩個或多個部分，而其中任何一部分都不會死亡，而且並不是每一棵植物都擁有獨特的基因特徵。[4]

動物主要靠著移動位置來逃避從暴風雨到掠食者的各種外來威脅；植物因為有根，所以無法做到這一點。相反的，它們發展出極大的敏感性，可以偵測到環境中的細微差別，包括陽光、水源、土壤成分、溫度、大氣、化學物質和實體接觸，這有助於它們決定自己的生長速度、模式與方向，並啟動化學防禦。[5]中美洲的相思樹會分泌花蜜來吸引切葉蟻，藉此保護樹木免於病原體的侵犯。有時，植物會對外來刺激有非常直接的反應，例如牽牛花在早上開放，晚上閉合。此外，植物也有模組化結構，讓它們能夠更輕鬆地更換損失的部位。

森林社會

動物的軀體，尤其是人類，都是分層組織，透過大腦和心臟等器官進行集中控制。這也是我們在官僚組織重現的工作模式，每個人在其中都分配到一定的角色、地位和相對應的權力。可是我們很難說動植物之間這樣的差異有多少是錯覺。仔細觀察一下，人類這個有機體看起來可能沒那麼統一。體內大約有百分之九十的細胞不含人類的ＤＮＡ，而是屬於微生物。[6]至於精神自我的部分，笛卡爾認為是不可分割的，[7]但是也有許多其他理論家將其分為幾個部分，例如意識、半意識和潛意識等。

從各種角度來看，人類的成就可能也不像我們通常所想的那麼個人化，其實更像是集體取得的成就。自文藝復興以來的西方傳統就強調個人成就，法律也讓個人可以取得這些成就的專屬權利。然而，諸如針、紡錘、鼓和輪之類的基本裝置，卻無法追溯到究竟是誰的發明；後來的發明，如火藥、避雷針和汽船，則是在好幾個地方同時出現。相機和手機等發明也是逐漸出現的，中間經過許多不同的階段，所以也無法很武斷地說是究竟誰的發明。科學上的發現亦復如此。萊布尼茲（Leibniz）與牛頓同時發展出微積分，華萊士（Wallace）與達爾文同時發展出天擇論。如今，大多數的科學論文都不只有一位作者，而是由許多作者共同創作，大約有七、八個人，至於維基百科的作者更是數以百萬計。

植物組織與動物有許多相似之處。動物會形成群體，如蜂群、羊群、牛群等，其中有些動物群體——例如成群的椋鳥——並沒有領導者，而是集體飛行。人類也是如此，個體的劃分並不是完全絕對的。根據聖保羅的說法，男人和妻子成為「一體」（〈以弗所書〉，5:31）。關於胎兒何時是孕婦的一部分、何時又成為一個獨立的生物，始終都存有爭議。另外像部落、國家、文化和企業等單位，在某些方面可以視為個體的集合，但是在其他情況下又可以視為一個有機的整體，可以擁有財產、發表宣言或參與爭鬥。

我們可以將一棵樹或一座森林想像成一個無人旁觀的感知之地，一個沒有大腦的思考之地，一個沒有夢想家的幻想之地。這樣會讓森林顯得原始，是混沌初開之際的原始體現，怪異地徘徊在神性與虛無之間。隨著森林中的有機物質不斷循環利用，生命形態也不斷地與其他生命形態結合、分離、吸收、融合，就連生命與死亡也融合在一起。森林中無數的葉片有時會混合在一起產生一種聲音，通常是一種隨風起伏的輕柔轟鳴。

然而植物是「沒有自我的」——至少表面上看起來如此。你能寫一個沒有英雄的故事嗎？能演一齣沒有角色的戲劇嗎？在某種程度上，我們對植物的認知似乎因為植物缺乏個體性而受到限制，但是在其他方面，卻也因此讓植物變得更加普世。沒有什麼是只跟植物有關的，所有一切都是與世界相關。植物的感覺——如果有的話——可能比我們甚至比其他動物的感覺更純粹，因為它們不會受到虛榮或嫉妒的影響。根據哲學家麥克・馬爾德（Michael Marder）的說法，「植物體現了人類在渴望超越他人、美或神性時，一種夢寐以求的超然」。[8]

不過，或許樹木跟人類並沒有什麼不同，其實它們也有某種自我意識，隨著它們的生長而不斷改變，或許是一種以我們幾乎無法想像的方式來建構這種自我意識。矛盾的是，樹木的輪廓通常比人類的輪廓更與眾不同。當我們以繪畫或攝影記錄人類在大樹間行走時，人樹之間的對比常常讓人類看起來顯得雷同而單調。人類往往因直立行走而感到自豪，但是與樹幹可以朝著任何方向傾斜、扭曲或分叉的方式相比，我們的直立姿勢幾乎沒有什麼變化。即使農民將樹木種成一排排整齊排列的果園，每一棵樹也永遠不會跟其他樹木非常相似。

到了二十世紀後半，學者愈來愈關注動物所經歷的廣泛知覺與感受。一種常見的反應是將社會結構擴展到人類領域之外，特別是經由動物賦權，但是這也導致現代個人主義的延伸。我們現在面臨類似的問題，因為我們逐漸意識到這種豐富的感知能力不僅是人與動物共有，甚至也跟植物共有，但是要將這種個人主義擴展到植物領域仍然困難重重，甚或是不可能的任務。倡導動物權的人不斷模糊人類與動物之間的界線，但是他們同時也強化動物和植物之間的界線。如今，這兩個界線都變得不是那麼清晰。一些運動人士和學者試圖透過訴諸「自然權利」來克服這個難關，[9] 然而，若是我們以最廣義的定義來理解這個概念，那麼我們談論的，豈不成了萬物的權利嗎？

這些現象引發了哲學、社會甚至法律問題，遠遠超出本書的範圍。個人與群體的權利和特權之間的緊張關係，可能貫穿每一個人類社會。我並不是要宣揚個體性的最終本質，只是想指出森林社會與人類社會之間的類比。每一棵樹都是單一的個體，或者說，至少是植物界中最接近單一的個體。森林是一個集體，也許大致相當於一個民族或是國家。

02 森林意象藏在神話與字源裡

在混沌初開時，森林基本上是一片黑暗。森林中充滿了木材，可以用來搭建人類的住所

羅馬時代的淺浮雕，顯示男孩從樹葉中出現，化身為戰士和其他人物，就像在維吉爾的創世神話一樣。

文藝復興時期的浮雕，顯示天使和其他人物從樹葉中浮現。

或是作為生火的燃料。森林中充滿了用肉眼看不見、人類之外的生物。森林蘊涵了所有的潛力，只是尚未發揮出來。維吉爾（Virgil）在《伊尼亞斯紀》（*Aeneid*）中想像羅馬在建城時覆蓋著茂密的森林。他跟我們說，第一批人類是從橡樹樹幹中誕生的，他們以採集和狩獵為生，用樹枝作為原始武器，不懂禮儀，也不知文明藝術。直到遭朱比特罷黜的撒圖恩神（Saturn）降臨人間，賜予他們法律，這才開啟了一個黃金年代。

樹的創世神話

人類從樹叢中現身，是羅馬藝術和建築中的裝飾主題。除了人類之外，羅馬人也描繪了各種奇珍異獸從樹葉和枝幹中現身的形象，如獅身人面獸、獅鷲和人魚等。[11]這意味著森林在混沌初開時就已經存在了。這個創世神話在哥德、文藝復興、巴洛克和維多利亞等時代的藝術中一再重現。我喜歡漫步在紐約市的老街區，觀察二十世紀初建築熱潮時期各類建築物外牆雕刻中，那些從樹葉裡浮現出來的奇妙人像。

在許多其他文化的神話裡，也可以發現人類從樹木誕生的說法。根據北歐傳說，奧丁大神（Odin）用白蠟樹創造了第一個男人，用榆樹創造了第一個女人。居住在現今美國東北部的萊納佩族（Lenape）原住民，也有一個創世神話，說第一個男人是從樹根中萌發出來的，而當樹木開始彎曲，直到樹頂觸及地面時，則又萌發了第一個女人。[12]在伊朗的祆教（Zoroastrian）傳說中，第一對人類夫婦最初是一棵有兩根樹幹的樹，當植物成熟時，上帝將樹木分成兩個部分，並各自賦予靈魂。[13]

在某些文化中，也有關於第一次用木頭創造人類失敗的神話。這些很可能來自非常早期的創世神話，其中有一部分遭到揚棄，然後又融入了後來的神話。《波波爾．烏》（*Popol Vuh*）是瓜地馬拉和墨西哥的基切瑪雅族（Quiche Maya）原住民的經典，其中講到眾神用軟木橡樹創造了第一個男人，用柳樹創造了第一個女人，但是這個種族無法學習文明藝術或尊崇諸神，於是大部分的人都遭到暴風雨和洪水毀滅，剩下的就變成了今天的猴子。[14]從很早以前開始，將森林視為造物的原始素材就已經是貫穿西方文化的主題，而且在某種程度上，也貫穿了世界文化。

森林的混沌聯想

英文中的「wood」既可以指森林，也可以指木質材料。希臘文中的同源詞是「hyle」，同樣也有相同的雙重意義。此外，「hyle」一詞還可以指混沌和根本物質。[15]我們稱之為「唯物主義」的哲學，如果抽離了伴隨其中的抽象概念，其實就像維吉爾所喚起的意象一樣，也就是人類跟其他許多奇珍異獸一起，首次從森林中現身的意象。「hyle」若是譯成拉丁文，通常會用「silva」，這個名詞在整個羅馬帝國都廣泛使用，直到現代早期，仍然常常用做「森林」的近義詞。[16]

森林是植群的領域。生物與無生物的最大差別，就在於生長過程，而在植物身上最容易識別，因此在森林中也最容易看到。誠如我們所見，植物幾乎等同於出生一詞。希臘文中的「physis」與英文的「nature」(自然)一詞大致相同，前者源自印歐語系的「bhu」，意思是生殖、發芽、成長和出生，特別跟植群相關。而拉丁語中的同義詞是「natura」，原本的意思是指「誕生」，但是也可以廣義地指「生長的力量」。[17]賦予木材這種根本元素的意義不只在西方傳統有，在中國煉金術中，金、木、水、火、土等五行，是構成萬物的五種基本元素，木也是其中之一。五行中的每一個元素都以某種過程來定義，[18]以木來說，代表生長，就像火會燃燒或水會流動一樣，都是最基本的物質。

森林也常讓人聯想到原始的混亂，例如在傳說中，森林經常是怪物與奇人的住所，其中包括許多惡龍、食人魔、狼人、巨人、巫師等。根據中世紀的傳說，就連一些教養優雅的騎士，如崔斯坦爵士（Sir Tristan）、蘭斯洛爵士（Sir Lancelot）和伊凡爵士（Sir Ywain）等，一旦住進森林裡，也會發瘋，變成野人。

03 走進森林身分認同跟著流動

猶太教、基督教和伊斯蘭教都將自我視為單一個體，也都起源於植群相對稀疏的乾旱地區；而將自我視為幻象的佛教和耆那教，則是在印度的雨林中發展出來的。森林擁有最豐富的大自然，是生命、故事和意義的集中地。從樹木到鳥類，各式各樣的生物不斷地相互發出訊號，陽光反射在樹葉間，又因濕氣擴散，形成光影交錯的變化，彷彿暗示著轉瞬間的直觀。樹木，尤其是那些樹枝粗糙、樹幹扭曲的老樹，即使文風不動也能表達出許多涵義。當一個人穿越森林時，自我似乎變得支離破碎，會跟各種動植物交替產生認同。

當森林將我們帶入生物聚落時，也對人類社會產生不利影響。即使只是一小群人走入沒有路徑的森林，他們也必須不斷地繞過樹木，因此會遭逢看不見彼此的危險。除非森林位於昔日的牧場或是墾荒地，否則地面也可能凹凸不平，有時會因老樹傾倒，樹根挖起土壤，形成土丘。人類居住處大多沿著筆直的垂直線建造，但是森林則多半是不規則的有機曲線。如果人類因為貪戀森林美景或執行實際任務而過於分心，就很可能會迷路。

不斷變化的生命聯結

當一個人在森林行走時，很可能會以非常不同的方式與無數的生命形式產生聯結，像是認同自己是掠食者或潛在的獵物。這種觀點的不斷變化需要不斷的調整，也可以視為一種蛻變。[19]對於生活在墨西哥恰帕斯州（Chiapas）森林茂密地區的采塔爾馬雅族（Tzeltal Maya）原住民來說，每個人都有四到十六個不等的靈魂。其中之一具有適合其傳統的形式，但是其他的靈魂幾乎可以化身為任何形式，從蜂鳥或閃電，乃至於天主教神父等等。這些靈魂可能分散在世界各地，但是都有分身存在心中。一個人不一定知道自己的靈魂會化身為什麼形式，但是有很少數人會在雨林的生物中遇到他們的靈魂。[20]

人類學家愛德華多・科恩（Eduardo Kohn）在《森林如何思考》（*How Forests Think*）一書中，

參照了他在厄瓜多跟居住在亞馬遜上游森林中的魯納美洲豹族（Runa Puma）原住民一起生活的經驗，詳細分析了這種對自我的看法。科恩以美國哲學家查爾斯・皮爾斯（Charles Pierce）的著作為基礎，認為所有的知識與交流，包括人類以外的物種，都是以符號為媒介。在他看來，象徵性的語言僅限於人類；事實上，這正標誌著人類領域的疆界。然而，這只是溝通的其中一種方式，在組成森林的無數生物之間，有各種相當微妙的訊息透過標誌性（命名性）或索引性（聯想性和分類性）的訊號不斷交換。即使是人類到了森林裡，也會像其他生命形式一樣，以圖像思考。人類在彼此回應時，總是會不斷地改變自己的人格，因此身分認同成了一個會改變的定位點，由個人與其他物體或生物之間不斷改變的關係來決定。

一位魯納美洲豹族人跟科恩說，睡覺時應該要臉朝上，這樣，就算有美洲豹出現，他也可以看著美洲豹的臉，來嚇阻牠的攻擊；如果是臉朝下睡覺，美洲豹就會將他視為一塊肉。因此，姿勢傳達了掠食者與獵物之間身分的變化，而森林群體中的許多成員可能都會注意到這一點。[21]對於亞馬遜森林中的原住民來說，主觀性是普遍的，因此絕對的死亡並不存在。個體性存在於身體之中，於是身體變成了某種意符（signifier），其意義取決於脈絡，並且必須透過類比來理解。人們的行為只是森林思考語言的一部分。

04 森林萬物的語音表意

歷史學家米歇爾・傅柯(Michel Foucault)在《事物的秩序》(*The Order of Things*,法文版,1966)一書中寫道,意義的力量最初並不局限於文字:「事物的名稱蘊藏在它們指涉的事物之中,就像力量寫在獅子的身上,威嚴寫在老鷹的眼中,也像行星的影響透過相似性(similitude)的形式標示在人類的額頭。」[22]描述某件事物就是將其定位在由特徵、類比、同感和對應所形成的複雜環境之中,而這樣的環境似乎就構成了現實。

傅柯認為語言功能的改變始於十七世紀初,[23]即莎士比亞的時代。在劇作《皆大歡喜》(*As You Like It*)中,莎翁將語言的新用法(脫離現實的東西)與傳統用法(將意義嵌入世界)進行了對比。當老公爵及其同伴被流放到亞登森林(Forest of Arden)時,他說:

> 我們這樣的生活,免於大眾喧囂,
> 可以傾聽樹木交談,閱讀溪流中的書籍,
> 聆賞岩石佈道,萬物皆善。(2:1, 562-4)

自然世界的語境

在宮廷或城市裡，意義只存在於人類的言語之中；但是在森林裡，意義卻瀰漫在萬物之中。人類以外的聲音在其他地方被人類的喧囂淹沒，卻在森林裡出現了。

傅柯將調節語言的意義視為現代思維方式的一個特徵，不過可能已接近尾聲。[24]此話有部分為真，只是他將人類經驗依歷史時代劃分得太仔細了。雖然重點不同，但是至少從人類開始在泥板上繪製抽象符號以來，這兩種理解語言的方式可能就已經並存了。文藝復興時期的人回顧了更早的年代，也就是遠古時期，那時語言甚至還沒有脫離現實世界。用神話的角度來說，可能是亞當替動物命名時所使用的人類語言（創世記，2:18-20），或是巴別塔之前的人類語言（創世記，11:19）。根據猶太教和基督教的傳說，在伊甸園裡，第一個男人和女人可以與動物交談，不過在天使拿著燃燒的劍將他們趕出伊甸園之後，他們就失去了這種能力。巴別塔相當於人類的第二次墮落，原始語言分化成部落語言。第一個故事可能是關於農業的出現，第二個故事則可能是講到都市化。二者都導致人類與自然世界的日益疏遠以及言語上的限制。

這不僅僅是一個懷舊的幻想。民族語言學家布倫特・柏林（Brent Berlin）的觀點與語言學家斐迪南・德・索緒爾（Ferdinand de Saussure）和解構主義哲學家雅克・德希達（Jacques Derrida）正好相反，他認為物體和符號之間的關係絕對不是可以任意轉換的。許多詞的聲音聽起來就像是字面上所描述的意思，例如「crash」（碰撞、崩解）。但是比聽覺相似性（稱為擬聲詞）更重要的是，語音感覺（phonaesthesia）或語音表意（sound symbolism），也就是某些文字具備能量的模式，可以暗指文字所指涉的事物。[25]像「lizard」（蜥蜴）一詞，如果大聲說出來，語音會有一種流動感，很像是蜥蜴扭動身軀，在岩石上奔跑的樣子。這樣的特性非常有助於語言的起源。然而，隨著文字語言越來越脫離自然世界的語境，也就喪失了一些語音感覺，儘管不是完全消失殆盡。[26]

我們愈來愈認識到，動植物都在不斷地溝通，有時候甚至跨越物種，透過化學訊號、電脈衝、顏色變化、氣味、叫聲和許多其他方式，有些溝通方式甚至超乎我們的想像。這些方式充滿了意義，有些是具象有形的，也有一些是相對捉摸不到的，但是當我們穿越樹林時，至少都能感覺得到。語音表意並不限於人類的語言，在森林裡的各種聲音之中——從熊的咆哮到畫眉的歌聲——也都可以找得到。

總而言之，人類與動物之間的差異並不像笛卡兒和許多人所想的那樣，只有人類才有語言甚至抽象能力。對於人類來說，尤其是在現代，意義（至少部分局限於語言的意義）與世界的其他部分完全不相干。對動物甚或植物來說，意義是物體內在固有的特質，存在於它們之間的關係，就像是透過詩歌意象傳達的比喻、寓言和隱喻一樣，這就賦予一些事情重大的意義，例如荷馬時代的希臘人就將鳥類飛行視為一種預兆。

05 森林的語言充滿暗示的力量

對於那些與森林有親密接觸的人來說，森林蘊藏著豐富的意義，有時多到令人難以招架。從但丁時代一直到今天，西方文化中的人們與森林之間的接觸愈來愈少，不斷為意義缺失所苦，甚至因而導致絕望。但丁是眾所周知的語言大師，可是他的傑作《神曲》(*Divine Comedy*)一開始卻說自己無法以言語形容：

在我人生途中，
發現自己身處一片暗黑森林，
因為正路已經消失。

啊，我要如何形容那是什麼樣子或是持續多久呢？
那片森林，如此的荒涼、嚴酷且牢固，
每每想起，恐怖的記憶就捲土重來。[27]

但丁可能從未見過漆黑的森林，因為他的家鄉托斯卡尼地區（Tuscany）林木稀疏。有些學者認為，他可能是漫步在拉文納（Ravenna）的松林時受到啟發——甚或因此得到一點平靜——才創作出《神曲》。至少從羅馬時代開始，這裡的松樹就已經大量開採做成原木料，我們在波提切利（Botticelli）、烏切洛（Uccello）和其他文藝復興時期畫家的作品中，都可以看到他們以這片樹林為背景作畫。這些樹木經過高度的人工砍伐栽種，留下足夠的開放空地，可供幾匹馬和騎士輕易地在林間穿梭。[28]暗黑森林不是一個實際存在的地方，而是新興的文藝復興人文主義的對立面，代表讓但丁失望的舊傳統。

但丁時代的拉丁語具有正式的優雅，直到今日還是一樣，但是卻不太適合表達原始情感。於是但丁不得不放棄學習用的語言，改用托斯卡尼語來寫作，也就是日常生活的語言。因為托斯卡尼語主要是一種口語而非文學語言，所以充滿了與現實生活經驗的聯繫，從日常生活到政治動亂，無所不包。拉丁語在維吉爾時代仍有這樣的聯結，但是當拉丁語不再用於口語表達之後，這種聯結就逐漸消失了。白話口語在社會和自然世界中仍然相對根深蒂固。暗黑森林是語言出現之前的原始狀態，但丁必須大量重新創造這種語言，才能完成他的史詩。他的著作為原本只是本土的方言奠定了標準，這才讓托斯卡尼語成為我們今天所說的「義大利語」。

為了描述他的經歷，但丁必須消弭代表現在的基督教與代表過去的異教之間的界線。他

但丁在幽暗的森林裡，古斯塔夫・多雷（Gustave Doré）
為但丁的《神曲：地獄篇》繪製的插圖（1887）。

接受了異教徒詩人維吉爾的引領，維吉爾曾經描寫過羅馬建城時的森林，儘管維吉爾說的是托斯卡尼語而不是拉丁語。為了讓維吉爾和其他古代詩人融入中世紀晚期的世界，但丁必須將他們的世界描寫成地獄的一部分，不過他在其中增加了極樂世界，讓公正的異教徒在地獄中也能享受人間天堂，可是即便是維吉爾也無法進入更崇高的宇宙。

綜上所述，進入暗黑森林，從某種意義上來說，就是回到了過去。在但丁回歸的年代裡，字詞還沒有完全脫離其所指涉的事物或傳達的意義。森林是一個遍地皆意義的地方，因此意義並不局限於頁面上排列整齊的意符。生與死雖然都令人恐懼，但是卻變得有意義，讓但丁找到了新的靈感。

為什麼森林裡的樹葉在風中會發出颯颯聲響？我不知道其中是否有什麼非常具體的功能。我們可以推測，也許這種聲音是向森林群體發送有關即將到來的天候資訊，或者也可以將這現象歸因於偶然。無論如何，樹葉的聲音非常柔和，讓人感到平靜，也充滿暗示的力量。或許森林的語言是無法精確翻譯的。

02 樹的靈性 The Spirituality of Trees

他開始看得見了，說：

「我看到了人；他們看起來好像樹，而且在走路。」

——〈馬可福音〉，8:24

當希伯來人被囚禁在埃及時，摩西和他的兄長亞倫覲見法老王。亞倫依照摩西的指示，丟下手中的杖，剎時就變成了一條蛇。法老王的術士做了同樣的事，讓他們手中的杖也變成了蛇，但是亞倫的蛇吞掉了其他的蛇（〈出埃及記〉，7:8-13）。亞倫的手杖本質上就是一根魔法棒。為了讓埃及人釋放希伯來人，同意讓他們離開埃及，亞倫在摩西的指示下，伸出他的手杖，將河裡的水變成了鮮血。但是這樣還不夠，於是亞倫又用他的手杖製造了九場災難（〈出埃及記〉，7:14-12:36）。

後來，希伯來人在獲釋之後出現了權力鬥爭。摩西讓十二個宗族的族長各拿一根樹枝給他，並說樹枝開花的宗族就可以成為他們的領袖。代表利未家族的亞倫送出去的木杖立刻萌了芽，而且不只是花苞，還是已經盛開的花朵和杏仁（〈民數記〉，17:8）。按照傳統，彌賽亞來自利未家族，基督徒將開花的手杖詮釋成對耶穌的期待。中世紀的歐洲藝術家將基督的家譜描繪成「耶西之樹」（Tree of Jesse），因為耶西就是大衛的父親。畫中顯示這棵樹從一個躺在地上的人身上發芽，後代子孫開枝散葉，成了各個分叉出去的樹枝，樹頂則是耶穌基督。在十九世紀末到二十世紀之間，這種樹木結構成為演化樹圖，其中樹枝上承載的不是人而是各個物種，而在樹頂最高峰的則是人類。

蛇的身體彎曲，而且通常呈現黃色或綠色，因此經常被視為植群的分身。人類有時將蛇看作介於動植物領域之間的物種。一棵樹是知識的寶庫，以果實的方式提供知識。就算樹木不會講話，但是果實本身似乎是一種語言。藝術家經常描繪纏繞在樹上的蛇，就好像它們是一體的，也經常畫到蛇向夏娃獻出蘋果。

06 雜種與異常是污染或神聖？

西方文化在傳統上將人類有明顯目的的行為歸因於智力，至於動物則歸因於本能，而植

《報喜的獨角獸》（*Unicorn of the Annunciation*），《時禱書》（*Book of Hours*）的泥金裝飾插圖，荷蘭，約 1500 年。背景是亞倫開花的手杖，在此處象徵復活。

阿布索隆・施圖姆（Absolon Stumme），《耶西之樹》，
1499 年，畫板蛋彩畫。

克里斯蒂安．馮．梅歇爾（Christian von Mechel）
仿漢斯．霍爾拜因（Hans Holbein）創作的《墮落》（*The Fall*），
1760 年，版畫。蛇的形狀幾乎完全融入了樹枝。

物則是純粹的機械過程。在《論靈魂》（*De anima*）一書中，亞里斯多德區分了靈魂的三種類型：營養靈魂能夠促進生長與繁殖，為植物、動物和人類共有；感知靈魂具有感覺洞察和運動能力，為人類和動物所擁有；理性靈魂則具備思考能力，是人類獨有的特質。[1]

在飛禽走獸、蔬菜植物和人類生命之間劃清界線，是西方文化最基本的基礎之一，根深蒂固地存在我們傳統的道德哲學與法律體系中，若有逾越，可能會導致一切陷入混亂，讓人類的生存處於永久的不安全感之中，因為所有生物，尤其是人類，都可能面臨自身在宇宙中地位不保的風險。

根據人類學家瑪麗·道格拉斯（Mary Douglas）的說法，不同文化背景的人將異常現象——也就是不能完全吻合公認的分類系統的現象——全都視為一種污染，必須以各種方式加以處置，包括迴避和淨化儀式。[2]她寫道：「聖潔就是維持明確的造物分類。」[3]在〈申命記〉（第十四章）和〈利未記〉（第十一章）中，以各種禁忌和指示確定了這樣的分類，凡是不符合分類的生物都被視為可憎之物。例如，豬是不潔的動物，因為牠跟牛一樣有分蹄，但是卻不反芻，違反了通常的模式，因此希伯來人不能吃這種動物，甚至不能碰觸豬的屍體（〈利未記〉，11:7-8）。[4]

逾越分類的生命體

然而，違反分類學界線的情況，尤其是不同生物類別之間的雜交或變態，好像幾乎無法避免。雜種和異常生物，也就是看似不完全吻合三重分類的生物，始終都大量存在。從猴子到章魚的各種動物，經常表現出一種似乎是人類獨有的智力，讓人感到震驚；反之，人類有時候會出於某種原因，表現出讓人覺得是「動物性」的行為。人類的認同是多變的、多面的，非但不穩定，而且還容易出現心理上的混合交雜。

還有一些生物似乎佔據了動植物之間的界線。有些植物具備我們通常認為是動物獨有的特徵，例如對觸摸有即時的反應或是吃肉等等。這種含羞草（Mimosa pudica）是一種原產於美洲熱帶地區的灌木，只要用手指輕輕一碰，就立刻會有反應，閉合葉片然後下垂，由於外表看似柔弱，有時會用來代表或嘲諷維多利亞時代的女性。另外還有肉食植物，以昆蟲、蜥蜴、植物、青蛙，甚至囓齒類動物為生，它們像獵人一樣，用花蜜、漂亮的顏色和誘人的氣味來吸引獵物，再用類似下頦的結構將獵物包覆其中。在海洋裡，無脊椎動物的生命形態五花八門，動植物之間的區別也絕對不是一眼就可以看得出來。科學家現在認為珊瑚是動物，可是它們始終靜止不動，而且以植物的方式生長。數百年來，真菌一直被認為是植物，不過現在它們有了屬於自己的真菌門，而且一般認為更接近動物。

格朗維爾（J. J. Grandville），《敏感》（*Sensitive*），
手繪木版畫，出自泰克希勒・狄洛德（Taxile Delord）的
《花之幻想》（*Les fleurs animées*），第二卷（1847 年）。

這種異常現象也常見於傳說，儘管在亞伯拉罕諸教*中較少見。伊甸園的蛇是《托拉》**或《舊約聖經》中唯一談論自己意志的動物；亞倫的手杖，還有埃及巫師和摩西的手杖，則是唯一清楚描繪出有植物和動物生命的混合體。根據道格拉斯的說法，基督教將神聖的概念靈性化，因此可以忽視物質環境。[5]然而，基督教並非簡單地忽視異常現象，反而經常將其發揚光大，將這些異象視為證明上帝力量的奇蹟。基督教的中心思想，或許就是我們可以想像到的最偉大變態。神變成了一個可以承受精神苦楚、身體疼痛和死亡的人。

植物群和枝葉也跟基督有強烈的聯想。正如詹姆斯・喬治・弗雷澤（James George Frazer）在《金枝》（*The Golden Bough*）一書中所說的，基督是植物神的繼承人，承襲了弗里吉亞人（Phrygian）的農業之神阿蒂斯（Attis）、埃及的農業之神奧西里斯（Osiris）、巴比倫的穀神塔木斯（Tammuz）、迦南／希臘神話中掌管農業的阿多尼斯（Adonis）等。[6]基督就像開花植物一樣，死後又重生。在聖餐儀式中，他的軀體化成了用小麥做的麵包，血液則變成了用葡萄釀製的酒。

* 譯註：亞伯拉罕諸教（Abrahamic religions）是指敬奉亞伯拉罕為先知傳承靈性的宗教，包括猶太教、基督教和伊斯蘭教。

** 譯註：《托拉》（*Torah*）是猶太教的核心律法書，又稱《摩西五經》。

07 民間傳說中的植物體現萬物有靈

在世界各地的民間文學中，植物，尤其是花草樹木，是有感知能力而且容易受到外界影響的。美國原住民作家約瑟夫．布魯查克（Joseph Bruchac）寫道：「在原住民故事中，人類和動物能夠自由地相互溝通，甚至在彼此的世界中行走，植物也是一樣，能夠以各種方式與人類交談並進入彼此的世界。」[7]這種互動模式在美洲原住民的傳統中保存得比其他文化更好，不過在格林童話裡也可以找得到，如果時光再倒回去一點，那就幾乎無處不在了。許多猶太教、基督教和伊斯蘭教的傳說跟美洲原住民的傳統一樣，都相信萬物有靈。儘管人類可能出於理性否認自己擁有跟動植物溝通的能力，但是他們仍然會與寵物和室內植物說話。到了現代，在西方文化中較少受到密切關注的層面——例如兒童文學——萬物有靈論找到了一席之地。這種類別的流動性是人類感知的預設模式，而且始終都是顯而易見的。雖然有人試圖壓抑這樣的傾向，可是從古代以色列到現代歐洲的各個地方，都可以看到這種特質不斷重覆出現。

故事角色會變形

民間傳說中的角色可能會在基本類別之間來回移動，比方說，一個人可能最初是人類，然後或許又短暫地變成了神、鳥或樹。即使在相對理性主義的希臘和羅馬文化中，也有很多這種變形的故事。別的姑且不論，奧維德就寫了《變形記》（*Metamorphoses*），用一整本書專門來講述這個主題。書中的例子不勝枚舉，隨便舉幾個來說好了。鮑西絲和費萊蒙這對老夫婦變成了兩棵交纏在一起的樹，一棵橡樹和一棵椴樹；獵人阿克泰翁變成了一頭雄鹿，遭到自己的獵犬追趕；阿拉克尼是一位出色的織布工，後來變成了一隻蜘蛛；伊尼亞斯是特洛伊戰士，羅馬的創始人，同時也是神。還有許多介於中間的人物，可能是人，卻有一部分是神，例如赫丘力士；又或者有一部分是動物，例如半人半馬的人頭馬或是半人半羊的羊男；也有一部分是植物的，例如水澤仙女達芙妮，她變成了一棵月桂樹，卻還保留了「人類」的意識。另外有一些人物雖然不具備人類的屬性，卻結合了不同動物的特徵，例如長了翅膀的飛馬。

民間傳說中，有幾種生物將植物的特徵與人類

草藥書中的曼德拉草圖畫，可能來自奧格斯堡（Augsburg），1520-30 年。

或其他動物的特徵融合在一起。在歐洲民間傳說就有一種曼德拉草（mandragora），根部會長成小個子男人或女人的形狀，若是將它從地底拔出來，就會發出刺耳的尖叫聲，聽到的人都會一命嗚呼。然而，你若是趁著月黑風高的夜晚，用蠟塞住耳朵，就可能得到這種植物。你必須用一條繩子的一端綁住植物，另一端綁在狗的尾巴，然後，到了午夜時分，還得背對著風吹喇叭，確保你不會聽到尖叫聲，同時用鞭子抽打狗，讓牠開始狂奔，用尾巴將曼德拉草拉起來。狗會死，但是你會得到植物。[8]另一種植物與動物混合的物種是藤壺鵝（barnacle goose），據說它們像水果一樣生長在樹上，成熟後落到地面。這個傳說在中世紀廣為流傳，甚至連約翰·傑拉德（John Gerard）在一五九七年首次出版的《草藥》（*Herbal*）[8]一書中都有記載，這本書通常被視為植物方面最權威的經典。

有情人結成連理枝

在許多古老的英格蘭和蘇格蘭民謠中，樹木和其他植物不僅會聽人說道理，而且還富有同情心和智慧。在〈櫻桃樹頌歌〉（The Cherry-Tree Carol）中，瑪麗和約瑟夫在花園裡散步，她請他為她摘櫻桃。約瑟夫認為她對他不忠，起初拒絕了，然後：

瑪麗對著櫻桃樹說：

「彎下腰來到我的膝前，
讓我可以摘櫻桃，
一顆、兩顆、三顆。」

然後是最上面的小枝
折腰到了她膝前：
「所以你看好囉，約瑟夫，
這些櫻桃是給我的。」[10]

在好幾首民謠中，戀人都是生前遭到拆散，但是死後重生，又像植物一樣結成連理枝，通常是藤蔓與樹木，從墳墓裡生長出來，找到彼此。在蘇格蘭民謠〈羅伯特王子〉(Prince Robert)中，一名年輕人遭到反對他婚姻的母親毒死。他的新娘來找他，卻只趕上了他的葬禮。男子的母親甚至不肯把他的戒指交給她，於是她很快就香消玉殞，然後：

一個埋在瑪麗的教堂，
另一個埋在瑪麗的唱詩班下，

一個長出了樺樹，
另一個長出了荊棘。
然後二者相遇，交纏在一起，
樺樹的枝椏與荊棘，
這樣你們就會知道，
原來他們是一對愛侶。[11]

中國民間傳說也有類似的故事。據傳有位皇帝想要納臣子韓憑之妻為妾，遭到拒絕之後，就下令將韓憑關進監獄，不久就瘐死獄中。他的妻子還是拒絕皇帝的求愛，但是在皇帝百般糾纏之下，最後跳崖自盡。她死前最後的要求是與丈夫合葬，不過皇帝拒絕了，將夫妻二人分別埋葬在兩個地方，只不過從兩人的墳上長出了巨大的杉木，樹枝彼此靠近，最後交錯纏繞在一起，後人稱為「相思樹」。[12]

最能代表跨越動植物兩界的植物，或許就是中世紀阿拉伯神話的娃娃樹（Waq Waq tree）了。此樹生長在亞洲一個偏遠島嶼上，樹枝長出人頭，有些故事的版本說是長出男人和女人的頭，有些版本則說是長出許多奇妙動物的頭，還有一些版本更說是長出小小的人類，成熟時會掉落到地面。[13]這種生物超越了所有的生物分類，特別是人類、植物和動物之間的界線。

08 世界之樹：連結宇宙各部分的紐帶

維京人認為宇宙是一棵世界樹，在《詩體埃達》（*Poetic Edda*）中也有詳細的描述。那可能是一棵白蠟樹，但是與其他白蠟樹不同的是，此樹終年常青。諾恩三女神（Norns）——主宰人類命運的三名聰慧女子——就坐在樹下，另外，樹下還有一口命運之井[14]。有一根樹根伸入由女神赫爾（Hela）統治的冥界；第二根樹根伸入冰霜巨人之地；而第三根樹根則延伸到諸神的領域。樹下還有很多蛇，巨蛇尼德霍格（Nidhogg）就盤據在這裡，啃噬樹根。樹頂棲著一隻老鷹，松鼠拉塔托斯克（Ratatosk）在樹枝間來回跳躍，穿梭在鷹與蛇之間，傳遞訊息並煽動衝突。四隻雄鹿在最高的樹枝間移動，啃食樹葉。[15]到了諸神的黃昏，也就是諸神與巨人之間的末日之戰迫在眉睫時，樹會顫抖，釋放出怪物，[16]有點像危機逼近時遭到壓抑的思想就會浮出表面。[17]這棵樹並不是沒有知覺的，因為有兩個人——一個名為生命（Life）的男人和一個名為活力（Lifthrasir）的女人——躲在樹林裡，也許就藏在世界之樹（Yggdrasil）的枝葉之間，逃過了世界末日，存活下來。[18]

這裡有很多事情都挑戰我們的想像力。如果樹根伸入諸神和巨人的住所，這是否意味著他們都生活在地下？如果樹頂上有六隻雄鹿，這是否意味著牠們在樹枝上行走？或者牠們是腳踩在地上的巨型雄鹿？但是，我們可能會問，「有什麼地面？」「地球在哪裡？」「世界之樹在哪裡？」它似乎擁抱所有世界，卻又不存在於任何世界。維京人可能根本不曾畫過世界樹，就像現代物理學家不會以具象呈現他們的宇宙模型一樣。維京人只是在樹下行走，觀察光影的變化，聆聽樹葉在風中沙沙作響和鳥兒啁啾。他們可以輕易地觀察到很多樹木可以從根部發芽，因此一棵樹不必局限於單一枝幹。世界之樹和潘多一樣，既是樹又是林。如果你想去尋找世界之樹，可能會在哪裡找到呢？要不是無所不在，就是根本無處可尋。

無所不在的世界樹

世界之樹是世界各地神話與民間傳說中都可以看到的主題，各式各樣的樹木令人眼花撩亂。對奧圖曼土耳其人來說，生命之樹擁有茂密的葉子，每一片樹葉都寫滿了人類的命運，每當有一個人死亡，就會有一片葉子從樹上掉下來。對好幾個西伯利亞的部落來說，未出生的靈魂就像鳥兒一樣棲息在宇宙樹上，直到接獲薩滿的召喚才飛下來。[19]住在墨西哥恰帕斯州的采塔爾馬雅族人相信，木棉樹是宇宙的中心，出生時夭折的嬰兒會從樹木攀升到天國，受到樹上果實的滋養和樹枝的保護。[20]這些信仰豐富多彩，但是我們在理解時必須謹慎——即使對這個文化有深入的了解，也可能完全不知道其中有多少是詩意的表現，有多少是隱喻或字面上的意義——不過它們都記錄了生死的節奏跟樹木是如何緊密的融合在一起。

這些樹就跟世界之樹一樣，是連結宇宙各部分的紐帶，包括天國、人間與冥界。單純從規模來看，它們全都亦樹亦林。從某種意義上來說，每棵樹都是一座森林。樹枝固然會從樹幹上生長出來，也會從彼此之間生長出來，就像是從地面升起的基礎一樣。即使孤伶伶地立在城市廣場上，一棵樹也以人類看不見的方式與其他樹木結合在一起。也許維京人認為每棵樹都是世界之樹的分支。

基督教的中心意象是十字架，整體形狀就像是一棵開枝散葉的樹。俄羅斯思想家弗拉德米爾・比比欣（Vladimir Bibikhin）指出，十字架本身具有神的特徵，似乎與耶穌本人融為一體。[21]在八、九世紀的古英語詩《十字架之夢》（*The Dream of the Rood*）中，二者幾乎完全合而為一。十字架告訴讀者說，它長成一棵樹，被敵人砍倒，拖到山頂上立了起來。它承受著釘子、矛刺、嘲笑和基督的一切痛苦，然後十字架又被砍倒並埋入土裡，不過卻又像基督一樣復活了。它的地位高於森林中的其他樹木，並具有拯救世人的力量。[22]

聖十字架的奇蹟

在中世紀的歐洲，有許多關於聖十字架及相關奇蹟的故事，其中有些記載在《黃金傳說》（*The Golden Legend*）一書中。這本書由雅各・德・弗拉金（Jacobus de Voragine）所著，在一二五五至一二六六年間出版，書中收錄了許多聖人的生平故事。雅各有點像當代民俗學家，

娃娃島上的樹，印度戈爾康達（*Golconda*），十七世紀初，
以墨水、不透明水彩和金粉繪於畫紙。

約翰・奧古斯都・納普 (John Augustus Knapp)，《世界之樹》（*Yggdrasil*），
十九世紀末或二十世紀初，畫布蛋彩畫。

《薩爾斯堡彌撒書》（*Salzburg Missal*）頁面，1478 年。
在這裡，知識樹和生命樹是同一棵。右半邊帶來死亡，但左邊的一半帶來永生。
這棵樹的樹枝被用來做成釘耶穌的「真十字架」，也出現在樹枝上。

針對同一事件經常會提供多個版本，但是無論大家喜歡哪種說法，十字架都會以世界之樹的形式出現。有關各個版本之間的差異，此處就不多贅述，只是簡單地概述這個故事。當最早的那位亞當臨死時，派遣兒子塞特到天國之門。天使給了塞特一根永生樹的樹枝，告訴他說，等到樹枝結了果實，他的父親就會自然痊癒。可是塞特回來之後發現亞當已經死了，所以他就將樹枝種在父親的墳上，並且長成了大樹。後來所羅門砍倒了這棵樹，打算用來在森林裡蓋房子，只是木

皮耶羅・德拉・弗朗西斯卡（Piero della Francesca），《示巴女王駕臨》（*The Arrival of the Queen of Sheba*），約1452-7年。位於義大利阿雷佐（Arezzo）的聖弗朗契斯科大教堂（Basilica di San Francesco）壁畫，顯示了示巴女王敬拜後來成為真十字架的橫梁。

板永遠都不適用，不是太長、就是太短。最後他將木板變成了一座橋，當示巴女王來找他時，走過了這座橋，就看到耶穌受難的景象。所羅門很傷心，於是把木頭深埋在地底，只是最後仍然浮出池塘水面，被用來製作釘死耶穌的聖十字架。耶穌受難後，這個十字架再次被埋入地底，後來又被君士坦丁皇帝的母親聖海倫娜發現。為了測試這個十字架，他們在經過送葬隊伍時，將十字架舉在屍體上方，屍體立即復活。聖海倫娜認為十字架的力量太大，不應為任何一人所有，因此她將其切成碎片，並發送給世界各地的教堂。23

09 樹木的靈性渴望天國？

說起現代最早認真論證植物具有理性和情感的人，其中一個就是比利時散文家兼劇作家莫里斯．梅特林克。他在一九一三年首次出版的《花的智慧》（*The Intelligence of Flowers*）一書中甚至試圖重構植物的觀點。人類常常認為——姑且不論正確與否——我們身為有靈性的生物，卻被局限於物質世界，這樣的地位給人類帶來了特殊而且多半是悲劇性的命運。梅特林克相信這是植物所共有的：

植物的根是它們的基本器官，也就是吸收營養的器官，卻附著在土壤中。如果說人類難以在壓迫我們的偉大法則中找出壓在我們肩上最沉重的負擔，那麼對植物而言，毫無疑問的，就是注定了它們從誕生到死亡都不能動的法則。24

根據梅特林克的說法，植物的生命，一如人類的生命，就是要跟物質世界的限制進行永恆的鬥爭，這一點從植物不斷生長，試圖遠離土壤，就可以看得出來。當然，這樣的說法似乎特別適用於樹木，它們通常可以觸及廣袤的高空，但是卻始終扎根於土地。在他看來，這也是它們在開花結果、傳播種子等方面的創造力源頭。這種解釋不是將植物拿來跟人體功能做對比，而是跟人類靈魂的慾望做比較。以一個具體意象來概括這一點，我們可以說，它們的生命，以及所有的生命，都是為了反抗看似冷漠的宇宙。

或許梅特林克忘了，並不是所有的植物都嚮往高處，往地下生長的植物跟向上發展的一樣多。從某些角度來說，他的想法多半是那個時代的產物。就像傳統基督徒一樣，他的樹也努力地想要進入天國；就像浪漫主義和啟蒙運動的人一樣，他們永遠反抗束縛。然而，就算梅特林克將植物擬人化了，他的說法裡還是有一些接近普遍的元素。對於那些願意承認植物具有某種感知能力的人來說，樹木似乎具有一種基本的靈性，在宗教、教派、哲學和意識形態充斥我們的精神生活之前，人們可能已經分享了這種靈性。

在伊拉克烏爾古城（Ur）出土的赤陶牆板，年代約為西元前三千年末或兩千年初，
呈現的是美索不達米亞的神話人物恩基杜（Enkidu），
此時的恩基杜形象已經有許多在數千年後出現的「野人」相關的特徵。
他幾乎赤身裸體，留著濃密的鬍鬚，突出的耳朵和勃起的下體暗示著他的獸性。

03 森林的神祕生物 Mythic Beings of the Forest

他們躺在一起六天七夜，因為恩基杜已經忘記了他在山上的家；
但是當他滿足之後，又回到野獸身邊。
然後，瞪羚看到他就拔腿狂奔；野獸一看見也都逃之夭夭。
——《吉爾伽美什史詩》（*The Epic of Gilgamesh*）

十九世紀在美國最受歡迎的自然學家約翰．巴勒斯（John Burroughs）曾經問道：「像我寫的這種書是不是會讓讀者對大自然留下錯誤的印象，以為在林中漫步或露營會得到比實際上更多的體驗？」他提醒大家，在森林裡度過的時光，就像所有的經驗一樣，都需要經過一番詮釋。他自己也經常是一直到坐在書桌前寫作時，才真正體會到林中漫步帶給他多大的喜悅。只有透過創作的過程，他才會發現到底發生了什麼事，還有自己的實際感受。[1] 與自然世界的日益疏遠有時會讓人類對林間漫步抱持不切實際的期望，他們至少都希望當下就有所頓悟，一旦這樣的期望無法實現，自然就會感到失望。

崇敬自然與妖魔化自然

西方文化對森林的概念與他們對自然的概念有密切的關聯，也不斷地在崇敬自然和妖魔化自然這兩個極端之間搖擺不定。像美洲原住民這樣的文化，在自然和文明的領域之間沒有如此清晰的區分，因此很可能沒有非常接近對等的概念。人類學家菲利普・德斯寇拉（Philippe Descola）寫道：「對於（美洲）印第安人來說，森林是人類房屋的延伸，他們在其中與動物和統治森林的神靈進行能量交換儀式。」[2]儘管如此，森林仍然是一個提升靈性的地方。在美國東北部和加拿大林區的族群和美洲的許多其他原住民族都有這樣的傳統，年輕人會獨自進入樹林探索靈視，與他們的守護神互動。對印度教徒來說，村莊和森林都是人類的居所，也同樣都要臣服於相同的種姓階級制度。最高階的婆羅門在年老時經常會感到召喚，放棄自己的財產，到森林裡過著有如苦行僧的生活，這不是一種放棄，而是透過更親密地接觸自然世界來獲得重生。[3]

正如我們在森林的經驗，有時會短暫瞥見生物正從一個地方移動到另一個地方，不過總是有一部分的視線遭到樹木阻隔；有時會聽到牠們的聲音夾雜在其他聲音的背景之中，通常被周遭的樹葉所淹沒；又或者是聞到奇怪的氣息，察覺雜草叢生的小路與模糊的足跡。從這些破碎的感官知覺，透過人類想像力的過濾，重建出新的生物。森林傳說裡各種幻想出來的神奇生物不勝枚舉，在全世界大部分甚或所有的文化中都找得到。

對於住在森林裡的人來說，有些基本觀念可能放諸四海皆準。亞洲、歐洲、非洲、美洲和其他地方的原住民普遍都相信樹木是幽靈的故鄉，[4]林地由幽靈主宰，是一個超自然的社群，可能與鄰為善，也可能有威脅性或是完全漠不關心。相形之下，小村落或村莊則主要是人類的領地。[5]在大多數甚或所有的人類文化中，森林代表某種原始的東西，可能是社會的一個層面，或者是一個相對自治的領域。

森林裡的神祕住民中，最引人注目的是恐怖人物，它們為森林所引起的無形恐懼提供了有形的輪廓。在世界各地，若是在森林裡或森林附近看到這樣的人物，往往會引起恐慌，導致整個村莊撤離。溫迪哥（Wendigo）就是其中之一，那是一種美洲原住民的巨人，讓加拿大中北部和美國部分地區的許多部落都萬分恐懼。溫迪哥的外形通常與人類相似，但是體型卻大得難以想像，而且最喜歡的食物就是人類。[6]肯亞的南迪熊（Nandi Bear）則是另一種傳說中的生物，只吃人類的大腦，它會藏身在樹木低矮樹枝的葉叢之間，趁著受害者經過時，一拳打破他的腦袋，吃掉大腦，留下空的頭蓋骨。[7]在文藝復興時期和近代早期的歐洲大陸，據說森林裡和周圍都有女巫舉辦安息日活動，現場會有各式各樣的怪物群聚。

另外還有動物的主人，一個保護森林生物的人物。大多數時候，他們會允許人類在森林

「這些樹林是天神的第一座寺廟——在日光的高貴柳杉大道」，1904 年，照片。
日本人自古以來就對森林懷有敬畏之心。

裡狩獵和採集，但是過度狩獵和採集的人則會受到懲罰。一個神祇可以保護所有的物種，或者只保護某一個物種。在巴西雨林中，動植物的保護者是庫魯皮拉（Curupira），他通常具有人形，但是腳卻往後生長，藉以迷惑獵人和採集者。他會化身為各種動物形態來監視森林裡的人，如果他們不守規矩，他可能會撼動樹木向他們示警；對於那些不敬或貪婪的人，他也會將他們帶入歧途或奪走他們的影子來加以懲罰。另外，巴西亞馬遜的傳說中還有其他專門保護魚類、棕櫚樹、橡膠樹和海龜的神靈。[8]

日本在進入現代世界後，仍然繼續信奉其本土屬於萬物有靈論的宗教，這是相當罕見的，甚至可以說獨一無二。日本人認為森林是幽靈的居所，他們需要尊重與安撫。至少從十八世紀以來，日本在保護森林方面不遺餘力，比世界上任何其他國家都付出更多心血。[9]然而，這並不表示日本人傳統上都認為森林是完全無害的。有許多關於生活在森林深處的鬼、巨型蜘蛛和其他妖精的傳說，其中很多妖精會吃掉誤闖入他們領地的旅人。許多武士因為宰殺這些怪物而聞名，但是這些生物所造成的破壞並不能歸咎於森林本身。就連妖精也要有個安身立命之地，才不會入侵人類的世界。

森林裡超自然的人物數量太多、種類繁雜，我無法全面分類，箇中種類幾乎是無窮無盡，有狼人、精靈、野人、天鵝少女、羊男、苔蘚人、鬼魂、食人魔、水中女妖露莎姬（rusalki）、龍、巨人、靈獸、女巫、仙女、河神奧孫（orisha）、藥叉女（yakshi）、神、鬼等等。接下來，我會說幾個故事來說明他們的範圍和多樣性。

10 恩基杜：野人的基本形象

有位設陷阱捕獸的獵人在動物常去喝水的水坑遇到了一個具有超能力的人，此人以吃草維生，跟野獸競速，掉進為了捕捉獵物而挖的坑洞之後，不但將洞塞得滿滿的，甚至還扯爛了捕獸的陷阱，讓獵人萬分驚恐。獵人在父親的建議下，前往美索不達米亞的烏魯克城（Uruk），找到國王吉爾伽美什，請他從伊絲塔女神（Ishtar）的神廟裡派遣一名妓女去引誘這位力大無窮的陌生人。國王答應了他的請求，於是獵人就帶著妓女在池塘邊等候，等到第三天，野人出現了。妓女脫下衣服靠近他，兩人躺在一起，共度了六天七夜。當此人回到動物夥伴身邊時，牠們都躲著他；他想要像以前一樣和動物一起賽跑，卻再也跟不上牠們的步伐，他的腿軟了。正如英國考古學家桑德絲（N. K. Sandars）在她翻譯的這個故事中所說的：「恩基杜（就是那個人的名字）變得虛弱，因為他有了智慧，他的心中有了人的思想。」[10]

他別無選擇，只能回到女人身邊，女人教他喝酒、吃麵包、用油塗抹在他身上，並讓他穿上人類的衣服，還安排理髮師幫他剪髮。恩基杜不再破壞陷阱，而是學會了捕獵攻擊牧羊人羊群的獅子與狼。此外，他也學會了人類的野心，決心挑戰吉爾伽美什本人。當國王走進一座寺廟，準備要跟另一個男人的新娘同眠時，恩基杜擋住了路。兩人展開激烈交戰，打了一段時間之後，成為最好的朋友。[11]這是《吉爾伽美什史詩》的開頭，這兩個好朋友後來又共同經歷了許多勝利與悲劇，我在下一章還會談到他們的故事。

《吉爾伽美什史詩》的版本

我們沒有這部史詩的完整版或確定版，最接近完整的是最早出土的版本，也就是一八五〇年代初在亞述國王亞述巴尼拔（Ashurbanipal）的宮殿中發現的，其歷史可以追溯到西元前七世紀。這個版本由十二塊泥板組成，其中前十一塊講述了一個連貫的故事，最後一塊則只在泥板邊緣保留了一些相連的文字。這些泥板的內容被稱為「標準版」，為後續重建故事提供了基礎。文本中有很多無法辨識的空白，其中有很多空缺都是靠著從西元前第二個千禧年初期流傳下來的古巴比倫版的片段資料填補而成。這部史詩在西元前一三〇〇年左右出現了一個近乎最終的形式，由當時的巴比倫學者辛里奇烏尼尼（Sîn-lēqi-unninni）將文字編輯成單一敘事。

另外還有五塊更早的泥板，用蘇美語（Sumerian）記載了吉爾伽美什的故事，其歷史可以追溯到西元前第三個千禧年後期。這些故事提供了巴比倫和阿卡德泥板等早期版本的原始素材，還有一些其他故事。西臺語（Hittite）和其他古代語言也有關於吉爾伽美什的記載，迄今仍經常有新的碎片出土。總而言之，各種版本的時間跨度幾乎相當於羅馬帝國滅亡至今的時間。這些故事可能還可以追溯到比這些文字更早個幾百年的口述傳統，其中充滿了我們文學傳統的基本主題，例如愛、死亡、友誼和人類命運。

文學裡的「野人」主題

在故事的一開始，恩基杜是文學中的第一個「野人」，引進了一個基本形象，在某些方面貫穿了整個歷史，幾乎保持不變，相當驚人。就像藝術和文學中的許多野人一樣，他渾身毛茸茸的，身上幾乎衣不蔽體，甚至完全不穿衣服，他喝溪裡的水，吃森林裡未經烹煮的食物。

許多著名的故事都源自恩基杜和妓女，數目多不勝數，其中第一個就是兩個《聖經》創世故事中第二個故事裡的亞當（〈創世記〉，1:7-25）。亞當和恩基杜一樣，也是用泥土單獨創造出來的，沒有女伴或其他同伴。故事中帶入妓女是為了引誘恩基杜接受人類的生活方式，而夏娃也是一樣為了要跟亞當作伴才創造出來的。以這兩個例子來說，女性的存在最後都導致了被逐出自然天堂的結果。

同樣在《聖經》裡，參孫和大利拉的故事（〈士師記〉，13-16）也清楚地呈現出恩基杜與妓女的輪廓。參孫跟恩基杜一樣，也是一個擁有神力之人。大利拉在非利士人的指使下引誘了參孫，並且剪掉參孫的頭髮，讓他失去了大部分力量，與妓女對恩基杜所做的事情如出一轍。恩基杜的故事在中世紀的獨角獸傳說中也很明顯。獨角獸是一種類似馬或山羊的神話動物，前額中央有一支巨大的角。獨角獸就像恩基杜一樣，兇猛又孔武有力，無法用武力捕獲，但是它會在少女面前變得溫順，並將頭上的角放在她的腿上，心甘情願地讓人捕獲。[12]

女性觀點的「美女與野獸」

從女性觀點來講述恩基杜與妓女的故事，也是廣受歡迎的童話故事藍本，如「美女與野獸」。這個故事最著名的版本就是由琴－瑪麗．勒普林斯．迪博蒙特（Jeanne-Marie Leprince de Beaumont）撰寫的英語版，在一七五六年出版。[13] 簡單的說，就是一名年輕女子前往森林

華特・克蘭（Walter Crane），〈我有那麼醜嗎？〉，《美女與野獸》插圖（1874）。
在維多利亞時代與「文明」相關的所有聯想中，野獸的獸性特徵似乎特別明顯。
他身邊的劍和放在胯部的帽子也巧妙地顯示出這一點。
儘管精心打扮過，但是這個男人並未完全克服他的獸性。

深處，來到一個可怕的半人半獸怪物的城堡，跟他介紹了人類文明，就像妓女對恩基杜所做的事情一樣。最後怪物贏得她的芳心，也擺脫野獸形態，成為完整的人類。民俗學家普遍認為這個故事相當現代，但是莎拉・葛蕾絲・狄席爾瓦（Sara Graça da Silva）和傑姆希德・德黑尼（Jamshid J. Tehrani）追溯了各種不同的版本，估計這個故事大約有兩千五百年到六千年的歷史。[14]將這兩個年代平均起來，就是距今約四千兩百五十年前，相當於恩基杜的故事廣為流傳的時期。狄席爾瓦和德黑尼並未將這兩個故事聯結在一起，但是「美女與野獸」的故事無疑出自《吉爾伽美什史詩》，或者與其密切相關的來源。

森林裡的野人讓中世紀的歐洲為之痴

迷，而且一直持續到今天，不斷出現在故事、化裝舞會、泥金裝飾手抄本之中，幾乎在文化的各個層面都可以看到。這個野人有時候是希臘羅馬神話半人半羊的農牧之神（fauns），或是半人半山羊的森林之神（satyrs），也經常出現在紋章中——尤其是在蘇格蘭——總是有著標誌性的長髮、鬍鬚和簡單的毛皮服裝。在莎士比亞的戲劇《暴風雨》中，他以卡利班這個角色出場。偶爾還會有個「女野人」陪他，不過通常都是孤伶伶一個人。

廣為流傳的野人形象

恩基杜可能是野人這個民俗主題最古老的已知來源，不過仍然只是

佚名，仿老彼得・布勒哲爾（Pieter Bruegel the Elder）的《野人，又名奧森與瓦倫泰的假面舞會》（*The Wild Man; or, The Masquerade of Orson and Valentine*），木刻版畫，1566 年。從中世紀到現代初期，野人是紋章、假面舞會、嘉年華和娛樂活動中最受歡迎的人物。在這裡，有人打扮成流行傳奇故事裡的野人奧森。

約翰・彼得・西蒙（John Peter Simon）仿亨利・富塞利（Henry Fuseli）創作的版畫，描繪了莎士比亞戲劇《暴風雨》中的場景，1797年。右邊的卡利班就是一個野人。

其中之一而已。這個人物的歷史不能以純粹直線性的方式追溯，因為這個主題可能源自不同地方的傳統，並且彼此匯聚和反覆交錯，形成一種綜合體。在許多情況下，包括恩基杜的例子，很可能是因為看到猿類而啟發了野人的傳說。儘管如此，野人的形象在世界各地卻非常一致：身上長滿了毛髮或皮毛，就算不是赤身裸體，也只穿著一件原始的獸皮衣，同時身上散發著濃烈的體味，他擁有超人的神力，體型通常（但不是一定）比正常人更大，偶爾還具備某種特定動物的特徵，例如山羊。

在恩基杜和《聖經》亞當的傳統中，未馴化的一方總是被視為男性。這一點特別值得注意，因為翻轉了慣有模式。當人類被擬人化時，通常是男性，而自然則被擬人化為女性。從農業到核分裂，各種偉大的發現都不斷地歸功於「男人」或「人類」；與森林、草地相關的精神則被稱為「自然之母」

（Mother Nature）。而此處正好相反：社會是女性的，在恩基杜的故事中化身為妓女，在第一個《聖經》創世神話中則為夏娃，自然反倒成了男性。一些描述粗獷男性孤身一人在森林深處謀生的故事，如探險家丹尼爾．布恩（Daniel Boone）和戴維．克羅克特（Davy Crockett）等，延續了這樣的傳統。野人這種廣為流傳的形象，也影響了早期對尼安德塔人的描述。

很多時候，若是傳出有人見到野人的消息，一、兩個故事就足以引起地區性的恐慌。我記得小時候在紐約州北部，聽說過「馬人」的故事，他和其他野人一樣，也是全身毛茸茸的，

紅毛猩猩插圖，出自喬治．蕭（George Shaw）《普通動物學，又名系統性自然史》（*General Zoology; or, Systematic Natural History*）第一卷，第一部（1800年）。歐洲人經常將新發現的猿類與原住民族混淆在一起，並將牠們想像成傳說中的野人。

據說奔跑時會發出像馬一樣的嘶鳴，還說他會攻擊兒童。像這樣的故事都很可怕，足以讓我有好長一段時間都待在家裡，足不出戶。佛羅里達州的臭猿或俄亥俄州的橙眼猿等怪物，也曾經引起類似的恐慌，而且規模更大。

在某些情況下，還有神祕動物學家甚至主流科學家認可這些半人半獸的人物描述，認為是合理的。以全球範圍來說，這一類人物中最著名的包括傳奇的雪人（喜馬拉雅山）、野人（中國）、大腳怪（北美）、阿爾瑪（西伯利亞）、無名怪（圭亞那）和矮人（蘇門答臘）。[15]十七世紀歐洲人在南亞雨林中發現紅毛猩猩時，他們採用了馬來語名稱，字面的意思就是「野人」或「森林之人」，最初可能是馬來西亞或印尼的都市居民用來指稱他們認為不文明的森林住民。[16]

11 《西遊記》樹精幻化人形

為了拯救混亂的中國，觀音菩薩指派佛教僧侶唐三藏從中國前往印度取經，途中必須穿越充滿惡魔與野獸的未知領域。他有三位具備超能力的弟子，分別是孫悟空、豬八戒與沙悟淨，充當幫手和保鑣。四人剛從荊棘叢中出來，走完一段艱辛的旅程，就遇到了一位老翁，他身邊帶著一個青面獠牙、紅鬚赤身的僕從。老翁為旅人準備了點心，表示歡迎。就在豬八戒迫不及待地吃起麵餅時，孫悟空認出這些陌生人是妖怪，但是他還沒來得及掄起金箍棒攻打老翁，那人就化作一陣風，將唐僧擄走了。

唐僧突然發生自己置身於一座雲霧環繞的屋子前面，上面掛了一個匾額，寫著「長生不老殿」。老翁彬彬有禮地介紹了他自己和另外三名同伴，全都活了一千年以上。五人連袂走進屋內，一同吟詩，分享由赤身僕從帶來的點心，並且談論佛教和道教的哲理，極其優雅文明。最後，唐僧擔心弟子會四處尋他，於是找了藉口要離開，行走間，一名少女帶著兩個婢女，手持杏花枝，翩然而至。唐僧拒絕了少女求愛，四名老翁表示可以替二人作媒主婚，以免名不正言不順。唐僧聞言大怒要走，其他人擋住他的去路，雙方拉扯直至天明，唐僧這才聽見徒兒的呼喚，那四名老翁、少女及其僕從全都瞬間消失無蹤。

唐僧及其徒兒四處張望，發現一個寫著「長生不老殿」的匾額，旁邊有四棵古樹，分別是松、柏、檜、竹，正是那四名老翁。另有一棵楓樹，想來是紅鬚赤身僕從。最後他們又看到一棵杏樹，就是那名少女，旁邊圍繞著丹桂、臘梅，也就是她的貼身婢女。唐僧說，這些樹木並未害人，就不管他們了。比較世故且看似真正發號司令的孫悟空卻說，這些妖怪不除，日後恐成大患。於是豬八戒掄起釘耙將他們全都剷除，鮮血也從樹根湧出。

這個故事出自吳承恩的中國奇幻小說《西遊記》，首次出版於西元十六世紀初。[17] 據我所知，這個故事沒有其他來源，我們很難確認這個故事有多少是民間傳說，又有多少是文學創作。這本小說是從佛教的角度寫的，對道教的態度通常是尊敬，但是有時卻也非常不敬。故事中有八棵被賦予人形的樹木，可能是在諷刺道教傳說中的八仙。

讀到這個故事，我們可能會希望唐僧能夠更強勢一點，堅持讓那些樹木保留下來，不要讓脾氣暴躁的孫悟空占了上風。唐僧後來似乎也有這樣的感覺，因為他開始對孫悟空施以更多的權威。有些讀者甚至希望唐僧留下來與杏樹姑娘結為連理，可是誰又能猜得到若果真如此，又會發生什麼事呢？這個故事完美地證明了最近的新發現：樹木會不斷地交換訊息，甚至組成某種社群。唐僧是一名

河鍋曉齋（Kawanabe Kyousai），《西遊記》，1864 年，彩色木刻版畫。
正中的高大人物是唐三藏，他從中國歷險到印度去取經。在他的左上方，
是他的守護神觀音菩薩；而在他的右邊，則是他的三個弟子：
孫悟空、豬八戒（此處畫成一頭大象）和沙悟淨。
小說中的大部分動作情節都是描寫孫悟空與各種妖魔的交戰，
其中的幾個（金角和銀角）也出現在這幅畫的左側。

旁觀者，走進樹木的社群，隨後又涉入得更深，儘管並非他個人所願。或許這個故事要傳達的訊息是：雖然樹木在很多方面看起來跟我們很像，但是它們終究不是真正的人類。

森林擬人化隱藏的矛盾

這個故事展現了中國人對森林的矛盾心理。中國透過大規模砍伐森林、無節制的狩獵以及河流引水改道等手段，對鄉村地區進行改造，結果反而引發了民眾對鄉村風景的強烈愛好。[18]對宮廷生活感到失望的學者官員，退隱到令人望而生畏的地方，尋求平靜冥思的生活，這一點與西方的情況並無太大差異。藝術家畫了無數的卷軸，描繪了看似無窮盡的森林、山川美景，只偶爾穿插一些亭台樓閣與獨立的人物，這才讓觀者想起人類。然而，這些只是理想中的場景，而非實際情況。[19]

這個故事也說明了，在我們眼中看似巨大的科學進步，對於許多其他時代、地方和文化的人來說，其實並沒有那麼激進。我們總是很難決定應該要將森林擬人化到什麼樣的程度。負責照管德國一片古老山毛櫸森林的林務員彼得·沃雷本（Peter Wohlleben）在他的暢銷書《樹木的祕密生活》（*The Hidden Life of Trees*）中，將森林擬人化推展到了極致。他寫了樹木如何照顧它們的孩子、老人、病人、親人，甚至是它們領域內的陌生人。一個極端例子是他在森林中發現了一棵四、五百年前遭到砍伐的山毛櫸樹樁，竟然靠著鄰居透過樹根和菌根真菌輸送養分給它，一直存活至今。[20]

基本上，他將樹木視為一種理想化的老式村落，有友誼，偶爾也有敵意，年長者和習俗都受到尊重。我們很難說他相信到什麼程度，其中又有多少只是因為他使用了擬人化的語言。而且，這種觀點有一個預設立場，就是非常像人類的個人主義，而正如我們所見，這種個人主義不太適合樹木。

12 非洲「邪惡」森林帶來危險與解脫

在撒哈拉以南的非洲人，傳統上對森林的看法與歐洲民間傳說非常接近，著實令人感到意外。根據法國人類學家德斯科拉（Descola）的說法，非洲人「只是將其視為一個野蠻、黑暗、危險的地方，要盡可能的避開……」，認為森林「絕對不是居住的空間」。[21]在非洲中部的傳統信仰中，幽靈居住在森林、水體和天空中，但是通常不在村莊裡。[22]幽靈固然很危險，但是就像歐洲傳說中的森林精靈一樣，有時也很有幫助。

講述伊博族（Igbo）故事的奇努亞．阿契貝（Chinua Achebe）在他的小說《分崩離析》（*Things Fall Apart*）中描述了在十九世紀末的祖國奈及利亞，「每個部落和村莊都有自己的『邪惡森林』」。那裡是村民埋葬因痲瘋病等疾病死亡之人的所在，也是「偉大巫師在死後拋棄強大魔法力量的垃圾場」。在小說中，森林甚至成為活人祭祀的場所。因此，邪惡的森林「充滿了邪惡勢力與黑暗的力量」。[23]

然而，村民卻從未想過要砍伐這座邪惡的森林，因為他們需要森林來充當某種垃圾掩埋場，用來存放村裡的人希望從生活中消除的所有東西。將他們厭惡的一切都丟棄在森林中，等於是進行了一項永久的淨化工作。除了實際存在和相對較小的規模之外，這片森林類似但丁《神曲》中的暗黑森林。我們前面提過，暗黑森林的邊界並不明確，不過好像包括了地獄，這也符合傳統基督教中類似的目的。冥界不僅是妖魔鬼怪與受到詛咒的幽靈居住的地方，也收容了信徒想要驅除的一切邪靈，例如失控的火。

這樣的雷同也許或多或少可以解釋非洲中部的村民何以迅速接受基督教，或許也是奈及利亞教會如今不論在信徒人數與宗教活動的強度上，都令英國國教相形見絀的原因。假設阿契貝對於非洲中部傳統鄉村生活的描述是正確的，這也足以證明強烈的二元對立論——與當今許多人的看法正好相反——並不一定會導致自然世界的破壞。

在這部小說中，傳教士前來要求興建教堂。於是村民就把邪惡森林裡的土地給了他們，以為這些新來乍到的人撐不了多久。結果，這些傳教士的宗教信仰更加超脫塵俗，他們砍伐了部分森林來興建禮拜堂。教會透過吸引村裡地位較低的人而迅速發展，因此破壞了部落的階級制度。小說的主角是一位名叫歐康闊（Okonkwo）的戰士，他恪守傳統，就像戰士一樣的僵化固執。最後，他在邪惡森林中上吊自殺。

可是森林似乎並不完全是基督教意義上的「邪惡」，作者用這個詞可能帶有一絲諷刺的意味。小說一度寫到，有一名年輕女子被帶到森林裡治療嚴重的疾病，還有一次寫到森林透過巫師的嘴巴說話。這片森林就像〈美麗的薇希莉莎〉（Vasilisa the Beautiful）或〈糖果屋〉（Hansel and Gretel）等童話故事中的森林一樣，主角雖然在其中遭遇巨大的危險，但是最終都可能獲得解脫。

人類與幽靈世界的中介點

當代奈及利亞作家班．歐克里（Ben Okri）創作的系列小說《飢餓之路三部曲》（*The Famished Road Trilogy*），描述了奈及利亞森林進一步的發展階段。故事背景設定於一九六〇年代左右，當時的奈及利亞人大多是世俗的基督徒或穆斯林，比較傳統的思維方式不再有足夠的凝聚力來構成信仰體系，不過卻仍然普遍存在。森林不再邪惡，幽靈也和人類一樣迷失了方向。

在書中，剩餘的森林不斷遭到砍伐開發，讓住在森林裡的幽靈感到不安，於是他們不斷地嘗試要進入村莊，與其說是為了傷害人類，倒不如說是為了尋求庇護。他們對人類感到好奇著迷，卻不理解人類。他們也試圖化為人形，不過卻出了差錯。這個故事的主角是一個名叫阿札羅（Azaro）的「阿比庫」（abiku，也就是幽靈之子的意思），由他以第一人稱敘述。他原本住在森林裡，森林圍繞著一個無名的村莊。傳統上，阿比庫會進入人類子宮降生，但是很快就會回到超自然世界。然而，阿札羅學會了愛他的母親和父親，他們分別是市場小販和出賣勞力的勞工兼拳擊手，於是他拒絕離開這個生命，因此其他的幽靈就不斷地跟蹤他，想要引誘他回到森林，甚至還試圖綁架他。在跟幽靈對抗的過程中，他越來越喜歡人類世界，儘管這個世界又髒又亂，而且還經常很殘酷。

這些森林裡的幽靈跟歐洲的精靈與仙子不同，至少不像通常描述的那樣。他們沒有一致的外形。故事的主人翁在三部曲一開始首次看到他們時是這樣形容的：

> 我看到有人倒著走路，侏儒用兩根手指頭行走，男人的腳倒掛在魚籃上，女人的乳房長在背後，反倒在胸前綁著嬰兒，另外還有長了三隻手臂的漂亮孩子。在這些人之中，我看到一個女孩，她的眼睛長在臉的側面，脖子上戴著藍銅鐲子，看起來比森林裡的花朵還要可愛。[24]

在小說中，這些幽靈試圖化為人形，結果卻畫虎不成反類犬，也許可以跟人類想要模仿獅子或犀牛相提並論吧。他們的活力、幽默感和多樣性與非洲中部面具相仿。阿札羅本身就是幽靈，並不會覺得其他幽靈特別奇怪或恐怖，他甚至無法清楚分辨幽靈與人類。與其說這個故事是一個連續的敘事，還不如說是一系列簡短而奇幻的小插曲，這些小插曲發生在人類和幽靈世界相遇的中介點，就像在城鎮郊區，二者經常光顧的小酒吧。

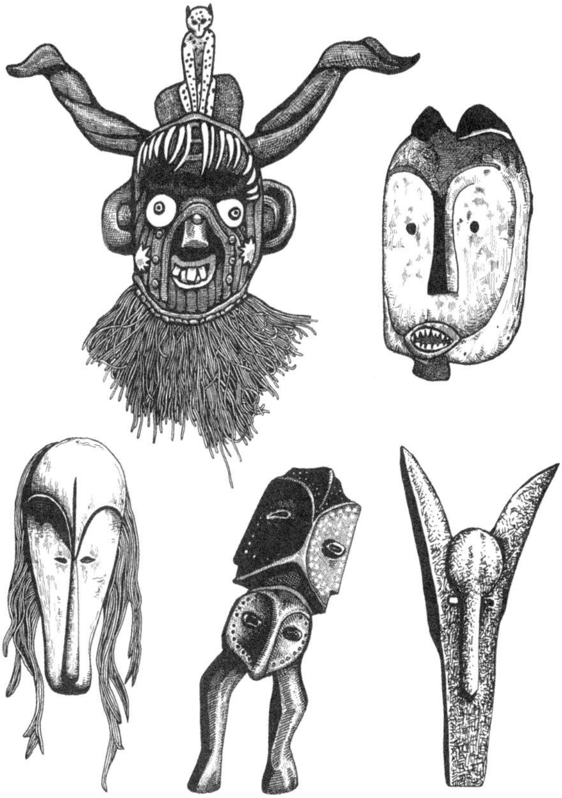

非洲中部的傳統面具圖案。
這些圖案展現了各種奇妙的生物，大部分都沒有名字，
還帶有一絲趣味。

這部小說讓我們看到，當森林遭到砍伐時，森林邊緣的城市空間如何呈現出森林的氛圍。在我剛成年時，經常走過芝加哥的貧民窟，在那裡，大家都知道自己可能隨時會受到其他人的注意，包括打算動手的小偷和搶劫犯。當時我雖然比較漫不經心，但是還沒有到忘了表現出某種形象的地步。我知道自己需要表現出熟悉與自信（即使我感覺並非如此）；我必須挺直腰桿，臉上必須盡可能的不露出任何表情；我必須表現出好像我熟悉這個地方，知道自己要往哪裡去。如果我迷路了，並且停下來查看地圖，有人可能會注意到這一點，就可能會引起別人的攻擊。這是我們所說的都市叢林生活的一個面向。等我回到家，早就因為裝腔作勢而疲憊不堪，一頭倒在床上，終於可以做回我自己了。

04 征服森林
Conquest of the Woods

我不想成為神或英雄，只想做一棵樹，
永遠在那裡，從不傷害任何人。

——波蘭詩人切斯瓦夫·米洛虛（Czeslaw Milosz）

文明與自然，孰先孰後？在《聖經》中，先有文明。世界最原始的景觀是一座花園，而不是叢林，由第一批人類亞當和夏娃掌管。那是一個秩序井然的地方，只是在他們違抗禁令，偷吃了知識樹的果實之後，那個地方就消失了。我們所說的荒野，其實是個墮落的世界。不過，在大多數的傳統文化中，普遍都抱持相反的看法，包括希臘羅馬文明。他們認為文明只有在經過一段原始混亂時期之後才出現，在混亂中，有無數的怪物融合了動物和人類的特徵，令人費解。還有諸神部族之間的激烈交戰，撕裂了天地。

舊石器時代的文化主要是經由洞穴壁畫而為人所知，這些壁畫的重點都是體型大、速度快、力氣猛的動物，例如大型貓科動物和長毛象。人類只有在後來的壁畫中才開始出現，而且體型通常像是竹竿，看起絕對沒有大型哺乳動物那麼令人驚艷。人類吃掉這些動物，也可能被動物吃掉，像是某種永恆的互惠。遭到獵殺而死是一件稀鬆平常的事，而被吃掉更幾乎是普遍現象。這是一個通常銘記於神話的世界，從那時候開始，所有的獵人都會緬懷回顧。

隨著冰原消退、森林擴張、人類開始務農，這個世界就逐漸走向終點。在新石器時代，隨著人類定居並「落地生根」，他們跟植物產生一種神祕的聯繫，逐漸取代過去與動物之間的親密關係。[1]或許，高大的樹木看起來比任何動物更雄偉。此外，人類開始思考循環週期，而這在植物的生命中——從出生、幼年期、青年期、成熟期到最終死亡——可以看得更清楚。他們埋葬死者，如同播種一樣，希望最終能夠復活。時間不是永恆的現在，而是循環的回歸。

最終，人類與某些動物建立了共生關係，他們養育和照顧這些動物，就像對待植物一樣。首先是狗，稍後是綿羊、山羊和蜜蜂，然後是豬、牛、蠶和許多其他動物。有些民族持續以狩獵採集為生，一直到現在。其實絕大部分的人——幾乎就是所有的社會——都持續狩獵採集，只是規模縮減甚多，多半只剩下一種儀式或娛樂，而不是為了實際生活所需。然而，這些行動，或者說至少是付諸行動的努力，就是搬演了一齣充滿神話色彩的戲劇。

13 人類英雄殺死森林守護者

吉爾伽美什是世界上第一位史詩英雄，即使在他最偉大的勝利時刻，他似乎也不是超人，就是一個普通人，經歷人類的各種反應，包括勝利、失敗、驚嚇、傲慢、羞辱、恐懼、愛與絕望。他時而強大，時而無助，時而聰明，時而愚蠢。

在這一章，我主要講述吉爾伽美什和他的同伴恩基杜殺死黎巴嫩杉木林守護者胡姆巴巴（Humbaba，或稱「胡瓦瓦」Huwawa）的故事。在標準版中，這段故事記載在第五塊到第七塊泥板上。我們可以看到，後續的版本衍生出完整的故事，來源從歷史到神話都有。蘇美語版的故事最詳細也最真實，故事名稱通常是「吉爾伽美什與胡瓦瓦」。[2]吉爾伽美什和他的同伴恩基杜帶著五十名隨從，扛著斧頭到遙遠的地方尋找樹木。他們翻越了七座山，卻沒有找到合適的樹。最後，他們來到了一片森林。吉爾伽美什和恩基杜砍倒了一棵樹，除去樹枝，將其切成圓木，綑綁起來，準備運送回去。此時，胡瓦瓦醒來，並向入侵者投擲他的光環，那是幻化成樹形的神奇力量。起初，恩基杜和吉爾伽美什都很茫然。等到他們回過神來之後，已經認識胡瓦瓦的恩基杜解釋道，他們的對手很強大，但是只要齊心協力，就能獲勝。

於是兩人走近胡瓦瓦的住處，但是並沒有展開攻勢，而是用詭計擊敗了他。當胡瓦瓦出現時，吉爾伽美什將自己的姐妹嫁給了這位巨人，並繼續提供城市生活帶來的種種奢侈品。每承諾一份禮物，胡瓦瓦就放棄他的七道光環裡的其中一道。到最後，他就失去了防禦能力，被入侵者抓走了。胡瓦瓦請求饒他一命，提出了為吉爾伽美什服務，並替他建造房舍。吉爾伽美什覺得他很可憐，但是恩基杜說這個怪物不可信，於是割斷了他的喉嚨。他們殺了胡瓦瓦的七個孩子，又砍下胡瓦瓦的頭顱，帶到恩利爾神（Enlil）面前。恩利爾神很不高興，並說他們對森林的守護者應該以禮相待。恩利爾神收了光環，再一一分配到田野、河流、灌木

胡姆巴巴的陶俑人像，伊拉克，
約西元前第二個千禧年的前半。
突出的耳朵、大嘴巴
和寬闊的胸部讓人聯想到熊。

在紐約州，作者所有的森林裡出現的黑熊。

叢、獅子樹林和宮殿，將第六道光環交給女神努加爾（Nungal），再將最後一道留給自己。[3]

蘇美語版的故事特別重要，因為這是在森林傳說和文學中經常出現的胡瓦瓦首次登場。他是森林的化身，甚至可以說是森林的靈魂。他也可能是近東地區的神祇，或許是埃蘭王朝（Elamite）信奉的天空之神胡姆班（Humban）。[4]果若如此，那麼故事中的天堂聯想，說明了這可能是著名童話故事〈巨人殺手傑克〉（又名〈傑克與魔豆〉，民俗學家的分類為ATU 328）的極早期版本，這個童話是最古老的童話故事之一，其歷史可追溯到大約五千年前。[5]與吉爾伽美什一樣，傑克也是運用智慧與詭計殺死了巨人，並且在許多版本中，都還要砍倒一棵樹來完成這個壯舉。

胡姆巴巴／胡瓦瓦連結熊的崇拜

我相信胡瓦瓦／胡姆巴巴也是一隻熊，可能是一隻敘利亞棕熊，這種熊到現在仍然棲息在黎巴嫩的杉木林中。除了人類之外，熊是唯一可以像人類一樣完全直立行走的大型哺乳動物，即使是猿類也得要笨拙地彎著腰才能做到這一點。熊非常強壯，而且比其他動物都更接近人類的體形。在美索不達米亞藝術中，胡姆巴巴的形象被賦予了熊的特徵。他有人形，但是也有爪子、毛茸茸的臉龐和鬍鬚。[6]通常，他的耳朵向兩側伸出來，就像熊的耳朵一樣；他的五官很大，牙齒鋒利，胸膛也跟熊一樣寬濶，下半身則相對較小。此外，胡姆巴巴是杉木林之王，跟熊在歐洲和其他有原生熊的地方傳說中的原始地位相當——也是萬獸之王。[7]

有相當多的間接證據顯示，對熊的崇拜是普遍的現象，而且從舊石器時代就已經存在，一直延續到新石器時代，甚至在愛奴人（Ainu）和北極圈內的人類社群中存續至今，只是沒有那麼明顯。尼安德塔人和早期智人使用的洞穴和墳墓中，可以找到熊的骨頭，而且看似經過刻意的排列，不太像是偶然，可能暗示對熊的崇拜。在法國的蒙特斯潘（Montespan）有一個洞穴，裡面藏著可能是有史以來最古老的雕塑，形狀是熊的身體，在原本應該是頭顱的地方，只剩下一個洞。[8]對於在北半球住在森林附近的人來說，熊永遠是危險的，因此遭到無情的獵殺。熊是一種非常可怕的掠食動物，因此獵熊需要皇室和貴族的資源，通常是在既恐懼又崇拜的情況下進行的，就像我們在胡姆巴巴的故事中所看到的那樣。

考古學家伊麗莎白・道格拉斯・范布倫（Elizabeth Douglas van Buren）寫道：「在早期的美索不達米亞藝術中，熊並不是常見的形象，但是只要描繪出來，總是帶有一種神祕的意義，只是現在不太清楚意義為何。」早期戰士的墳墓中曾藏有熊的護身符，可是到了亞述帝國時期，熊就只是另外一種可以獵殺的動物。[9]或許殺死胡姆巴巴代表著反抗從舊石器時代一直延續到新石器時代的熊崇拜，只是這種崇拜隨著第一個城市中心的建立而逐漸消逝。[10]

在標準版和古巴比倫版中，這趟森林之旅不是為了實用的目的。吉爾伽美什決定挑戰胡姆巴巴，並不是為了伐木，而是為了追求榮耀。王國內的諸長老詳述他的對手有多麼的殘暴有力，試圖勸他打消念頭，只是吉爾伽美什不肯輕言放棄，於是他們只好祝福這支遠征軍。

他跟恩基杜在無人陪同的情況下進入森林。恩基杜原本就是住在森林裡的野人，早就知道胡姆巴巴，於是他走在前面，兩人都很害怕，不過卻相互鼓勵，繼續向前。這一次，他們在胡姆巴巴施展七道光環的保護之前就先展開攻勢，靠的是力搏而非智取，不過他們之所以贏得勝利，也是因為太陽神沙馬什（Shamash）吹起狂風，讓胡姆巴巴一時睜不開眼睛所致。為了斬草除根，不讓任何目擊證人去向其他神靈告狀，於是他們也殺了胡姆巴巴的七個兒子。事成之後，他們立刻砍掉胡姆巴巴神聖森林中的樹木，恩基杜拿了一棵杉木作為恩利爾神廟的大門，也許也是獻給神靈，安撫他的怒氣。[11]

在所有手稿中，胡瓦瓦／胡姆巴巴都不是單純的食人魔。在蘇美語版的故事中，對他的崇拜還是很隱晦，可是在後來的故事中卻變得更加明顯。當吉爾伽美什和恩基杜第一次來到黎巴嫩的杉木林時，他們折服於森林之美。高大的樹木間路徑清晰，樹蔭下清爽宜人，鴿子、斑鳩、鷓鴣等鳥鳴聲不斷，還有猴子、蟬和許多其他生物的叫聲相互呼應，用於製造香水的芳香樹脂從樹上傾瀉而下。當樹木被砍倒後，恩基杜遺憾地說，他們「將森林變成了荒地」。[12]

人類的環境寓言

就像普羅米修斯竊取天堂之火或是亞當與夏娃偷吃知識的禁果一樣，這種掠奪的罪行讓文明得以起步，或者說至少是有助於建立文明。因為木材是一種重要的建築材料，在這個故事裡暗示著，即使住在木屋，也會讓人成為幫凶。這種矛盾心理，幾十年來一直伴隨著森林和那些以森林為生的人，就像我們對打獵或吃肉的複雜感受一樣。森林已經開始被刻畫成文明出現之前的原始狀態。

英雄殺死胡姆巴巴並掠奪他的森林之後的事情，似乎都發生在一個墮落的世界。胡姆巴巴是第一個在史詩中死亡的角色，恩基杜和吉爾伽美什刻意殺死胡姆巴巴，顯示他們在某種程度上意識到死亡，只是他們似乎不甚了解死亡代表終結的意義。他們摧毀了森林——就如接踵而至的幾個文明那樣——卻沒有意識到後果。在胡姆巴巴滅亡之前，死亡在史詩中沒有扮演任何角色，但是此後卻完全主導了史詩的敘事。

吉爾伽美什殺死了胡姆巴巴，也獲得了他追求的名聲，但是這卻導致了他的伙伴和自己的毀滅。他的光彩吸引了伊絲塔女神，向他求婚，卻遭到吉爾伽美什拒絕，還說伊絲塔毀了她過去所有的情人。伊絲塔回到神靈的居所，大發雷霆，直到她的父親天神安恩（An）同意將天牛（金牛座）釋放到人間。天牛吞噬了湖泊與河流，造成了嚴重的乾旱，但是恩基杜和吉爾伽美什最後還是殺了天牛。恩基杜撕下天牛的一條前腿，扔向伊絲塔。伊絲塔爾隨後告上天庭，威脅說她若是不能如願以償，就要讓死人復活，橫行人間。眾神無奈妥協，說吉爾伽美什可以活下來，但是恩基杜必須要死。在他的同伴因瘟疫痛苦死亡後，吉爾伽美什展開漫長的朝聖之旅，想要尋找永生的祕密，只是最後以失敗告終。

最後，吉爾伽美什回到自己的王國，用磚石砌成的保護牆把自己包圍起來，這不是什麼征服，而是他持久的成就。這樣的行為等於宣告放棄了征服荒野的目標，並且下定決心保護人類領域。這樣一個環境寓言，不論在書寫的當時或是今天，都同樣有現實意義。[13]

我們現在仍然談論人類「征服」自然的概念。在古代美索不達米亞的人可能無法用完全抽象的語言來表達這個概念，不過吉爾伽美什的所作所為，顯然就是征服自然。尤其是在蘇美語版中，遠征黎巴嫩森林被視為一場征服戰爭。胡姆巴巴／胡瓦瓦是自然的化身，砍伐森林則是對戰敗國的掠奪。在征服自然的同時，也伴隨著各種恐懼、遲疑、矛盾、瘋狂和悔恨的感情——不論是真實或想像的感覺——時至今日，依然如此。

森林冒險的神話結構

吉爾伽美什森林旅程的故事具有一種神話結構，在未來幾千年的故事中也找得到。森林經常被擬人化為單一個體，即森林體內的一個靈魂。在幾百年來記載的故事中，英雄因為生活困頓或是為了追求榮耀，冒險走進森林深處，遇見了森林的守護者。如果他／她殺死了森林的靈魂，森林就會喪失恐怖、野性與活力，而如果他／她與這個靈魂達成和解，就有可能在樹林旁邊過著相對和諧的生活。

恩基杜和吉爾伽美什殺死胡姆巴巴後可能會有一點遺憾，他們是在沒有任何儀式的情況下完成了這件事，而且事後也沒有任何紀念活動。森林的統治者消失之後，森林也就失去了一種再也無法獲得的野性，人類可以隨心所欲地對待森林。如此一來，在接下來的幾千年裡，除了在歐洲最偏遠的森林之外，其他地方的熊都遭到無情的獵捕、屠殺與驅趕，還會受到征服者嘲笑，並被迫在市集上戴著鎖鏈跳舞。

在美國早期，獵熊也是馴服荒野的象徵。丹尼爾．布恩與戴維．克羅克特等拓荒先驅者都因獵熊而聞名。根據高度美化的說法，向來倡導保護荒野的美國前總統西奧多・「泰迪」・羅斯福（Theodore 'Teddy' Roosevelt），也是因為放了一頭熊而得名。

14 遇見現代版的胡姆巴巴

我在大學教授文學課程，最喜歡出給學生的作業就是請他們重述在另外一個時代遙遠過去的故事。如果作夢的李伯（Rip van Winkle）不是活在十八世紀末，而是在二十世紀，他會是什麼樣子？如果他不是在美國革命前夕睡了十年，而是在第二次世界大戰前才睡著的，那又會怎麼樣呢？醒來後，他會對美國與其前盟友蘇聯之間的冷戰感到困惑嗎？他能夠很快就適應新的電視媒體嗎？

那麼，在當代要如何重述吉爾伽美什、恩基杜和胡姆巴巴的故事呢？美國作家威廉・福克納（William Faulkner）在他的中篇小說〈熊〉（The Bear）中就做到了這一點，只不過他倒不是有意為之。這篇小說收錄在福克納一九四二年出版的《去吧，摩西》（*Go Down, Moses*）之中，雖然他在寫這個故事之前，《吉爾伽美什史詩》已出土了半個多世紀，但是沒有跡象顯示這位美國作家曾經受到這個故事的影響，甚至可能根本沒有讀過這個故事。他只是在不知不覺中重新創造了相同的故事。而福克納在時隔約四千年後又講述了同一個故事，證明了人類文明的基本動力，就算經過了新科技、戰爭和其他劇變，也幾乎維持不變。

熊的神聖狩獵

福克納的故事發生在十九世紀末的密西西比州，講故事的人是一個叫做艾薩克・麥卡斯林（Isaac McCaslin）的男孩，他正在學習成為一名熟練的獵人，卻發現當他狩獵技術成熟時，森林已經失去了野性。這片森林受到一隻名叫「老班」的巨熊保護，艾薩克是少數有勇氣探索這片森林的人之一。老班是個神話般的人物，鎮上大多數人都不想去惹這隻熊，只要牠留在自己的領地，不去侵犯人類的勢力範圍，就可以彼此相安無事。可是後來情況改變了，因為老班獵殺了一些牲畜。有美洲印地安人和一部分黑人血統的老山姆・法澤斯（Old Sam Fathers）組了一支狩獵隊來追蹤老班，最後還殺了這隻熊。獵熊過程中，他得到布恩・胡甘貝克（Boon Hooganbeck）的協助。布恩也算是「野人」，平常跟狗一起睡覺，體型巨大、力氣超人，完全是天不怕、地不怕的一個人，卻也完全像個孩子一樣天真。山姆原本用槍對付老班，但是子彈似乎派不上用場，於是他派了一隻叫做獅子的大狗去攻擊牠。在老班用爪子撕裂大狗之際，布恩從後面跳到熊身上，一刀割斷了牠的喉嚨。[14]

山姆是一個塵世間的獵人，堪比吉爾伽美什，而布恩則無疑類似恩基杜。但是這一次與美索不達米亞史詩不同，必須死亡的是前者。老班就像是山姆的神祕替身，在替身離開之後，山姆也覺得自己沒有理由再活下去。狩獵結束後他倒下來，很快就死了。至於布恩則變得不再那麼英勇，甚至有點幼稚，從獵熊變成了射殺松鼠。他們狩獵的區域賣給了一家伐木公司，留下來的森林似乎失去了原始的風貌。

最後，吉爾伽美什和恩基杜殺死胡姆巴巴的故事，讓我想起了電視節目《華特・迪士尼秀》（*Walt Disney Presents*）中的一首歌曲，我小時候住芝加哥時聽過很多次，即使到了現在，我已經七十多歲了，仍然記憶深刻。歌曲的第一節講述了戴維・克羅克特在山上出生，在森林裡長大，三歲時就殺死了一隻熊。然後是副歌：「戴維，戴維・克羅克特，狂野邊境之王」。[15]克羅克特結合了兩位美索不達米亞英雄的特徵，他跟恩基杜一樣是「野人」，但是又像吉爾伽美什一樣尊貴。他跟他們一樣，也是因為殺了一頭熊而成了森林的主宰。

森林裡的熊愈來愈少，留下了想像的空白，人類就像一支殖民軍隊一樣，任命了另一位君主。對人類的皇室與貴族來說，在十二、十三世紀期間，雄鹿成為歐洲大部分地區神聖狩獵的唯一目標，[16]幾百年後又在北美出現。

尚・布迪雄（Jean Bourdichon），
《聖休伯特的異象》（*Vision of St Hubert*），
祈禱書《安妮・德・布列塔尼的美好時光》
（*Grandes Heures d'Anne de Bretagne*）插圖，1503-8 年。

05 皇室狩獵 The Royal Hunt

雄鹿角的形狀和生長類似於樹枝，
其質地或許更接近木頭而不是骨骼，
因此可以說它是一種嫁接在動物身上的植物，
兼具二者的本質，
並形成了自然始終想要拉近兩個極端的一個灰色地帶。

——法國動物學家布馮伯爵喬治－路易（Georges-Louis, Comte de Buffon）

鹿會根據季節變換顏色，很像樹葉，鹿角則像樹枝。鹿角的生長也像樹木一樣，會遵循鹿行為表現的每年週期，牠們在深秋發情，在春季或初夏分娩。十八世紀著名動物學家布馮伯爵認為雄鹿的角是一種植物，因為鹿角「保留了植物最初起源的所有形式特徵，其生長、延展、硬化、乾燥和分離的方式也跟樹枝很像……在達到完全固化之後就會自動脫落，就像是樹枝上成熟的果實。」[1]法語中的「bois」可以表示森林和木材，但是也可以指鹿角。事實上，雄鹿（stag）一詞在過去就是指森林。

雄鹿的尊貴象徵

布馮也形容雄鹿的「體型輕盈優雅，四肢靈活結實，雄偉、強健又敏捷，頭上的角不像是武器，反倒更像是有生命的樹枝裝飾，就像樹上的葉子一樣，每年都會更新」，使其成為森林中最「尊貴」的動物。既然布馮非常關心動物福祉，人們可能會認為他反對獵殺雄鹿；然而，事實正好相反，他認為這是最偉大的人應有的追求。[2]

英文中的「鹿」（deer）一詞源自古英語的「dēor」，意思是「動物」。德語的「tier」與荷蘭語的「dier」至今仍有相同的含義，算是系出同源的親戚。而這個字最終可以追溯到印歐語系的「dheusōm」，意思是「會呼吸的生物」。[3]雄鹿代表森林裡的動物，就像國王代表他的人民和土地一樣。高級狩獵成為一場普遍的戲劇，一場文明與荒野的對抗，其中牽涉到隨之而來的所有複雜與矛盾心理。布馮可能是以一位早期現代科學家的眼光來寫這段話，不過他闡述的卻是一種古老的範型（paradigm），自新石器時代以來可能幾乎都沒有改變過。用人類學家伯特蘭・赫爾（Bertrand Hell）的話來說，「狩獵不僅僅是一項簡單的『高貴』活動，更在本體論上與國王／英雄的文明化功能聯繫在一起」。[4]

在非常遙遠的年代，雄鹿就已經成為統治者的象徵，而獵鹿更是一種週期性、儀式性的弒君行為，其最終目的是重申統治者的權力。特別是在北歐，獵鹿制度已經基督教化，讓雄鹿成為遭到殺害然後復活的神祇象徵。

15 重新思考動物的狩獵化與馴化

考古學家尚－丹尼斯・維涅（Jean-Dennis Vigne）認為，「野生自然」和「文明」領域之間的界限是在新石器時代建立的。根據維涅的說法，動物的馴化與「狩獵化」（cynegetization）大致同時發生，「狩獵化」就是將動物轉移到狩獵保留區，在那裡加以管理，最後收獲成果。狩獵化過程中主要的獵物是鹿，他的主要證據是鹿不僅在整個歐亞大陸分布極為廣泛，而且似乎是在新石器時代被引進地中海到赫布里底群島（Hebrides）此一地區的島嶼上，而這些地方都必須仰賴人類運輸，否則鹿根本到不了。[5]

維涅認為，由於狩獵化帶來了複雜的勞務分工，因此導致了人類的階級劃分。真正的獵鹿是所有活動的高潮，因此也被賦予巨大的象徵意義，成為身分地位的表徵。至於其他的相關活動，則依其重要性取得較低的等級。鹿的遷徙早在史前時代就開始了，很多民族都有專為狩獵而預留的皇家公園，包括西臺人（Hittites）、巴比倫人和亞述人，還有很久以後的希臘人與羅馬人。[6]

人畜關係的形式

我們多半認為狩獵先於馴化，無論從時間或實體上來說，都是如此。贊成狩獵的人認為狩獵是「自然」，反對的人則認為是「野蠻」。我們今天也認為狩獵屬於陽剛男性，採集則是陰柔女性，不過這有一部分可能必須歸因於我們將依照性別劃分的現代勞務分工投射到遙遠的時代。[7]如果像維涅所主張的那樣，馴化動物與我們所認知的狩獵都差不多在史前時代的同一時間出現，那又怎麼說呢？在二者出現之前，人類又是如何取得肉類呢？也許在更遙遠的年代，人類或其原始祖先認為採集、狩獵和食腐之間根本沒有什麼差別，這三種活動都同樣危險，當時的人可能只是冒險去尋找食物，有什麼就接受什麼。

儘管很少有人研究甚或認知到這一點，不過狩獵化其實是人畜關係中一種非常普遍的形式，其重要性幾乎可以與馴化相提並論。鹿是最廣為人知和最引人注目的例子，但是絕非唯一的例子。諾曼人將兔子和黇鹿引進英格蘭作為打獵時的獵物。中世紀末，雉雞從亞洲引進到不列顛與歐洲大部分地區，也是用於狩獵娛樂。當歐洲水手在近代早期探索加勒比海和其他島嶼時，會定期放生豬隻，以便在下次返回時獵殺作為食物。十九世紀末、二十世紀初，歐亞野豬多次被引進到美國的狩獵保留區，後來牠們逃跑，成為野生動物。即使獵人沒有刻意運送獵物，也會刻意管理棲息地來增加獵物的數量，就像美國的野鴨基金會（Ducks Unlimited）之類的組織針對水鳥所做的事情。

也許我們需要重新思考過去的傳統觀念，也就是認為馴化是發生在特定時代的獨特事件。大多數馴養動物，包括狗、豬、蜜蜂和雞，都有相對應的野生品種。有時候，寵物或家畜還可能與這些相應的品種一起生活，偶爾還與牠們雜交。至於人類干預牠們生命的程度與性質，在不同的年代就可能大不相同。在中世紀的村莊裡，飼養的豬隻經常可以自由地走來走去，並以餐桌上的殘渣為食，只有在節日時才會隆重宰殺。在歐洲，馬匹有時候也會野放到樹林或田野中覓食，只有在人類需要牠們服務時才抓回來。在一九五〇年代之前，美國家庭飼養的狗也擁有這樣的自由。雞經常處於半馴養狀態，現在有時依然如此，牠們可以自由覓食，而人類除了收集雞蛋之外，幾乎不需要花什麼工夫照顧，這種傳統做法現在又已經抬頭，被稱為「放山雞」。如今，我們經常嚴格控制馴養動物的生活，幾乎做到鉅細靡遺，但是在歷史上大部分時間裡，按照目前的標準，牠們幾乎都是野生的。

16 狩獵的兩種模式：收穫與採集

人類學家伯特蘭・赫爾將現今在歐洲大陸實行的獵鹿活動區分為兩種基本模式。第一種模式，稱之為「狩獵即收獲」，也就是獵人透過餵養、保護來管理鹿群，藉以維持鹿群盡可能高的密度。獵人甚至可能基於鹿角不規則生長象徵繁殖能力差的理論，嘗試改良牠們的基因，剔除那些鹿角長得不對稱的鹿。然後，獵人再偷偷穿過森林，尋找能夠製作最佳戰利品的動物，並將其射殺。這種模式盛行於德國、奧地利、波蘭、匈牙利、阿爾薩斯和法國一些地區。

另外一種則是赫爾稱之為「狩獵即採集」的模式。使用這種方法的獵人不會努力管理獵物，因為他們的目的不是獲得戰利品，而是為了取得肉類，同時也為了保護農田免於受到覓食動物的侵害。獵人成群結隊地進入森林，砍倒林中植群，將鹿趕出藏身之處以便予以宰殺。獵人的態度是務實的，只保持最低限度的儀式感。這是在希臘、義大利和法國大部分地區盛行的方法。

「狩獵即收獲」是一種菁英階級的作為，需要控制大片土地，以及管理土地的資金和閒暇。因此，可能只有極少數人會這樣做。相形之下，「狩獵即採集」是大家相對平等的社群活動，其基礎是人類和野生領域之間的明顯區別，可以追溯到與馴化動物相關的傳統。[8]

人性的狩獵狂熱

這兩種狩獵方式看似截然不同，但是根據赫爾的說法，二者皆建立在相同的基本假設之上。在這兩種方式之中，狩獵都有可能導致狂熱，讓參與者本身也變得像是野獸一樣。德語裡稱這種情況為「Jagdfieber」，是「狩獵狂熱」的意思。這種狀態有點像是幾種半宗教性質的恍惚狀態，例如酒神祭中縱酒狂歡的痴狂、維京狂暴戰士、靈恩派基督徒、蘇菲教派托缽僧的狂喜等等。與所有這些精神狀態一樣，狩獵也在聖潔與犯罪之間擺盪。這是從平淡的日常生活中獲得解放嗎？抑或是發瘋？或是什麼超自然力量附身？

在一些中世紀故事中，像這樣的奇思幻想是宗教啟示的前奏。《黃金傳說》是十三世紀後期流行的宗教故事集，講述聖尤斯塔斯（St Eustace）皈依基督的過程。聖尤斯塔斯原名普拉西杜斯（Placidus），原本是羅馬皇帝圖拉真（Trajan）的軍隊指揮官。有一天，他與士兵們一起打獵，遇到了一群鹿，其中有一頭特別高大、漂亮的雄鹿。雄鹿跑到森林深處，普拉西杜斯也隨之而去，將同伴拋在身後。最後，雄鹿爬上了山頂，普拉西杜斯抬頭一看，發現雄鹿的雙角之間有一個十字架。然後基督透過雄鹿的嘴巴對他說話，叫他要受洗。普拉西杜斯服從了命令，也讓他的妻兒一起皈依，改名為尤斯塔斯，最終殉道，被封為聖人。[9]

聖休伯特（St Hubert）也有大致雷同的故事。他原本是查理曼大帝的父親佩平國王（King Pepin）宮廷中的一名騎士，一生都奉獻給狩獵。有一次他在耶穌受難日狩獵時，同樣遇到了一頭鹿角之間有十字架的雄鹿，但是這一次是十字架上的人說話了，威脅他說如果不放棄輕浮的生活方式就會受到詛咒。於是，休伯特放棄了狩獵，也放棄所有的家產，開始為教會服務，最終成為一名主教。[10]他並未完全否定狩獵，只是制定了進行狩獵的道德規則，因此休伯特一直到今天都還是獵人的守護神。

對男性來說，直到歷史上的近代，狩獵狂熱似乎都是一種持續不斷的驅動力，類似佛洛伊德觀點中的性，只能透過精心設計的禁忌和規範來勉強控制。吉爾伯·懷特牧師（Rev. Gilbert White）在十八世紀末寫道，在他的家鄉塞爾伯恩（Selborne）：

> 儘管大量的鹿群對鄰里造成了極大的傷害，但是對人類道德的傷害遠比農作物的損失還要更為嚴重。這種誘惑是不可抗拒的，因為大多數男性都是天生的獵人，而且人性中有一種與生俱來的狩獵精神，是任何壓抑都無法遏止的。[11]

將這種衝動化為一種儀式，並限制在貴族手中，似乎是或多或少加以控制的一種手段。人們擔心，如果獵人以自己的方式與野獸打交道，若是過了頭，很可能會變成其中的一分子。這種恐懼貫穿了整個歐洲的狩獵傳統，但是他們在看待此一前景上有所不同。狩獵狂熱到底應該明文禁止、適度沉溺，或是走向極端呢？不論是以收獲或採集為目的狩獵，都是基於一種野蠻與文明二分法的世界觀，前者以森林和野生動物為代表，後者則以城鎮和農場為代表。狩獵介於二者之間，試圖在其中找到適當的平衡點，不過總是涉及一些超越文明生活界限的危險。對於狩獵的認知差異，主要在於邊界何在，以及如何保護邊界。

狩獵講究限制與禁忌

根據聖經〈利未記〉的記載，希伯來文化中有許多廣泛的飲食限制，特別是禁止食用帶血肉類的規定（〈利未記〉第十七章），因此幾乎不可能食用狩獵得來的食物。食用的動物只有在經過寺廟祭祀、受到嚴格控制的條件下才能宰殺。很少有文化能夠限制得這麼嚴格，但是幾乎所有文化或多或少都對狩獵有某種限制與禁忌。中世紀和近代早期的野生狩獵傳說中，指出過度沉溺狩獵的危險，通常是一群幽靈獵人在暴風雨中騎著馬、帶著狗穿越天空，這些人物可能是鬼魂、仙人或亡靈，有時還由奧丁大神領導。在某些版本中，獵人是孤伶伶的一個人。另外，根據格林兄弟所記載的德國傳說，艾伯哈德·馮·符騰堡伯爵（Count Eberhard von Württemberg）曾經騎馬到森林裡打獵，聽到一聲巨響，抬頭看見一位孤獨的騎士馳騁在天空。伯爵非常害怕，不過那個人下了馬，站在一棵樹上，向艾伯哈德保證他沒有惡意。然後，幽靈坦承他曾經熱愛狩獵，乃至於懇求上帝讓他一直狩獵到審判日才停止。這個願望實現了，所以這五百年來，他一直在追逐同一頭雄鹿。[12]

在歐洲的民俗文化中，狩獵狂熱被視為身上帶有「黑血」。這種傳奇物質有點像睪固酮，據稱在不同動物體內的濃度不同，馴養動物體內的濃度最低，鹿和野豬則高得多。而且這種物質還集中在動物身體的某些部位，臀部相對較少，內臟較多。更重要的是，它存在不同類型的人類體內，非狩獵者和女性很少，而盜獵者和伐木工人最多。[13]

自新石器時代以來，包括希臘人和羅馬人在內的地中海地區居民，對於跨越他們認為的文明生活的分界線相對講究。這意味著，就食物而言，他們偏愛來自耕地的穀物、葡萄園的葡萄酒、果園的水果和家畜的肉。[14]在大多數情況下，希臘人和羅馬人對狩獵得來的獵物沒有什麼興趣，但是，即便如此，他們對於狩獵狂熱也不陌生。有些羅馬皇帝，如圖拉真和哈德良等，都對狩獵痴迷，不過他們通常喜歡追捕野豬和熊等更危險的動物，而不是鹿。[15]

阿克泰翁（Actaeon）與戴安娜的神話，也是一個跟狩獵狂熱有關的希臘羅馬故事。這個故事流傳了好幾種不同的版本，不過最為人所知的是奧維德所寫的版本。故事一開始是阿克泰翁及同伴們狩獵了一整天，成果豐碩，於是開始整裝準備回去。女神戴安娜及仙女同伴也一直在狩獵，這時候正好寬衣解帶，打算在洞穴裡沐浴。還不想休息的阿克泰翁遇到了她們，女神伸手去拿弓箭，卻發現弓箭不見了，於是她向阿克泰翁潑水。他感到自己的身體發生了變化，然後往水池裡一看，發現自己變成了一頭雄鹿。他想要喊叫，卻已經失去說話的能力，連心愛的獵犬看到了他，都不服從他的命令，反而將他撕成碎片。[16]在希臘的版本中，包括尤里皮底斯（Euripides）在《酒神的女信徒》（*The Bacchae*）劇中寫到的情節，都講到阿克泰翁向女神阿蒂密絲（Artemis）吹噓他身為獵人的英勇，而阿克泰翁的僭越行為，最初可能是在女神視為神聖不可侵犯的森林中狩獵。[17]不過，在所有版本之中，阿克泰翁都是因為過度熱衷狩獵，而受到失去人性的懲罰。

17 管理森林：從公共財到皇室保留地

在中世紀晚期之前，中歐和北歐的森林似乎無邊無際，人們認為其中所蘊藏的資源是上帝的恩賜。一般來說，這是一個被稱為「silva communis」[18]的森林共享地域，不但隱士在此離群索居，貴族在此追逐獵物，就連一般民眾也可以在這裡撿拾柴火，治療師尋找草藥，廚師來找可供烹調的食材，農民也在這裡放養他們的豬羊。這裡有點像大海，或是我們這個時代的外太空。儘管是共有財產，但是當地人對於如何使用森林，以及可以用於農業、狩獵和採集到什麼樣的程度，都立了許多規矩。

在拉丁文中，樹林一詞是「nemus」，可能源自「locus neminis」，意思是「不屬於任何人的地方」。[19]從古羅馬時期到殖民時代的美洲大陸，宣稱擁有某塊土地為自己財產的一種方法，就是砍伐在那塊土地上生長的樹木。這種將森林視為公共財產的觀念，至今仍然存在我們身邊，只是沒有那麼強烈罷了。在蘇格蘭、德國和斯堪地納維亞的大部分地區，森林的主人不能禁止人們穿越其中。即使在私有財產比其他地方都更神聖的美國，林地的所有權似乎也不像空地或房屋的所有權那麼絕對。為了抗議砍伐森林，西奧多·羅斯福曾經寫道：「民主本質上意味著不容許少數人為了一己私利而破壞本應屬於全體人民的東西。」[20]

在下文中，我們將會看到，森林始終都是由其神話特徵來定義，而不是林中的植群。森林與城市形成鮮明對比，因為城市受到法律和習俗管轄，而森林的本質就是一片荒野，一個遼闊的孤獨之地，既沒有文明所帶來的便利設施，也沒有隨文明而至的腐敗。在這裡，人類可能會受到妖魔鬼怪的折磨，但是也可能與上帝交流。因此，《聖經》故事中的沙漠常常與森林混為一談，儘管二者在我們看來似乎南轅北轍。荒野經常被描述或勾勒成一種不確定的景觀，有岩石、洞穴、山脈和樹木。根據傳統的說法，遭到流放的國王尼布甲尼撒（Nebuchadnezzar）就是在這樣的地方發瘋（〈但以理書〉，4:25-30），施洗者約翰也是在這樣的地方受到宗教的召喚（〈以賽亞書〉，40:3；〈馬太福音〉，3:3；〈馬可福音〉，1:2-3；〈路加福音〉，3:3-6）。而像安東尼和保羅等聖人隱士，則是在這裡隱居。[21]

但是到了中世紀後期，隨著人口的增長和資源限制開始變得明顯，農民對森林的持續使用干擾了修道院的遺世獨立與貴族的狩獵。法語單字「forêt」是英語單字「森林」(forest)的起源，最初是七世紀，在統治法蘭西－日耳曼王國的梅羅文加王朝(Merovingians)開始使用的。[22]這個字源自拉丁語的「foris」，是「外部」的意思，與我們現在使用的「外國」(foreign)一詞有關。「森林」原本是指與其他地方分開的區域，未經授權不得使用。目前已知的第一個用途是在西元六四八年的一份憲章中，授權給一位修道院院長在亞爾丁(Ardenne)森林建造一座修道院，讓僧侶們在那裡過著遺世獨立的生活。[23]後來這個詞逐漸用來專指劃分給國王專屬領地的大片區域，保留給狩獵使用，免於遭受其他各種開發。

自成一系的森林法

關於森林法最早的全面紀錄是約翰．曼伍德(John Manwood)在一五九八年首次出版的《森林法律論文與論述》(*A Treatise and Discourse of the Lawes of the Forrest*)，他是一位律師，也曾經擔任英格蘭沃爾瑟姆森林(Waltham Forest)的獵場管理人。根據曼伍德的定義，「森林乃一特定地域，有樹木繁茂的土地和肥沃的牧場，專屬林中、獵場和養兔場的野生動物與鳥禽所有，在國王的保護下得以安全的休憩和居住，並供國王取樂之用。」[24]除了國王之外的其他人也可以在森林中務農，甚至擁有林中土地。英王威廉一世的《末日審判書》(*Doomsday Book*)是英國第一次進行全國普查的紀錄，其中對於不易測量的森林大小，是以森林可以支持多少豬隻來覓食作為測量的標準。[25]森林的獨特之處，與其說是景觀，不如說是法律體系，與其他地方的盛行做法有所區別。森林不僅有自己的法律，還有法院、管理人員和海關。

國王還聲稱狩獵是皇室特權，並為此保護森林。大約九世紀初期，查理曼大帝在《城鎮法令集》（*Capitulary of Villis*）中，以嚴格的法律保護狩獵和森林，禁止砍伐森林和大多數形式的開發。這體現了他的權力與威望，不僅是以國王或皇帝的身分，更是上帝在人間的代表。這意味著不只是人，甚至連樹木和動物都臣服於他的權力，受到他的保護。[26]其實他是在擴張財產的概念，同時也拓展「文明」的領域。從許多層面來看，聲稱擁有森林就是一種早期的殖民形式，最終將擴展到外國的土地。這項立法並未立即廢止使用森林來採集木材和放牧牲畜等的公共權利，這些都是由傳統所確立的，新法往往很難嚴格執行。此外，傳統的森林管理方式也存在許多地方性的差異。然而，新法確立了一種趨勢，這種趨勢將持續好幾百年，也就是對森林管理的控制日益集權化。

貴族狩獵儀式化

加洛林王朝（Carolingians）也改變了狩獵的本質。以往的狩獵方法是將鹿趕進網子裡，這樣的效率比較高；現在取而代之的是儀式性的武裝狩獵，由騎著馬的獵人帶著獵犬不斷地追趕鹿隻，直到牠最終因精疲力竭而倒下。狩獵程序有詳細的規定，也必須嚴格遵循。根

加斯頓・菲比斯的《狩獵書》插圖，十五世紀。
請注意，步行的農民即使在前景中，也比騎馬的貴族或雄鹿小得多。
中世紀的狩獵確立了階級制度與封建秩序，在這種秩序中，
平民百姓的地位甚至比被獵殺的動物還要低。

據加斯頓・菲比斯（Gaston Phoebus）在一三八七年首次出版的《狩獵書》（*Livre de chasse*），在狩獵的前一天，獵人就要集合舉行露天宴會，貴族或國王會接見整支狩獵隊伍，從獵人、馬夫到獵犬，並為每個人分配角色，然後再設定隔天早上開始狩獵的集合地點。先遣偵察隊會選擇一頭雄鹿，確定牠的位置，並利用牠的糞便讓獵犬熟悉氣味。接著，吹起號角，宣布狩獵開始。狩獵隊的領隊要確保不追丟獵物，即使雄鹿越過溪流，也緊追不捨。最後，當雄鹿再也跑不動時，他就拔劍殺死獵物。[27]

狩獵中最高度儀式化的部分是就切割鹿肉，每位參與狩獵的人都會分配到與其角色相稱的部位，進而肯定與強化了社會秩序。掌握如何切割雄鹿的深奧知識是有

教養的紳士象徵。生殖器、肝臟和其他一些部位會放在分叉的棍子上，軀幹也仔細切割，其他內臟則放在鹿皮上餵狗。最後，雄鹿的頭放在樹枝上，送給國王或是團隊中最高級別的貴族，同時還要吹響號角，昭告大眾。根據英國藝術史學家克林根德（Klingender）的說法，這個戰利品代表了統治者自己的頭顱，象徵狩獵中形式上弒君之後的某種復活。[28]當然，這種儀式也因人因地而異。英王詹姆士一世殺死一頭雄鹿時，他會割斷鹿的喉嚨，然後親自將血塗抹在朝臣的臉上，並且禁止他們洗掉。婦女一般不參加高級狩獵，但是也有很多例外，有時候她們會用雄鹿的血來洗手，據信這樣可以美白皮膚。[29]

中世紀的高級狩獵將狩獵的神祕性推向了極致複雜，也圍繞著狩獵產生了繁複的禮儀與詞彙，而對規則的掌握成為真正貴族的標誌，即便只是發音錯誤，也可能成為懲罰的理由。[30]這樣的狩獵活動與當時的採集狩獵一樣，都是整個社群共同參與，不過它也跟收獲狩獵一樣，確定了嚴格的階級秩序。[31]對中世紀的皇室貴族來說，狩獵經常成為一種令人無法自拔的迷戀。威廉一世在一〇六六年征服英格蘭之後，幾乎立即劃出好幾大片土地作為狩獵保留區，其中也包括了新森林（New Forest）在內。征服英格蘭後，他與三位繼任國王在接下來的一個世紀裡，幾乎都為了狩獵而活。到了十二世紀初，英格蘭地區大約有四分之一的土地都受到森林法的管轄。[32]

狩獵的宗教面

高級狩獵有點類似彌撒，都是基督受難的儀式性表演——鹿扮演基督的角色，獵人則扮演迫害基督的人。鹿有時會轉身面對追殺的獵人，實際上就像基督一樣犧牲自己，這一點也強化了這樣的意味。狩獵的高潮是切割並分配獵物，這也類似聖餐儀式。這聽起來似乎有點自相矛盾，但是基督徒主要是以罪人的身分來面對上帝，因此信徒的目標從來就不是完全避免犯罪。基督徒認為人類天生就有原罪，我們的目標是追求重生，回到某種原

《獨角獸越過溪流》（*The Unicorn Crosses a Stream*），
出自《獨角獸掛毯》，荷蘭南部，1495-1505 年，羊毛、絲綢和銀器。
獵人以一種看似儀式化的方式執行任務，上演一齣罪惡與救贖的戲劇。

始的純真，而森林與鹿正象徵著這樣的純真。

這種宗教面向，在十五世紀末《獨角獸掛毯》（*Unicorn Tapestries*）中表現得很明顯，這些掛毯原本出自佛蘭德斯地區，如今則收藏在紐約大都會藝術博物館的迴廊內。仕女、貴族和他們的僕人出征獵殺獨角獸，臉上的表情有時略顯殘忍，但是手段卻充滿了莊嚴的肅穆。狩獵結束後，同樣的這批人悲傷地抬走遭到屠殺的獨角獸屍體。在其中一幅掛毯裡，獨角獸將頭上的角浸入溪中，淨化溪水，與一頭雄鹿隔溪相對，[33]或許分別代表教會與國家。

在托馬斯．馬洛禮（Thomas Malory）鉅作《亞瑟王之死》（*Le Morte d'Arthur*）中，尋找聖杯的冒險始於亞瑟王和桂妮薇兒（Guinevere）的婚禮，當時一頭白色雄鹿遭到一群獵犬追趕，衝入大廳。高文爵士（Sir Gawain）和他的弟弟加赫雷斯爵士（Sir Gaheris）騎馬追趕雄鹿，但是這一追卻引來了毫無意義的屠殺，因為沿途都有騎士挑戰他們。雄鹿逃到另一座城堡避難，卻在那裡遭到獵犬殺害。

在史詩接近尾聲時，最初的場景再次出現，但是此時騎士比較明智，也沒有那麼魯莽。鮑斯爵士（Sir Bors）、珀西瓦爵士（Sir Percival）與加拉哈德爵士（Sir Galahad）看到一隻白色雄鹿被四隻獵犬追趕。他們跟著雄鹿來到一位神聖隱士的住所，只見隱士在唱彌撒曲，而雄鹿化身為耶穌基督，獵犬則變成四個福音傳教士的象徵——分別是人、牛、鷹和獅子。五個人在祭壇前就座，當隱士唱完之後，他們穿越玻璃窗離開，卻沒有打破玻璃。這時候有聲音宣告，上帝的兒子以這種形式進入了瑪利亞的子宮。最後，隱士解釋道，那頭雄鹿就是耶穌基督：「很多時候……我們的天主以雄鹿的形象在好人與好騎士的面前現身。」[34]在許多文化中，包括凱爾特人、希臘人、羅馬人、中國人和美索不達米亞人的傳統，都賦予雄鹿某種神聖的地位。比方說，在前邁錫尼藝術中，雄鹿經常拉著太陽的戰車。一種可能起源於祆教卻在中世紀歐洲發展起來的傳統，則是以雄鹿代表基督，以蛇代表敵人撒旦。[35]

18 國王將森林經營神聖化

就務實目標來說，高級狩獵的效率低得離譜。整支狩獵隊伍花了幾乎一整天的時間才殺死一頭雄鹿，而一名弓箭手只需短短幾分鐘就可以完成這項任務。狩獵也沒有抑制鹿群的數量，牠們可能仍然會啃食農作物或妨礙森林的再生。然而這些因素——就算有列入考量的話——仍然比不上嚴格的儀式。

相較之下，中世紀後期的農民則予以實施狩獵即採集的傳統，而且只准獵殺那些被視為不太高貴的動物，特別是那些被認為對鹿和野豬等更高等動物有害的動物，其中包括狐狸、獾、野兔和松鼠，有時也包括兔子和狼。農民不得擁有棍棒和長矛以外的任何武器，但是他們可以使用陷阱和網子。[36]

國王的神聖權利帶有一種宗教性，甚至蘊藏神祕色彩的觀念，加洛林王朝將這種精神上的神祕力量延伸到以前的公共森林。但是，正如通常的情況，神祕價值觀與經濟價值觀總是密切相關。箇中原因倒不是像馬克思主義普遍認為的那樣，覺得經濟因素必須優先考慮，純粹只是因為宗教和經濟趨勢都反映也影響了文化和環境條件的複雜性，也就是我們所謂的「社會」。君主可能是一個重要的象徵性人物，但是他不可能在這個層面上持續存活，更不用說治理了。與森林相關的各種商品，如柴火、食用根莖和草藥，以及放牧等特權，都逐漸變成可以分割的商品，然後國王可以用嚴格監管的方式，授予、出售、禁止、出租、交換或出借這些特權給其他人，[37]這種經濟行為的結果，也在精心設計的雄鹿分割儀式中重演。新興的資本主義秩序始終不是不證自明的，也永遠都不會是，而是跟其他社會體制一樣，需要透過儀式來塑造和神聖化。

用狩獵做外交

隨著中世紀的結束，狩獵的宗教意義以及對獵物的尊重逐漸減弱。盧卡斯・克拉納赫二世（Lucas Cranach the Younger）在一五四四年創作了繪畫《獵鹿》（*The Stag Hunt*），畫中描繪了薩克森州（Saxony）的一次狩獵行動，一大群鹿遭到追趕，沿著被精心設計的路徑穿過森林，

盧卡斯·克拉納赫二世，《薩克森選侯約翰·腓特烈一世的獵鹿》（*Stag Hunt of John Frederick I, Elector of Saxony*），1544 年，布面油畫。
這些雄鹿遭到幾乎是產業化規模的獵殺，使用的十字弓是統治階層和仕女專用的。
狩獵活動在很大程度上仍然是儀式性的，同時不使用火器，
因為使用火器仍被視為缺乏騎士精神。

直到最後無路可逃，只能跳進湖裡避難。當鹿在湖中游泳時，隊伍中地位最高貴的人用十字弓射殺牠們——因為在那個時候使用槍支仍被視為缺乏騎士精神。當時殺鹿的人包括薩克森選侯約翰·腓特烈（John Frederick）、選侯的妃子西碧兒（Sybille）和神聖羅馬帝國皇帝查理五世。他們都藏身在灌木叢中，不讓鹿看見，但是個個盛裝打扮，場面基本上就像是一場盛會。

其實，歷史上從未發生過這次狩獵，但是這幅畫描繪了選侯與羅馬皇帝之間的情誼，

希望他們之間能夠達成和解。[38]鹿群非但沒有上演一場關於罪惡與救贖的大戲，反而以近乎產業化的方式遭到宰殺，不過狩獵仍與上層階級有關，同時已成為一種外交工具。或許將鹿群精準地趕進水裡獵殺的軍事手段，也暗示了選侯與皇帝在戰時結盟的功效。

19 中世紀森林彰顯皇室魅力

早在古代，希臘南部就因過度放牧和過度耕種而淪半沙漠地區。等到羅馬帝國征服時期，義大利只有少數村莊零星散落，大部分的土地都用於農業。原始森林很少，多半都林木稀疏，充作牧場。[39]然而，羅馬人和希臘人保留了數以百計的神聖小樹林，作為眾神的居所。在這些古老的小樹林之中，有一個就是位在希臘西北部的多多納樹林（Dodona），荷馬曾經提到這個地方，而且希臘人相信那裡橡樹葉的沙沙聲是與神諭溝通的媒介。對於這些小樹林，各地都有相當不一樣的做法。有些神聖的小樹林——雖然不是全部——周圍還蓋了圍牆，可能限制甚或完全禁止砍伐、放牧和隨意進出。[40]

中世紀的皇室和貴族森林是在基督教背景下創建的，但是與希臘羅馬的樹林並非完全不同。二者的森林通常都居住著與宗教階級制度略有不同的神聖人物。在羅馬與希臘，這些人物包括樹精（dryads）、半人半羊的農牧之神和森林之神等；而在中世紀的歐洲，則是包括精靈和矮人。在這兩種情況下，森林都是神靈相對無所不在之處，而在其他地方的神靈則開始顯得遙遠而抽象。只不過，羅馬人和希臘人認為他們的神是不朽的，而基督徒則崇拜死而復生的神——正如我們所見，這個神的一個主要化身就是雄鹿。

到了中世紀晚期，森林呈現出皇室魅力，在某種程度上取代了森林逐漸喪失的美麗與宏偉。狼、山貓和熊等大型掠食動物已經變得稀少，生物多樣性一直在穩定縮減。隨著基督教的普及，人們不再認為森林是神靈的居所。但是中世紀的森林法又再一次讓森林變得神聖。

人類制度下的國中之國

中世紀歐洲的森林法將偷獵國王的鹿視為一種象徵性的弒君行為。根據十世紀的加洛林王朝法律，「若是封臣攻擊君主、起義反對君主、未經授權在君主的池塘裡釣魚或在狩獵保留區打獵，就會失去封地。」[41]這等於是剝奪了封臣的收入和社會地位。自由人偷獵的懲罰後來修改為巨額罰款，但是犯下這種罪行的農奴則會被處死。[42]在英格蘭，根據征服者威廉的森林法，任何在皇室森林中偷獵鹿的農民都將處以極刑，可能是挖掉雙眼、閹割或是縫入鹿皮中，然後被狗活活咬死。[43]

儘管森林法是出了名的嚴厲且令人深惡痛絕，但是也沒有賦予君主無限的權力。森林法確實使君主成為所有程序和規則的中心，他們是森林裡野生動物的主人，尤其是鹿，也擁有林中的樹木和植群。總而言之，君主是「荒野」中所有一切的主人。貴族也可能擁有森林保留區，角色類似君主，不過規模較小。動物考古學家娜歐蜜．塞克絲（Naomi Sykes）在提到諾曼時期的英格蘭時寫道：「透過將狩獵權限制在精英階層，讓『荒野』與高社會地位聯繫在一起，而『馴養』則等同於下層階級。」森林法將狩獵動物與皇室和貴族聯繫在一起，將這些動物置於比農民和農場動物更崇高的類別。[44]的確，鹿與農民不同，牠們是在儀式上犧牲的，同時也被認為是「基督國王」。

森林長期以來深受人類制度的影響，尤其是君主制度、神職制度和貴族制度，因此將森林視為在人類出現之前盛行的原始狀態，是一件很奇怪的事。也許有一部分原因是因為隨著西方逐漸走向憲政體制，國王本身看起來也開始像是浪漫過往的一部分。森林變成了一種主題樂園，一個國中之國，與新興的資本主義秩序形成鮮明對比。森林是君主仍然可以「像國王一樣」統治的地方，而不是受到官僚統治。英國女王伊莉莎白一世本身就是一名獵人，有時會野放一頭雄鹿，並禁止其他人追捕來展現她身為君主的權威與寬宏大量。[45]許多中世紀的故事也都是從獵人跟隨一頭雄鹿進入森林，並且與狩獵隊的其他成員走散才展開的。[46]

在馬洛禮的《亞瑟王之死》中，大部分情節都發生在森林裡，然而森林裡卻充滿了騎士、仕女、城堡、怪物和稀奇古怪之事，看起來一點也不原始，甚至不自然。相形之下，除了鹿之外，書中反而很少提到樹木或林間動物。作者將森林理解為一片夢中幻境，在那裡幾乎一切皆有可能，與其說是自然之地，不如說是冒險之地。換言之，這是一個與家庭分離的場域，一般的期望在此均不再適用。

羅賓漢：世俗化的森林傳奇

從中世紀晚期的民謠到維多利亞時代給年輕人看的書籍，傳奇人物羅賓漢和他的快樂夥伴們透過偷獵「國王的鹿」生活在森林中，但是偷獵從來不是故事的主軸，只是順便一提而已。[47]跟許多其他浪漫的反叛人士一樣，羅賓漢繼承了他反叛對象的神祕感。換言之，羅賓漢成為了某種森林之王，他的快樂夥伴也像騎士團一樣，必須以英雄行徑和軍事勇氣來證明自己。然後，他們也像騎士一樣，以各種武術技能競賽自娛，例如射箭比評準頭，或是拿著鐵頭木棍彼此戰鬥。儘管許多快樂夥伴本身都有自己的職業，像是磨坊工人、製皮工人或修道士等，但是他們好像從來都不需要工作，除了冒險之外，整天過著悠閒的生活。於是羅賓漢也像英格蘭國王一樣，參與了一場與現代性搏鬥的戰爭，試圖保護他的領地不受都市文明的入侵。

然而，羅賓漢的故事一舉顛覆了許多騎士傳奇的模式：騎士住在城堡裡，騎馬進入森林冒險，而羅賓漢和他的手下則是住在森林裡，幾乎所有的冒險都發生在城鎮或至少在路邊。

埃德溫・藍道西爾爵士（Sir Edwin Landseer），
《峽谷王者》（*The Monarch of the Glen*），約 1851 年，布面油畫。
鹿角上的十二犄角被視為是皇室的標誌。

他們與騎士不同，從來不需要與噴火龍、巫師甚至野獸抗衡。這反映了中世紀晚期與文藝復興時代狩獵保留區的現實狀況，這些保留區幾乎可以像花園一樣管理。牛群放牧減少了林下植被，讓人即使騎著馬也能輕鬆從林中通過，要不然根本無法舉行高級狩獵。基本上，羅賓漢和快樂夥伴的故事是一個已經世俗化和部分民主化的騎士田園詩。至於鹿，則被剝奪了精神上的特質，就只是食物而已。也許快樂夥伴和騎士團之間最根本的區別，就是羅賓漢和他的手下從事的是「狩獵即採集」的活動，這對貴族來說似乎是一種褻瀆。

平民獵鹿反抗封建

幾百年以來，傳統森林法的嚴格禁令

逐漸被複雜的法規所取代。獵鹿保留了展現男子氣概的大部分神祕感，並且增添了反抗封建秩序的吸引力。十八世紀初在英國經濟衰退期間，農村低階民眾開始對鄉村莊園的鹿進行大規模的盜獵攻擊。由於他們總是將臉塗黑來偽裝自己，因此被稱為黑面人。政府的因應之道，就是在一七二三年通過了一項名為《黑面人法案》(*Black Act*)的立法，在某些情況下恢復了對盜獵鹿的死刑處分。

吉爾伯．懷特抱怨道：「一直到本世紀初，整個國家都盛行盜鹿狂熱。除非是獵人——他們全都佯稱自己是獵人——否則任何年輕人都不配擁有男子氣概或自稱為勇士。」他說到以前的黑面人在酒館裡一邊喝著麥酒，一邊講述他們的故事，言談中充斥著沒有必要的殘忍。有人盯著懷孕的母鹿生下小鹿，然後立即抓住小鹿，用刀割斷牠的腳，這樣一來，在牠長到可以出售獲利之前，都無法逃走。[48]黑面人遵循的基本模式當然是狩獵即採集，但是在懷特看來，有關當局的壓力與狩獵狂熱相結合，戰勝了所有的節制。對他們來說，其中固然有娛樂的成分，但是又不像與有關當局那樣純粹以智取獵物為樂。

貴族獵狐的象徵意義

《黑面人法案》的大多數條文在一八二三年廢止了。隨著平民開始忙於獵鹿，貴族將注意力轉移到狐狸身上，皇親貴族騎著馬，帶著獵犬，進行儀式化的武裝狩獵，就跟以前獵鹿一樣。然而，即使二者做法相似，其象徵意義卻不一樣。獵狐並不是一種儀式性的弒君行為，旨在緩和緊張氣氛並防止真正的弒君事件發生。狐狸代表了向上流動的農民和中產階級，就如同歐洲中世紀傳說故事中的那隻列那狐（Reynard the Fox），貴族們儀式性地追逐他們的對手，以獲取財富和權力。諷刺的是，由於狐狸在整個英國幾乎滅絕，還不得不從歐洲大陸進口，才得以進行獵狐活動。而且獵狐比以前的獵鹿更不切實際，因為狐狸不但肉少，又不受歡迎，只不過狐狸皮偶爾會拿來製作成昂貴的配件飾品，例如手提包或是首尾相連的女用披肩。

威廉・海因里希・黎耳（Wilhelm Heinrich Riehl）是十九世紀歐洲——尤其是德國——保守主義的重要理論家，他將民族認同視為一個有機整體，包括土地與人民，同時也像動物的身體，有階級分明的組織，所有部件協調運作。在封建秩序中，森林是貴族狩獵、農民覓食的地方，而田野則是中產階級的領域。公共森林的範圍成了在新舊統治階級之間的衝突中，衡量誰比較佔優勢的標準。將公共森林劃分為私有土地，是現代的一項惡行。儘管如此，森林仍然是精神活力的來源，未來將屬於德國和俄羅斯這樣擁有茂密森林的國家。[49] 這樣的幻想是基於對過去某個不確定時代的共有財產所衍生出來的懷舊之情。

陷險的雄鹿與王權

貴族們繼續在他們的莊園裡獵鹿，但是愈來愈多人偷偷使用火器來打獵，而不是全力追

林登（F. A. Lydon），威爾遜的詩〈致野鹿〉（Address to a Wild Deer）的插圖，尤其是開頭的幾行：「萬歲，野性之王，孕育自然的源頭／從清晨的起霧以來，已越過上百個山頂。」選自《詩人的珍寶》（*Gems from the Poets*, 1859-60）。

擊。在維多利亞時代，鹿保留了與皇室的聯繫，儘管女王失去了實權，但是仍然保留君主制度，甚至增強了她的象徵意義。皇家儀式變得更加繁複，她甚至被授予「印度皇后」等新頭銜。藝術家經常描繪一頭雄鹿站在山頭，周圍環繞著其他鹿群凝視著崎嶇的山景。其中最有名的一幅也許就是埃德溫·藍道西爾爵士（Sir Edwin Landseer）在一八五一年創作的《峽谷王者》（*The Monarch of the Glen*）。最初委託作畫的是上議院，打算用來裝飾議會，但是下議院可能意識到其中蘊含對上流社會的象徵性尊崇，因此拒絕支付費用，於是這幅畫就賣給了其他的贊助人。英國藝術史學家肯尼斯·克拉克（Kenneth Clark）寫道，這幅畫「集中體現了維多利亞時代統治階級的自滿——威嚴、英勇、積極陽剛，主宰整個環境」。[50]

雄鹿的角是幾百年來獵人夢寐以求的戰利

品，不僅重視鹿角的對稱性和分叉數量，更看重它們的大小，通常被誤認為是遺傳適應的標誌，但是其實真正的原因是長了鹿角就像是戴上王冠。由於獵人不斷競逐大角，因此讓擁有大角的雄鹿陷入險境。藍道西爾畫中誇張地展現鹿角，肯定會被獵人視為一項挑戰。對貴族來說，盜獵者對雄鹿的威脅可能只是為牠們增添一絲悲壯的色彩。也許克拉克在畫中看到的沾沾自喜並非故事的全貌，貴族中可能也有許多人意識到自己就像是遭到追殺的鹿，緩慢卻無可避免的悲劇正在發生。

20 美洲森林成為男性的荒野樂園

在美洲早年的殖民時期，「森林」一詞仍然意味著皇家領地。從這個角度來說，新大陸上並沒有「森林」，不過這個詞彙的含義後來擴大到涵蓋其他有樹林植被的廣闊區域，大多被視為狩獵保留區的延伸，而不是都會區或農業社群的延伸，這也說明了為什麼殖民者後來會感受到許多怨懟。國王可能從來不曾在麻薩諸塞州或維吉尼亞州打獵，但是他仍然肩負起保護和剝削殖民地的責任，可以決定要砍伐或保存哪些樹木。在十七世紀末就有個惡名昭彰的例子，也就是在大白松的樹幹上標示了「國王的寬箭頭」，這是用斧頭砍三下，表示禁止砍伐，因為它們將要用做皇家海軍艦艇的桅杆。這項禁令引起了廣大民眾的不滿，也證實了並不可能執行。

墾荒者為生存而狩獵

誠如我們見，在英格蘭和歐洲大陸的大部分地區，獵鹿不僅與王權制度緊密相連，而且與財富和階級問題密切相關。一六〇五年的《英格蘭狩獵法》對於狩獵的特權設定了嚴格的財產和收入資格限制，一般自耕農甚至無法在自己的土地上打獵。[51]對於英國殖民地的早期移居者來說，狩獵是紳士淑女在閒暇時的一種娛樂，他們很難理解為什麼可以靠打獵維生，覺得整天都在打獵的原住民印地安人游手好閒，[52]甚至認為他們本身就像是野獸。從飼養動物身上獲取食用的肉，似乎是一種更文明、更道德的選擇。

然而，對於美洲的殖民地墾荒者來說，獵鹿往往是他們生存所必需的，尤其是在邊境地區。因此獵鹿最終呈現出來的意涵，幾乎與歐洲相反，只是窮苦人家從事的活動。話雖如此，與野生自然的聯結仍然可能暗示某種精神上的貴族。像美國探險家丹尼爾・布恩與女神槍手安妮・奧克利（Annie Oakley）這樣的人物，都為狩獵增加了一點浪漫的色彩。而獵人的原型則是詹姆斯・費尼莫爾・庫珀（James Fenimore Cooper）的皮襪子系列（Leatherstocking）小說中的主角納提・邦波（Natty Bumppo），在他的諸多綽號中，就包括了「殺鹿人」[53]。對納提・

邦波來說，打獵是快速、人道、高效的活動，並沒有任何儀式。儘管如此，殺戮的潛在意涵可能與中世紀晚期的狩獵相去不遠。

到了二十世紀，美洲地區特別強調在危險荒野中求生存的能力，再加上隨之而來的暴力，使得森林成為男性保護區，是他們逃避女性要求、期望和抱怨的地方。在那裡，男人透過在「艱苦條件中」釣魚或狩獵，來「擺脫文明」。在一九八〇年代，還流行到森林度「荒野週末」，一群男人圍坐在營火旁，高談闊論他們的問題。

亨利・薩姆納・華生（Henry Sumner Watson），《現代入侵森林》（*Modern Invasion of the Woods*），1910 年，插畫紙板油畫。藝術家表達了一種恐懼，即現代的便利設施（在這幅畫中是電話）讓森林變得女性化，奪走森林與粗獷男性的連結。

21 雄鹿斑比的真實林中生活

獵人總是想要從獵物的角度來預測牠們可能的行為。掠食者和獵物之間的強烈認同——這在動物界可能也看得到——就是狩獵的矛盾。菲利克斯·薩爾騰（Felix Salten）的中篇小說《斑比：林中生活》（*Bambi: A Life in the Woods*）便是以這個矛盾為基礎。本書於一九二三年首次出版，講述一隻年輕雄鹿的成長故事。薩爾騰本人是匈牙利裔的猶太人，從小就跟著家人搬到維也納，逐漸成為傑出的文人。成年後，他一直熱衷打獵，最後甚至為此購買了一塊林地。

另一個相關的矛盾則是他採用雄鹿的視角來說故事——至少這是一種敘事的慣例——讓他能夠完全以人類為中心的角度講述故事。在動物的認知中，人類是一個單一的個體，他們對人類的感覺結合了恐懼與崇敬，就如同我們看待《舊約》中的耶和華、古代世界裡的其他神靈和中世紀的國王一樣。惠特克·錢伯斯（Whittaker Chambers）的英文譯本是在原著出版了五年之後才問世的，譯文中更強調了這一點，將每次提到「人」的代名詞都以大寫表示，就像是我們提到神靈一樣。

從很多方面來說，這本書都是以當時非常流行的社會達爾文主義角度來書寫的。樹林裡絕對充滿了恐懼，因為動物永不停歇地互相追逐、彼此捕捉，甚至吞噬對方。人與其他動物的差異，與其說是動機或行為，毋寧說是人類比其他動物更擅長殺戮。一隻名叫戈博（Gobo）的雄鹿被暫時捕獲，關在某種像是寵物園區的地方，然後又被放生。他跟其他動物說，人類真的很善良，但是因為他失去了天生的警覺性，很快就遭到獵人射殺了。

人類本位主義主宰森林？

將極端的人類本位主義放在動物的嘴裡而不是人類，或許會顯得合理一點，不過這依舊完全是人類的幻想。大多數情況下，森林裡的動物並不會對人類感到癡迷；事實上，大多數動物根本就不認識我們。這個故事質疑人類的善良本性，也只是為了特別重申其重要性。但是，故事的結尾卻提供了部分的解釋。聰明的老雄鹿——可能是小鹿斑比的心靈導師或是父親——將斑比帶到森林的某處，叫他看一名盜獵者臉朝上倒臥在雪地裡的屍體，死因是胸部受傷。他可能是遭到老雄鹿的鹿角刺死的，但是也可能是被另外一位狩獵管理員射殺的。無論如何，本書繼續說道：

「你看到了嗎，斑比，」老雄鹿繼續說，「你看到他跟我們一樣躺在那裡死掉了嗎？你聽著，斑比。這個人並不像他們所說的那麼強大，並不是所有會成長的生命都來自於他。他並不在我們之上。他跟我們都是一樣的。他有同樣的恐懼，同樣的需要，也以同樣的方式受苦。他也跟我們一樣會遭到殺害，然後跟我們其他動物一樣，無助地躺在地上，就如同你現在所看到的這個樣子。」

起初，斑比一臉茫然地看著，但是老雄鹿催促他說話。於是斑比開口道：「還有另一個凌駕於我們所有人之上，凌駕於我們，也凌駕於他之上。」老雄鹿完成了他最後的使命，走掉了，獨自死去。[54]

雄鹿和狩獵都已經世俗化了，雖然還不是百分之百。這種動物仍然是森林中的君主，雖然在儀式上已經遭到人類廢黜，卻也不是完全廢黜。但是斑比口中的這個超越了盜獵者和所有人的「另一個」又是誰呢？也許是猶太──基督教神祇的一種形式。薩爾騰加了這句話，或許只是為了讓這個本來就已經很殘酷的故事，不至於顯得完全虛無。

但是還有另一種可能性。因為正如前文所提到的，薩爾騰本身就是一位狂熱的獵人，而且約翰．高爾斯華綏（John Galsworthy）在這本小說英譯本首版的序言中還提到：「我特別要向獵人推薦這本書。」[55]這本書並不是反對獵人，薩爾騰相信他們都是合法的，不僅遵守法律，還遵循許多約定俗成的不成文狩獵規則。本書反對的是那些一年四季不分青紅皂白捕殺動物的盜獵者。斑比在書中所指的盜獵者是誰呢？可能是指規範狩獵、保護森林的秩序力量。作者以老雄鹿為代言人，似乎以揉合了憐憫和輕視的口吻，批判盜獵者試圖覬覦逐鹿。這種態度是中世紀森林法中隱含的意義，而盜獵鹿的刑罰可能就是死刑。

《小鹿斑比》劇情外的現實

一九四二年，迪士尼影業公司根據這本中篇小說，發行了一部改編動畫電影，取名為《小鹿斑比》。雖然原著小說過度強調自然界中的捕食和死亡，但是電影卻刪得一乾二淨。電影中的貓頭鷹會跟可愛的小鳥和兔子嬉戲，不過在現實中是會想要將牠們生吞活剝下肚的。話雖如此，這部電影還是保留了書中大部分陰鬱的詩意，只是將森林中的所有破壞，包括森林火災，全都歸因於「人」，並沒有區別合法的獵人和非法的盜獵者。至於盜獵者死亡的那一幕——至少在某種程度上限制了人類的力量與邪惡——在電影中則完全沒有出現。電影保留甚至還刻意強調了原著的極端人類本位主義，賦予人類幾乎無上的力量，人類比以往任何時候都還更像是神，即便不是心存善意的神。這部電影也非常有效地攻擊了狩獵制度。斑比的母親遭到獵人殺害，儘管並未在銀幕上發生，但是在電影首映時，還是讓觀眾為之震驚。

大多數美國人無法分辨甚至無法理解薩爾騰對合法獵人與盜獵者之間的根本區別。舊的森林法規定，獵鹿僅限國王與貴族，這似乎代表了舊世界，也正是殖民墾荒者意欲藉由移民逃離的所有一切。[56]因此，美國有很長一段時間對狩獵幾乎沒有任何限制。

作者位於紐約州林產上的白尾鹿。

迪士尼將斑比的故事搬到美國時，讓小鹿變成了只有在美國中西部部分地區才看得到的黑尾鹿，這可能是為了避免將主角設定為白尾鹿而引發更大的爭議，因為白尾鹿分布的範圍更廣，也是美國地景上更具標誌性的一部分。白尾鹿以優雅、美麗聞名，其名稱來自於在奔跑時會搖擺的白色尾巴，有點像是搖旗子。當第一批殖民者從歐洲抵達時，白尾鹿還是很常見的動物。到了一九〇〇年，不受控制的狩獵已讓牠們在東北部大部分地區消失了蹤跡，據估計現在只有約三十五萬隻白尾鹿散居在美國人口較少的地區。

獵鹿的征服與節制

在十九世紀末和二十世紀初，有許多照片都拍到獵人及遭到他們殺害的鹿，正足以顯示獵鹿變得多麼的缺乏儀式感與節制，甚至成了惡毒的行為。照片中的獵人經常是拿著槍，站在大量的獵物前面拍照，而

兩名獵人將死鹿扛在肩上，二十世紀早期，照片。

在阿第倫達克山脈（Adirondack Mountains）中，獵鹿人將他們的受害者倒吊著串起來拍照，二十世紀初期，明信片。

1898 年 1 月，美國林管人員協會會員證書。
森林管理人員之間的兄弟情誼後來形成一個慈善協會，其標誌除了禿鷹之外，
就是中央紋章的雄鹿，雄鹿的角與周圍樹枝的曲線相互呼應。
此處，在眾多的森林象徵之中，顯然沒有槍。此時，美洲鹿已被獵殺至幾近滅絕，
護林員想要表明他們的工作是保護而不是征服。

遭到獵殺的鹿則是以後腿綁在原木或樹上，倒吊起來。獵鹿的規模早已超越了可能食用的範圍，而且獵鹿的輕鬆程度，也令人懷疑這其中有任何競技的成分。由於鹿仍然代表著皇室與貴族，也就是美國民主的敵人，因此即便在死後，也不會給予任何尊嚴。

為了防止鹿群徹底滅絕，最後終於設了可獵殺數量的限制，鹿群的數量逐漸開始回升，但是至少在一九六〇年代中期之前，仍然很少見。若是有人偶爾在森林裡遇到一隻鹿，就覺得是個奇蹟。這不僅反映了鹿的稀有，同時反映了人們對皇室態度的變化，因為美國人愈來愈覺得皇室是一個浪漫的童話故事，而伊莉莎白二世在美國可能比在英國更受歡迎。

到了一九七〇年代，鹿變得愈來愈常見，也開始有人大聲抱怨牠們。鹿不再對人類感到恐懼，經常出現在郊區，有時還闖入紐約等大城市。牠們會啃食花園裡的植栽，並且常常捲入車禍。牠們將導致萊姆病的蜱蟲傳播給人類，而且會啃食林中的嫩芽，讓樹木無法長大，妨礙森林的復育。有很多人並不認為牠們是自然奇觀，而開始將其視為「有蹄子的老鼠」。

森林群體的利益平衡難題

狩獵限制固然是鹿群成功復育的因素，卻不是唯一的原因。最適合鹿繁衍生息的地方並不是森林深處，而是森林邊緣，這也正是人類最喜歡的環境。美國東北部的森林分布廣泛卻分散，並不適合許多物種生存，尤其是鳥類，不過卻是鹿能夠繁衍生息的環境，不僅為牠們提供了覓食的場所，在必要時也為牠們提供庇護。而且多虧了人類大幅減少牠們天敵的數量，如狼和熊等，而過去經常獵殺牠們的北美原住民，也大多在十九世紀初被趕出了東部各州。據估計，到了一九九〇年代，美國白尾鹿的數量已增加到兩千五百萬到四千萬隻，[58]可能比哥倫布首次登陸時還要多。

鹿群數量的增加引起了複雜的實際和倫理問題，其中涉及的議題，不只是人類與鹿的利益平衡，政策還必須考量構成森林群體的樹木、鳥類和其他生物的利益。森林管理單位的共識是：無論是休閒狩獵或控制生育，都遠遠不足以控制鹿的數量。[59]在美國東北部，以捕鹿為生的熊和土狼等數量也在增加，但是還不足以影響鹿群的數量。在過去，氣候可以控制部分鹿群的數量，因為牠們經常在冬天餓死，在夏天因脫水而亡，但是總有足夠的鹿存活下來，維持種群數目。氣候變遷可能會加劇這種模式，然而，儘管種群數量的季節性波動是一種自然現象，但是任憑這種情況發生似乎也不太人道。同樣的情況也可能適用於疾病，因為疾病往往會減少野生動植物的種群密度。

到底誰才是森林的真正統治者？最簡單、也最好的答案是：誰都不是。無論熊、狼或老虎，都不曾統治森林。而斑比故事中的人類本位主義，也正如小說和電影中所講述的那樣，未能主宰森林。不過或許鹿還配得上這個稱號，因為牠們在幾乎所有可以想像到的自然或人類威脅下仍能成長茁壯，展現了強韌的生命力。

卡斯帕．大衛．弗烈德里希，《林中獵人》，約 1814 年，布面油畫。

06 森林與死亡
The Forest and Death

天色太黑，黑到看不見自己。但是歌聲仍然持續不輟，
周圍的空氣也充滿了看不見的翅膀。

——英國作家海倫．麥克唐納（Helen Macdonald），
《向晚的飛行》（*Vesper Flights*）

卡斯帕．大衛．弗烈德里希（Caspar David Friedrich）在一八一四年的作品《林中獵人》（*Chasseur in the Forest*）中，畫了一個小騎兵的背影。他徒步迷失在日耳曼的巨大森林之中，身後的樹樁上棲息著一隻呱呱叫的烏鴉。冬天已經降臨，他也即將面臨死亡。這是對拿破崙入侵的懲罰。這次攻擊行動遭到自然力量挫敗，其中最具代表性的就是日耳曼的原始森林。

至少，這是一般人對這幅畫的常見詮釋。其實，若不是因為標題使用了一個法文字，再加上畫作完成日期剛好是拿破崙在一八一二年俄羅斯戰役與萊比錫戰役中遭到慘敗後不久，

否則我們實在看不出來畫中男子是法國人，他身上的制服也沒有透露太多訊息。拿破崙大軍的騎兵根據他們所屬的軍團與階級，有各種不同的服裝，此人很可能是普魯士人。再說，你甚至無法確定斗篷的顏色，我們看起來是綠棕色，可能反映了松樹的顏色。我們看到他是徒步，但這不一定意味著他的馬迷路了，或許馬匹就在樹林後面。另外，在右側似乎還有一條觀眾看不到的小路，因此他甚至可能離我們所謂的文明不遠。

《林中獵人》的森林想像

畫中的空地顯示，這名騎兵所屬的軍團可能是在最近一次入侵時經過這座森林，現在正準備要撤退。此一細節固然可以證明該士兵隸屬拿破崙入侵俄羅斯的部隊，卻不是決定性的證據。但是俄羅斯的森林混合了落葉林，還有大量的樺樹，並非單一種植針葉樹。莫非是這個部隊誤入了普魯士？

又或者這幅畫並不是代表過去的事件，而是對未來的計畫。在這幅畫完成之前不久，對法國人深惡痛絕的弗萊德里希．路德維格．揚恩（Friedrich Ludwig Jahn）提議在普魯士邊界地帶廣植充滿野生動物的森林做為保護機制，因為法國人就像很久以前的羅馬入侵者一樣，不知道如何與他們談判。[1]然而，弗列德里希向來都不是軍事或政治宣傳畫家。因此要理解這幅畫，還是必須放在更大的格局思考，而不僅僅是參照當天發生的事情。

有人可能會質疑藝術家只是用令人困惑的暗示來戲弄觀眾，但是這並非弗烈德里希的風格，他不是一個愛開玩笑的人，他的作品始終嚴肅認真，儘管沒有太多的說教。弗烈德里希並未在畫作中闡明理念，反而是創造理念。他的畫作很少有寓言性的詮釋，無論是政治的或宗教的；然而，他畫中的所有物件似乎都充滿了象徵意義。弗烈德里希的想像力是視覺的，而不是語言的，也許他甚至沒有想到我們會在這裡討論到的其他詮釋。其實，他只是在用畫筆思考。

至少現在，我們先讓這位騎兵聽天由命吧。為了更了解他是如何來到森林的這個地方，或者說他周圍的森林是如何生長的，我們必須追溯到更遠的歷史。

22 羅馬時代的日耳曼印象

在西元一世紀下半葉，羅馬博物學者老普林尼（Pliny the Elder）寫道，在日耳曼，「北部地區是一大片海西造山運動時期留下來的海西橡樹林（Hercynian Oak Forest），它們不受時間流逝的影響，與世界同齡，卻以幾乎無限的年齡，超越所有的世界奇觀」。[2]這裡指的是黑森林及其以外的地區，普林尼想像中的黑森林幾乎無止盡地向後延伸，有點像是今天說到的太空邊界，總是向人類招手，卻又難以征服。普林尼經常有聞必錄，並不加以查證批判，但是他曾經從軍駐紮在日耳曼，所以對這片土地有第一手的了解。他很可能看到了巨大的樹木聳立，也許幾乎可以媲美現在仍然矗立在加州的紅杉與紅木，或是曾經在美國東北部和加拿大矗立的白松樹。普林尼對橡樹印象特別深刻，因為對羅馬神祇朱比特來說，橡樹是神聖的象徵。

羅馬歷史學家塔西佗（Tacitus）在西元九八年首次出版的《日耳曼尼亞》（*Germania*）書中，將日耳曼描寫成「不是覆蓋著茂密的森林，就是惡臭的沼澤」。[3]他接著相當詳細地描述了日耳曼人的風俗習慣，說他們慷慨、兇暴、衝動、殘酷，又有一點孩子氣，但是絕不裝模作樣。有時，他還用日耳曼人來羞辱羅馬同胞的頹廢，例如，他會寫道：「在日耳曼沒有人覺得罪惡有趣，或是稱勾引別人或受到別人誘惑為『最新流行』。」另外，他也相信日耳曼人是一個純粹的種族，含蓄地用他們來對比羅馬帝國內血統混雜的眾多民族。[4]根據塔西佗的說法，日耳曼人跟羅馬人一樣，用動物獻祭來安撫他們的神靈，但是他們認為將神明奉於神殿高牆之內是不對的。他寫道：「他們的聖地是森林與叢林，並且用神的名字替那些隱藏的生靈命名，只有敬畏之眼才能看到他們。」[5]

對森林的恐怖投射

西元九年，曾獲任命為日耳曼總督的羅馬將軍普布利烏斯・昆克蒂利烏斯・瓦盧斯（Publius Quinctilius Varus）和他率領的三個軍團在條頓堡森林戰役（Battle of Teutoburg Forest）中慘遭屠殺。羅馬作家對這場戰役有不同版本的紀錄，不過都很粗略，或許這場戰鬥既是歷史，也是神話。其中最主要的紀錄出現在塔西佗的《羅馬共和國紀事》（*Annals of the Roman Republic*），此書出版於西元一世紀末或二世紀初。根據這部紀事的記載，瓦盧斯在戰役中受傷後，用自己的劍自盡。塔西佗講到了後來羅馬人在日耳曼尼庫斯（Germanicus）將軍領導下回到戰爭現場，見到成堆腐爛的人馬屍體，還有釘在樹幹上的人頭，無不駭然失色。戰場附近即為日耳曼眾神的祭壇，羅馬的護民官與百夫長都在這裡成了活人祭，獻給了神靈。[6]

塔西佗對戰場的描述聽起來很聳人聽聞，這可能是人類在文學中第一個恐怖森林的記載。「野蠻」的眾神，甚至日耳曼人本身都類似於女巫、食人魔、妖怪、巨人和其他類似的人物，也是格林童話與其他童話故事中的英雄經常會遭遇到的角色。在塔西佗時代，羅馬城的規模已經遠遠超過任何其他城市，擁有一百多萬居民。塔西佗本人就是一位堅定的都市人，他跟普林尼不同，對森林沒有任何興趣，只是用森林作為人類冒險的背景。他對森林的模糊描述，很容易讓讀者將恐懼與幻想投射到森林上。我們很容易將森林的恐怖元素稱為哥德式的恐怖，而這個名詞不但聽起來有趣，甚至幾乎有點過於貼切了，因為「哥德式」（Gothic）一詞當然來自「哥德」（Goth），而哥德一詞，又或多或少是指稱早期的日耳曼民族，被指為製造這些恐怖的元兇。

23 日耳曼與羅馬森林：從文明的邊界到庇護地

在閱讀塔西佗對日耳曼及其人民的記載時，會讓讀者留下一個奇怪的印象：除了沒有使用火器之外，這幾乎就是英國人在十七、八世紀對北美的描述，只不過殖民者換成了羅馬人，而日耳曼人則是美洲原住民。這是因為塔西佗在下筆時就倚仗世人對「蠻荒之地」和野蠻民族的刻板印象，這些刻板印象在他之前就已形成，並且在接下來約莫兩千年的時間裡繼續存在，而更令人驚訝的是，幾乎沒有什麼變化。在殖民時代，歐洲人對美洲原住民的看法，與羅馬人對凱爾特人（Celts）、斯基泰人（Scythians）和日耳曼人的看法並沒有太大差別。[7]塔西佗在統稱日耳曼人時，並不是用單一部落或種族，而是通用「野蠻人」一詞（拉丁文的「barbarus」基本上跟英文「barbarians」相同）。他曾寫道：「對野蠻人來說，一個人的勇氣愈強烈，就愈能激發信心，在革命時期也就愈受到尊敬。」[8]

在《羅馬共和國紀事》中，塔西佗將阿米尼烏斯（Arminius）——在條頓堡森林戰役中擊敗羅馬軍隊的日耳曼酋長——描繪成一位類似荷馬史詩的英雄人物：慓悍、勇敢、愛國、專橫、殘忍，[9]這跟大約兩千年後，美國人看待美洲原住民叛軍領袖傑羅尼莫（Geronimo）的方式並沒有太大差異。在一篇輓歌中，塔西佗稱阿米尼烏斯為「日耳曼的救星」，還說，他不是在羅馬建國之初起來反抗，而是在羅馬的權力鼎盛時期，歷經了多次無法決勝負的戰役之後，仍未被羅馬征服。[10]

蠻荒與野蠻人的刻板類比

塔西佗強烈暗示建國之初的羅馬與日耳曼有足堪類比之處。幾乎所有的羅馬作家都相信，他們的城市發源地最早就是一片茂密的森林。[11]羅馬人頌揚森林遺產的方式，就是保存了許多神聖的小樹林，並且讓許多次要的森林神靈，如半人半羊的森林之神或農牧之神、樹精等，在他們的民間傳說與圖像誌中佔有舉足輕重的地位。塔西佗還說到，阿米尼烏斯最終試圖奪取其部落的王權，冒犯了人民對平等主義的同情，因此遭到暗殺。這樣的對比，也在阿米尼烏斯和尤利烏斯．凱撒（Julius Caesar）之間建立了相似之處，也許表明日耳曼和羅馬可能都遵循相同的發展軌道，只是處於不同的發展階段。[12]羅馬人認為日耳曼類似他們自己想像中的過去，這說明了他們的態度為什麼結合了蔑視和懷舊。在美洲的歐洲殖民者也是以類似的方式，將他們所稱的「原始」土著與古代人物連結起來，像是在社會中消失卻始終未曾改變的以色列部族。景觀歷史學家認為，其實在塔西佗時代，日耳曼大部分地區固然都是森林，卻也不像他所描述的那樣密集或均勻，這片土地有人定居，也有荒地、沼澤和農田。[13]塔西佗只是以刻板印象將這片土地視為蠻荒之地，將這裡的人民視為野蠻人。

羅馬人在條頓堡森林戰敗之後，又多次入侵日耳曼，但是羅馬人很快就接受以萊茵河作為其帝國的東部邊界，並且沿著萊茵河建造了一道稱之為「石灰」的城牆。羅馬人之所以沒有堅持要征服日耳曼，倒不是因為這片濃密的森林阻礙，有部分原因是他們在日耳曼無利可圖。因為在萊茵河以東的日耳曼，沒有足夠的水路交通進行貿易，所以不容易融入羅馬帝國。[14]而且萊茵河為羅馬帝國提供了天然邊界，比東部任何一個駐地都更容易防守。日耳曼的森林甚至為羅馬提供了緩衝地帶，可以抵禦來自西伯利亞大草原的騎兵，因為他們在日後將成為羅馬帝國晚期的永久威脅。對於那些可能不甚了解這種戰略考量的人來說，恐怖森林就成了避免進一步入侵日耳曼的最簡單解釋，甚至是一種藉口。

塔西佗對日耳曼人表達出一種有條件且居高臨下的欽佩之意，原因在於羅馬雖然無法征服日耳曼人，但是他們也沒有對羅馬人構成任何迫在眉睫的威脅。出於類似的原因，普林尼也可以讚美日耳曼的森林。畢竟羅馬人已經有了大規模的採礦作業和龐大的嫁接樹木果園，早已充分征服了自然世界，能夠安心地品味自己的權力。過去的羅馬花園都按照顯然不自然的幾何圖案布局，但是到了羅馬共和國晚期，也開始納入野生區域。[15]由於缺乏商業與知性上的接觸，日耳曼對羅馬人來說，似乎充滿異國情調，他們很容易在這裡投射出自身的恐懼、白日夢和其他幻想。換言之，羅馬人將日耳曼給「東方化」了。

森林成為人類避難所

到了羅馬帝國晚期和中世紀初期，城市和森林之間的界線不再那麼固若金湯。羅馬權威的衰敗，開啟了大遷徙時代，匈奴人、斯拉夫人、哥德人等民族橫掃歐洲。由於缺乏中央政權的保護以及貿易路線中斷，城市中心開始走下坡，不過究其原因，也不僅僅是行政問題，氣候也在其中軋了一角。羅馬帝國晚期，天氣變得更冷、更潮濕、也更不穩定，嚴重暴風雨來襲，森林面積增加。[16]

森林不再是文明的邊界，反倒成為逃避人類與氣象變化的避

約翰·諾爾（Johann Knolle）仿科雷吉歐（Correggio）創作的《抹大拉的馬利亞在荒野中閱讀》（*Mary Magdalene Reading in the Wilderness*），十九世紀，版畫。這個人物身處森林和沙漠之間的一種不確定的地景之中，卻徹底地感到安全自在。

難所。隱士及後來的整個修道院體系，全受到森林的吸引，於是森林成為與上帝交流的地方。隨著羅馬帝國的貿易網絡中斷加劇，帝國境內的居民不能只依賴廣闊的果園和巨大的雞舍來獲取食物，他們必須增加本地的產量，這意味著重返森林。在某種程度上，他們回到了羅馬文明之前盛行的生活方式。

高盧人與日耳曼人會在靠近森林邊緣甚或深入林中一段距離的地方，清理出一塊空地，種植莊稼，直到土壤開始枯竭，再轉移到其他地區。一小群人在森林中形成小村莊，以務農為生，也愈來愈懂得利用森林來從事各種活動，例如放養豬或牛、收集樹葉作為飼料、收集柴火、獲取木材用於建築等。森林成為人類的避難所，也為人類提供食物來源與保護，這樣的意義一直保留至今。

24 但丁《神曲》裡的暗黑森林

黑暗、可怕的森林主題從中世紀的文學和藝術中消失，一直到文藝復興初期才重出江湖，也就是但丁的《神曲》。塔西佗的《日耳曼尼亞》在古代晚期和中世紀已經變得默默無聞，所以但丁很可能沒有讀過這本書，不過他讀過老普林尼的著作，並給予很高的評價，[17]很可能是這個主題的來源。當然，但丁也可能不是從其他作家那裡得到這個主題的靈感，而是吸收了文藝復興時期的世界觀。當時的觀點認為光明是神聖的，而將黑暗——如森林裡的那種——視為惡魔。當時的人也強調秩序、對稱和幾何比例，這些特質在那個時期精心設計的花園都清晰可見。但丁自己的宇宙觀是如此的井井有條，因此讀者可以毫不費力地詳細描繪出地獄、煉獄和天堂的各個部分。天然森林有令人難以預測的植群組合，自然讓人聯想成混亂的縮影。

混亂與絕望的縮影

但丁的〈地獄〉篇一開始，就是主角突然發現自己迷失在黑暗的森林中。他不知道自己是如何進入森林，也不知道森林的界線何在，就算他想要描述森林的模樣，也會被恐懼嚇得動彈不得。這時候，詩人維吉爾出現了，化身成他的導師，然後在他的繆斯碧雅翠絲的指導下，他們一起穿越了九層地獄，最終見到了撒旦本人。他就像一棵巨大的樹，但丁攀爬上樹，最後終於到達了地球表面，看見了星星。

暗黑森林似乎涵蓋了地獄中所有可怕的元素，但是跟第七章的自殺森林特別相似。但丁與維吉爾走進一片茂密的樹林，那裡的樹枝全都粗糙扭曲。他們聽到周圍有人在哀鳴，卻看不到任何一個人影。但丁聽從維吉爾的建議，折斷了一根樹枝，只見深色的血液從裂縫中湧出，話語隨之流瀉出來。這棵樹自稱是彼埃特羅·德拉·維涅（Pietro della Vigna）的靈魂，

自殺森林裡的鷹身女妖哈爾彼，
古斯塔夫・多雷為但丁的《神曲：地獄篇》繪製的插畫，1887 年。

講述了自己如何成為西西里皇帝腓特烈二世（Emperor Frederick II）的忠誠顧問，後來遭到敵人誹謗，雙眼失明，鋃鐺入獄，最後以頭撞牆自盡。彼埃特羅解釋說，這裡所有的樹都是自殺的人。亡靈之王米諾斯（Minos）將他們的靈魂帶入森林，任意丟棄在地，讓他們長成樹木。鷹身女妖哈爾彼（Harpie）飛過自殺森林，用利爪抓破樹皮，導致鮮血流淌，哀嚎聲不絕於耳。當審判日最終到來時，所有其他靈魂都將返回他們的身體，唯獨自殺之人將保留目前的形式，屍體懸掛在樹枝上，要讓他們永遠都不會忘記自己所丟棄的東西。[18]

稍早前，在地獄的第一圈時，法蘭契斯卡（Francesca）向但丁講述了她與保羅（Paolo）的愛情故事，以及這對戀人如何注定要一起飄蕩，永遠遭受強風的衝擊。但丁激動不已，甚至暈了過去。[19]而聽到皮埃特羅的悲慘故事，他並沒有失去知覺，因為他已經學會接受上帝的審判。後世讀者盛讚保羅和法蘭契斯卡是一對偉大的戀人，就連他們的命運也不像是一種懲罰，因為他們會永遠相守在一起。但丁沒有那種概念工具（conceptual apparatus）來表達他的矛盾心理，因為那些概念要等好幾百年之後才會慢慢發展出來，例如，啟發靈感的哀傷。絕望可以成為創造力的源泉，讓但丁的暗黑森林變成一個充滿奇妙冒險的地方。

恐怖揉合浪漫的詩意力量

現代讀者也毫不內疚地對皮埃特羅表示同情，而在但丁眼中是一個恐怖之地的自殺森林，卻預示著浪漫主義美學，在這種美學中，但丁看來醜陋的事物會顯得美麗。但丁更喜歡樹幹與樹枝筆直的樹木，也許是出於實用主義的美學，因為這樣的樹木適合建築房舍和製造工具。但是，在接下來的幾個世紀裡，像弗烈德里希這些畫家的浪漫美學最珍惜的，卻是但丁眼中那種可怕的樹木——古老的、天然的樹木，樹幹長滿節瘤，樹枝糾結扭曲，很像是自殺森林中的樹木。對於那些不認同但丁宗教和社會信仰的讀者來說，他在〈地獄〉篇中描寫的恐怖，成為一種哥德式恐怖，結合了恐怖與浪漫，傳達出一絲絲的愉悅。

從某種意義上來說，但丁就是我們的維吉爾。羅馬詩人將但丁帶到了煉獄的門口，卻無法陪他走得更遠，而但丁卻幾乎將我們帶到了浪漫主義的門前，只是我們最終仍須與他告別。特別是在〈地獄〉篇中，他為我們提供許多圖像與概念，強烈訴諸後世讀者的浪漫想像，然而他的宗教信仰卻迫使他拒絕這些想像。隨著時間流逝，他的觀念仍然保留原有的詩意力量，但是其意涵卻與但丁原本的意圖截然不同。

25 日耳曼確立森林民族的身分認同

到了羅馬帝國晚期和中世紀，塔西佗的《日耳曼尼亞》基本上已經被人遺忘了，直到義大利文藝復興時期才又重新出土，義大利學者最初的解讀是認為此書顯示了「野蠻人」缺乏文化和優雅。大約到了一五〇〇年，人文主義詩人康拉德．塞爾蒂斯（Conrad Celtis）在日耳曼重新出版了這本書。當時的日耳曼分為許多小王國，每個王國都有自己的方言，只是以一個鬆散聯盟形式彼此結合在一起，這個聯盟就是神聖羅馬帝國。就連德語也是要再等幾十年後，當路德在十六世紀上半葉分期出版他的《聖經》翻譯時，才開始有標準化的德語。但是《日耳曼尼亞》認為，這些不同的民族擁有共同的傳承，[20]其中包含了日耳曼民族的理念，主要是透過詩人的作品流傳下去，最終在十九世紀後期成為現實。

森林魅力的雙重性觀點

塞爾蒂斯是一位古文物學者，只用拉丁文寫作，但是卻成為日耳曼紐倫堡市的桂冠詩人。他生性熱情，讀塔西佗的《日耳曼尼亞》幾乎就像是同時代的書籍，毫無障礙。他的日耳曼民族主義與政治、語言、甚至「文化」無關——不像我們今天所理解這個詞彙——反而更關乎領土問題。隨著神聖羅馬帝國的建立，文明中心從羅馬轉移到了日耳曼。他對日耳曼人的看法與塔西佗雷同，認為他們雖然尚未發展，卻擁有一種原始的活力。他希望日耳曼人研讀羅馬文學，就像羅馬人研讀希臘文學一樣，直到他們最終迎頭趕上，甚或超越。[21]也許矛盾之處就在於日耳曼人對森林固有的看法疊加在羅馬人的看法之上，使得森林深處同時是避難之所，也是恐怖之地。誠如藝術史學家克里斯多福・伍德（Christopher Wood）所言：「森林的魅力在於其不穩定的雙重性：敬畏很容易崩解成恐懼，神祕變成混亂，英雄又回到野蠻。」[22]塔西佗對日耳曼的態度，類似後來美洲早期的歐洲殖民者對新世界的看法，殖民者會因為他們的領土未受破壞甚至原始而感到自豪，但是同時卻又千方百計地推廣歐洲生活方式來加以摧毀。

這種觀點讓新興民族主義的支持者得以同時宣稱日耳曼是文明的巔峰，並且擁有原始的活力。然而，這又隱隱然出現了一個問題。如果日耳曼人也像他們之前的羅馬人一樣走向衰敗，那又怎麼辦呢？甚或他們已經走向衰敗了呢？塞爾蒂斯等早期民族主義者的觀點提出了一種歷史循環理論，即衰敗和文明交替出現。但是你又怎麼知道日耳曼——或是任一國家——現在處於週期中的哪個位置呢？這個想法造成了一種矛盾的期望，不僅貫穿日耳曼文化，甚至貫穿現代時期的所有歐洲文化。

跟塔西佗一樣，塞爾蒂斯相信整個日耳曼都「覆蓋著長滿了古老橡樹的大片樹林，而根據長期的習俗與宗教，這些橡樹被奉為神聖」。為了表達敬意，他試著到他認為是普林尼與塔西佗在書中提到的地方走了一趟。[23]他在一首詩中寫道：「繆斯女神愛的是森林——詩人厭惡城市與令人心煩意亂的人群。」[24]日耳曼人是單一民族的觀念開始重新出現，尤其是在詩人的作品中。《日耳曼尼亞》成了確立日耳曼人身分認同的重要文件。阿米尼烏斯經常被視為英雄，甚至是日耳曼的創始人。森林裡的恐怖逐漸化為溫柔的憂鬱。

當塞爾蒂斯在描寫日耳曼森林時，與他同時代的阿爾布雷希特・阿爾特多弗（Albrecht Altdorfer）正以畫筆描繪森林。在某種程度上，這些畫作是他那個時代哥德式教堂中充滿風格化、繁茂樹葉的延伸。像塞爾蒂斯一樣，阿爾特多弗美化了森林的黑暗和危險。[25]他筆下的樹木都擬人化，樹枝和樹葉看起來經常像人體的四肢一樣在打手勢或是向外延伸，[26]後來的弗烈德里希也使用了這樣的技巧。在一些畫作中，例如《聖喬治與龍》（*St George and the Dragon*,

小紅帽和大野狼，阿帕德．施密哈默（Arpád Schmidhammer）繪製的插畫，
慕尼黑，約 1904 年。日耳曼人在塑造森林時經常誤導觀眾，讓森林顯得既古老又年輕。
森林裡若是長滿如此巨大的樹木，就不太可能擁有如此豐富的地表與林下層植被。

阿爾布雷希特．阿爾特多弗，《雙雲杉風景圖》（*Landscape with a Double Spruce*），
約 1521-2 年，蝕刻版畫。阿爾特多弗通常被視為西方傳統中的第一位風景畫家。
在這幅蝕刻畫中，植群佔據了風景的主導地位，相形之下，人體結構顯得微不足道。
他喜歡扭曲、不規則的樹木，與文藝復興時期常受青睞的樹形幾乎南轅北轍。

1510），[27]森林背景主導了畫面主題。[28]

26 森林裡的死亡：對毀滅的浪漫渴望

塔西佗在森林文獻中添加了森林與死亡的聯想——尤其是自殺——但丁則進一步發揚光大。許多詩人和作家，尤其是浪漫主義派，都接受這樣的聯想，反而拒絕了我們在彼埃特羅的故事中看到的驚駭與恐怖。那是一種對毀滅的渴望，被視為停止世俗的關懷。古老的驚懼遺緒，只足以產生一絲興奮。

美化的生命長逝

英語中的一個例子就是民謠〈森林中的寶貝〉（Babes in the Wood），其歷史可以追溯到十六世紀，並且流傳許多版本。兩個小孩——一對兄妹——在綁架中倖存下來，卻在樹林裡徘徊直至死亡。在最為人所知的版本中，民謠的結尾是：

> 兩個漂亮的孩子就這樣流浪，

直至死亡才得以安息；
他們倒在彼此的懷中死去，
因為孩子都需要撫慰。

沒有人埋葬這些漂亮的孩子
沒有人為他們垂淚，
直到知更鳥為他們啼哭，
才有落葉讓他們入土。[29]

我們不知道這兩個孩子為什麼死亡，只知道他們在彼此懷中睡著了，再也沒有醒過來。死亡時間與方式經過完美的設定，看起來根本就不像死亡。在少數幾個版本中，他們並未死亡，而是直接被帶到天國。勞夫・科地考特（Ralph Caldicott）畫的插圖中有狐狸、野兔、鵝和其他動物參加了他們的葬禮。

相同的基本概念也出現在英國浪漫詩人濟慈於一八一九年寫的〈夜鶯頌〉（Ode to a Nightingale）。詩人聽著一隻看不見的夜鶯啼囀，說牠是「樹間羽翼輕盈的樹精」，想像著牠所棲息的樹叢有「青綠的山毛櫸和無盡的樹影」。夜鶯的歌聲讓他陷入了幻想：

我在黑暗中聆聽；好幾次
幾乎要愛上安逸的死神，
用繆思的詩韻輕聲呼喊他的名字，
讓我平靜的呼吸融入夜的氣息；
此刻死去似乎生命更豐富，
在午夜溘然長逝不覺痛苦，
就在你傾吐靈魂的歌聲之中
是何等的狂喜！[30]

在這些詩句中，作者先是喚醒森林的恐怖，有時是用很微妙的手法，然後又加以美化。美麗的森林是一種誘惑的手段，任何屈服的人都可能面臨英年早逝的命運。

人工栽種被吸納為自然整體

森林還有一種不可思議的能力，會吸收人類的介入手段，並幾乎完全轉化成自然的一部分——至少在許多人眼中看來，那就是自然。用來取代許多日耳曼原始森林而種植的單一樹種雲杉，就啟發了德語中最著名的一道詩歌——約翰・沃夫岡・馮・歌德（Johann Wolfgang von Goethe）的〈浪遊者的夜歌之二〉（Wandrers Nachtlied ii）：

在山巔，
萬物靜寂。
在樹梢，
也感受不到
一絲氣息：
林中小鳥悄然無聲。
稍等一下，因為
你很快就能休息。[31]

歌德位於基克爾哈恩山的小屋，他在那裡寫下了最著名的抒情詩，取材自《花園涼亭——家庭畫刊》（*Die Gartenlaube*），第四十期（1872）。那裡的森林都是單一栽培的針葉樹。

一七八〇年，歌德將這首詩鐫刻在圖林根州（Thuringia）——現在是德國中部的一個州——基克爾哈恩山（Kikelhahn Mountain）的一間小屋牆上，這座山過去只栽種單一樹種雲杉，現在還有大部分地區依然如此，至少從追溯到十九世紀的照片中都可以看得到。[32]跟大多數單一栽種的地區一樣，這裡一開始可能也很少有鳥類或其他野生動物。歌德可能將沒有鳥類誤認為是鳥兒囀聲。要是少了那隻呱噪的烏鴉，弗烈德里希的畫作《林中獵人》很可能就可以拿來作為這首詩的插圖了。

27 從《林中獵人》思索人類介入自然

也許弗烈德里希的《林中獵人》畫中人物並不像表面上看起來那麼孤單。這幅畫中的背景森林看起來不完全是自然，也同樣受到商業影響，因為森林裡的樹木大小相同，間隔均勻，說明它們是一起栽種的。另外，地面上沒有石頭，表示這裡曾經用於農業。而前景中的幾棵樹則是最近才遭到砍伐，只是很快又長回來，因為它們不像背景那些若隱若現的樹木，每一株的大小各異，顯示這是不久前砍伐後又新栽種的。

從林業的角度來看，畫中最令人費解之處在於前景中的三個樹樁，其中一個向觀眾的左側傾斜，幾乎要連根拔起。在暴風雨期間，樹木確實可能會被吹倒，不過樹樁通常會留在原地慢慢腐爛。這根樹樁是如何被拔起來，又危危巍巍地保持平衡，沒有完全傾倒呢？我能想到的最好解釋是，它在被砍伐之前就開始傾斜，最終依靠在其他樹上作為支撐，也許有一部分的森林被砍伐了之後，讓強風可以長驅直入，將它吹倒。然而，在它左邊的樹木仍然只有中等大小，無法提供太多緩衝作用。此外，這些樹木的樹枝也完全無缺，如果它們曾經支撐過另外一棵樹木的話，勢必會有樹枝折斷或彎曲。奇怪的位置讓樹樁顯得格外生動，而樹根也像一隻幽靈般的手，指向觀眾右側的樹苗。

事實上，整座森林似乎都充滿活力。觀眾右側有一棵冷杉的樹枝似乎直接指向騎兵的頭部，而且所有的樹木都有豐富的表情。森林或許一如往常地表現出無意識的心靈，相形之下，當這個人逐漸融入周圍的森林時，似乎也慢慢失去人性。他的外形像是雲杉，雙腿像莖幹一樣攏在一起，身上一件下寬上窄的棕綠色斗篷，朝著頭盔方向逐漸變細，最後形成像雲杉樹頂一樣的小尖點。如果只是輕描淡寫地掃過一眼，很難不將他誤認為是一棵雲杉。

林業樹木的生死命運

如果入侵的軍隊犯了傲慢的罪行，那麼創造單一栽培森林的人豈不是更罪孽深重嗎？開發整座森林是人們在二十世紀之前大規模奪取權力的少數例子之一，在此之前，森林是風、火、雨等元素的領域。因此，這幅畫的重點或許不是法國入侵或是日耳曼的風景，而是人類。我們會被自己創造出來的東西毀滅嗎？或許，在如此大規模的開發之中，我們放棄了個體甚至人類的身分，與自然世界合而為一。

法語中的「獵人」（chasseur）在日耳曼語中是「Rückenfigur」，也就是我們只看到背影的那個人。弗烈德里希有許多——甚至可能是大多數——畫作都使用了這類圖像，這個人不是敵人，而是藝術家的投影，也是觀眾的替身。[33]我們透過另一人的眼睛看到風景，而這個人卻背對著我們，這樣的效果通常為了是框住場景，防止其移動到無盡的遠處。但是Rückenfigur通常遠離場景，也不是我們關注的焦點。這個圖像有點像小說中的第一人稱敘事者，有一部分代表作者，卻又不完全是作者。如果畫中的人物確實是法國入侵者，那麼藝術家算是相當親密地認同敵人了。

為了讓這個人成為這幅畫的主題，弗烈德里希使用了一個據我所知是這幅畫獨有的技巧。這樣的人物有兩個，一前一後。第二個Rückenfigur是烏鴉。畫家用了這兩個代理人，讓森林成為一個故事中的故事，可以有不同的詮釋。無論這個人是面對死亡抑或只是在散步，似乎都不會比他身邊的森林更重要，甚至也沒有太大的不同。相較於人工栽培的冷杉，烏鴉還更像是大自然的一部分。鳥兒在叫，這個人一定聽得到。這個呼喊是歡迎還是厄運？法語中的「chasseur」可以用來指騎兵，但是更常見的意思是「獵人」。如果這裡指的是後者，那麼獵人是人？還是烏鴉？

以收成為目標的單一作物栽培中，生與死之間的界線非常清晰。每棵樹都注定要被砍伐或鋸倒，愈是高大雄偉的樹木，就愈令人感到心酸。樹木的死亡來得既突然又徹底，取而代之的並不是自己種子冒出來的芽，而是由外面帶進來的其他種苗。

07 森林之主
Lord of the Forest

死亡曾經是個劊子手，但是基督復活讓他變成只不過是個園丁。
當他試圖埋葬你時，其實是在栽種你，你會比以前更好。

——英國詩人喬治．赫伯特（George Herbert）

直到一六五八年，愛德華．托普塞爾牧師（Rev. Edward Topsell）都還能夠指責那些質疑獨角獸的存在或其獸角力量的人是不虔誠的。[1]故事愈離奇，就愈能證明上帝的力量。在中世紀說故事的人彼此相互競爭，讓故事變得更加精彩，冒險家和牧師也是如此，只不過或許會稍微謹慎一些。質疑奇幻故事就是對神的威嚴產生懷疑，因此只要是有適當出處的東西，幾乎都有人會相信。[2]

現代性帶來了一種除魅感，人們開始尋找可能還保有無限可能的地方。第一個找的，就是中世紀手稿的頁邊空白處，其中充滿了最無拘無束的幻想，有時與我們熟悉又完全符合科學的動植物插圖並列。另一個則是異國旅行的記述，那裡充滿了巨人、鳳凰、龍和無數令人驚奇的生物。最後還有煉金術，也成為了偉大夢想的劇場。

森林作為文學母題的變化

魔法森林最初是一種文學手法，旨在塑造一種懷疑的懸疑性，是一個主要在文藝復興晚期和現代早期發展出來的文學母題。因為人類既無法消除魔法，也無法與之共存，只好想辦法替它找到一個安身立命的地方。他們塑造——或者說是召喚——魔法森林，作為某種可以耕耘的保護區。在這個與正常生活至少還保持一點距離的領域，保留了一種強化可能性的感覺。森林成為想像生物的第二個家。然後，隨著森林日益受到馴化和砍伐，這個角色才被新興的無意識心靈概念所取代。

根據心理學家布魯諾．貝特罕（Bruno Bettelheim）的說法，森林代表著「我們無意識中黑暗、隱藏、幾乎無法穿透的世界」。如果我們在心理上無法應對危機，就會走進這個世界；「一旦我們找到出路，我們就會以更高度發展的人性重新出現。」[3]換句話說，我們允許自我分裂成孤立的圖像、偏好、衝動等等，以便在更堅實的基礎上重建。

對佛洛伊德及其學派來說，無意識與壓抑連結在一起，尤其是對性的壓抑，因為那是我們最害怕去思考的地方，所以就在腦海中封鎖起來。而對榮格及其信徒來說，這是一個巨大的圖像和聯想寶庫，只是尚未受到意識察覺。佛洛伊德派認為，有意識的心靈是優先的，因為它已經將無意識材料交付其中；而對榮格來說，無意識才是優先的，因為其中包含大量古老的材料。意識只是文明化之後的產物，是相對現代的創新。實際上，「無意識」一詞的用法很寬鬆，兩種立場之間的區別也不是很清楚。

無論如何區分，取決於個人自我的概念。在現代這個時代的門檻上，客觀世界（或「外在」）與主觀世界（或「內在」）之間的劃分變得更加明顯，人們可能認為內在領域是自主且幾乎包羅萬象的。曾經看似相當簡單的自我，現在已經擴張到包括整個尚未發現、勘測與探索的王國，而到現在為止都還未知的世界，則變成了無意識。

看不見也摸不著，但是卻不知何故被視為是黑暗的無意識心靈概念本身，基本上是民俗森林經過理性闡述的版本，從地理的邊界轉移到人類心靈的邊界。將森林視為無意識的概念，正是史蒂芬．桑坦（Steven Sondheim）廣受歡迎與好評的音樂劇《走進森林》（*Into the Woods*，一九八六）的基礎，在劇中，流行的童話故事重新演繹成心理劇。如今，這已成為流行文化與學術文化常見的現象。

28 與擬人化的森林靈魂對話

在民間傳說、童話故事、心理學與煉金術中，森林是心靈與物質、生命與死亡、夢想與現實、時間與永恆、自然與精神世界的交會點。這是一種原始的、相對未分化的狀態。但是，為了與之對話，我們必須將森林擬人化為單一的存在，某種靈魂。唯有如此，我們才能遵循森林的戒律，與之爭吵，加以摧毀，或是尋求它的智慧。我會將這個人物稱之為森林之主或森林女王。

在森林深處偶遇神靈

義大利藝評家瑪蒂達．巴蒂斯緹尼（Matilde Battistini）寫道：「樹林的中心——通常以一片空地為代表——象徵主角與神靈接觸的神聖場域。」[4]就是在這裡，吉爾伽美什遇見胡姆巴巴、但丁遇見維吉爾、聖休伯特遇見基督、美麗的薇希莉莎遇見雅加婆婆（Baba Yaga）、艾薩克．麥卡斯林遇見老班。唯一需要補充說明的是：在樹林深處具有神性的人物並非一開始就顯而易見，他們可能會以令人恐懼的形式出現，但是通常最後都會給主角帶來好運。

這種神話結構的第一個已知實例就是《吉爾伽美什史詩》。胡姆巴巴是森林之主，在史詩成書之後的數千年裡，仍然在森林的傳說故事中出現。一位英雄，不論是因為生活困苦或是為了追求榮耀，走進森林深處，遇見了森林的守護者。如果英雄殺死了森林之靈，森林就會失去恐怖、野性和活力；但是如果他／她與森林之靈達成和解，就有可能在樹林旁邊過著相對和諧的生活。森林之主或森林女王在童話故事中幾乎無所不在，事實上，魔法森林的主題幾乎都有這樣一號人物存在。

但是，要如何將森林擬人化呢？從中世紀晚期一直到至少十九世紀，人類通常將抽象特質擬人化，變成女性的寓言形象，旨在代表「美麗」、「自然」、「真理」、「正義」、「自由」等特質。森林卻沒有那麼抽象，因此更難理想化。森林的靈魂無法固定在一個單一的、標準化的形象上，因為森林和我們對森林的體驗有太多不同的樣態。為了與整座森林產生聯繫，某個地區的人必須賦予一個大家熟悉的、有形的、且有部分人性化的外觀。在歐洲民俗文學中，森林之主或森林女王通常會結合人類形態與植物特質，例如：綠色、植群的有機曲線、葉子編成的衣服、擁有神祕的力量與能力在遭到砍殺後可以輕鬆地自我療癒。這樣的人物在一開始時可能會令人望之生畏，或是和藹可親，但幾乎都一定至少有某種程度的矛盾。這樣的人物不能輕易標準化，不過就像樹葉一樣，永遠都會更新再生。

森林之主或森林女王住在森林的最深處。如果這號人物是人類，那麼通常是居住在小木屋、城堡甚至洞穴中。沃爾夫蘭・馮・艾申巴赫（Wolfram von Eschenbach）在十三世紀初以中高地日耳曼語寫成騎士史詩《帕西法爾》(*Parzival*)，書中的森林之王是安福塔斯(Anfortas)，他住的地方是一個叫做Munsalvaesche的城堡，即聖杯城堡(Castle of the Grail)，一般人永遠都找不到，只能透過天意才能發現。城堡光彩奪目，但是方圓三十哩內沒有砍過一棵樹。[5]尤其是在指南針普及之前，在森林中尋路最多只能依靠直覺。民間故事中，英雄通常是偶然發現森林裡的神祕建築，幾乎從來都沒有明確的指示，更別說借助地圖了。在十四世紀末不知名作者以中古英語寫成的史詩《高文爵士與綠騎士》(*Sir Gawain and the Green Knight*)中，高文爵士也是用這種方式找到綠色教堂。

29　綠騎士：超自然力量的使者

史詩從亞瑟王的宮廷開始說起，圓桌騎士聚集在宮廷中慶祝聖誕假期。突然間，一個巨大的身影走了進來，是一名全身皮膚和衣服都是綠色的陌生騎士，只見他一手高舉冬青樹枝，一手拿著斧頭，嘲笑亞瑟王的騎士都缺乏勇氣，然後向所有飲宴的賓客提出一項挑戰：在場的一名騎士必須拿起斧頭砍下綠騎士的頭，但是這名騎士必須在明年同一時間找到綠騎士，讓綠騎士砍下他的頭。由於當下沒有人接受挑戰，於是亞瑟王本人挺身而出，接下戰帖，這

原始手稿中的插圖呈現高文爵士與綠騎士，約 1450 年。
人物雖然不是畫得很精緻，但是卻清楚傳達了眾人在看到綠騎士出現時臉上那種揉合了恐懼、訝異和驚愕的表情。

時候，年輕的高文爵士自願頂替，砍下了入侵者的頭。被砍下來的頭顱在地板上滾動，一直滾到仍然可以移動的綠騎士身體旁邊，他撿起頭顱，高高舉起，然後開口說話，叫高文在一年後去綠色教堂找他。

尋找綠色教堂的森林冒險

一年過去了，高文騎著馬出發，身上的盔甲和衣服鑲嵌著精緻的寶石與裝飾，看起來更像是去參加什麼儀式，而不是一趟艱苦的旅程。他的盾牌與服裝上裝飾著五角星，是一個奧祕的標誌，象徵著完美。

他沒有方向，沿途見人就問，要去綠色教堂該怎麼走，但是沒有人聽說過這個地方。他穿過黑暗荒涼的地景，與野人、狼、熊、蛇、野豬和巨人交戰。森林裡有巨大的橡樹、榛樹和山楂樹，地上長滿青苔，正是中世紀想像中的原始森林。

最後，到了聖誕節前夕，高文在約定時間的幾天前來到了樹林裡的一座城堡。城堡裡的人認識他，也期待他的到來，都熱烈歡迎他，並且盛讚他的英勇行為。城堡主人是博迪拉克爵士（Sir Bertilak），留著濃密的鬍鬚，像海狸的毛皮一樣是棕色的。跟他在一起的是他可愛的妻子和一位老太婆，雖然最初沒有透露她的名字，不過看得出來她受到極大的尊重。博迪拉克爵士告訴高文說，從城堡到綠色教堂的路程很短，於是高文同意留在城堡作客，休息到最後一天。博迪拉克去打獵，每天回來時，都會將自己收獲的獵物奉獻給高文。

高文爵士的試煉

第一天晚上，博迪拉克的妻子來到高文的床上，試圖溫柔地引誘他，高文堅決而禮貌地拒絕了她的示好，只允許她親吻他一下。博迪拉克回來後，給了高文一頭他獵殺的鹿，高文則給了博迪拉克一個吻，但是沒有透露所為何來。第二天，主人的妻子再次嘗試引誘他，這次更加咄咄逼人，但是高文只讓她在臉頰上親了兩下。這一天，博迪拉克給了他一頭自己獵殺的兇猛野豬，高文則回敬了他兩個吻。第三天晚上，博迪拉克的妻子用盡手段，只不過無論是奉承或嘲諷，高文都不為所動，於是她給了他一條綠色腰帶，說這可以保護他免受所有傷害。高文接受了腰帶，希望能逃脫斧頭斬首的命運，而她又給了他三個吻。這一天，博迪拉克只帶了一隻獺皮狐狸回來，並將其送給了高文，年輕的騎士給了博迪拉克三個吻，卻沒有提及他祕密穿在身上的腰帶。

到了元旦當天，高文出發前往綠色教堂，結果發現那裡只是一個土堆，綠騎士正在等他。高文低下頭準備接受斬首，但是事到臨頭卻退縮了。綠騎士的斧頭沒有砍下，同時嘲笑高文的懦弱，然後準備再次發動攻擊。這一次高文沒有退縮，但是綠騎士也再次停手，說他只是在試探高文的勇氣。高文告訴折磨他的人，要砍就砍，做個了斷。綠騎士第三次舉起斧頭，但是這一擊只劃傷了高文的脖子。高文履行了自己的義務後，拔出劍來保衛自己。綠騎士隨後解釋

插圖呈現來自印度蒙兀兒王朝（Mughal）的艾哈蒂爾，約1760年。傳統上都將他畫成騎在魚上，顯示他與水的親密關係，而水是一切生命的基礎。

他就是博迪拉克爵士，而這整件事都是由那位老婦人策劃的，她是女巫師摩根仙女（Morgan le Fay），而他與他的妻子只是配合計畫來測試他們的客人。高文因拒絕她的示好而逃過一劫，而脖子上的輕傷卻是因為他戴了腰帶。高文為自己的不誠實感到羞愧，想要歸還腰帶，但是綠衣騎士叫他留著，高文也同意戴上腰帶，時時提醒自己的恥辱。回到亞瑟王的卡美洛宮廷（Camelot）時，宮廷裡的騎士一致決定都穿戴這樣的服裝，紀念高文的這趟冒險經歷。[6]

中世紀的生活充滿了一種神奇的感覺，但是實際上能夠接受的程度仍然有限，而中世紀晚期說故事的人，例如寫下高文事蹟的詩人，可能會玩弄這樣的限制，加上嘲諷。綠騎士最初闖入亞瑟王宮廷的場景，融合了恐怖與喜劇。他突然出現又提出挑戰，整個過程是如此的古怪，以至於騎士一開始可能會因為嚇了一大跳而無法及時反應。尤其是綠騎士並不構成威脅，以常識來說，應該是拒絕挑戰才對。

綠色連結植群與再生力

綠騎士在文學中現身，幾乎和故事中他突然出現在亞瑟王宮廷一樣神祕，沒有明確的模式或先例。他與中世紀傳說的許多其他人物有一些相似之處，像是綠衣傑克（Jack in the Green）、野人和羅賓漢等，但是不能明確地將他跟其中任何一人畫上等號。《高文爵士與綠騎士》的作者肯定在英國教堂裡看到許多綠人（Green Man）的形象，綠人從雕刻的樹葉中出現，身上穿著樹葉，嘴裡還長出更多的樹葉，可能影響了他對綠騎士的概念，儘管該角色身上沒有這樣的葉子。因此，綠騎士與植群的連結僅止於他的顏色和再生能力。

有一派的理論認為，綠騎士的最終範本可能是艾哈蒂爾（Al-Khadr），一位來自阿拉伯文化的古老人物，可能是伊斯蘭民間傳說中的植物之神。這個人物可能可以追溯到《吉爾伽美什史詩》裡的烏特納比什提姆（Utnapishtim），也就是聖經人物諾亞的原型，他與家人在一場大洪水中倖存下來，然後獲得永生。艾哈蒂爾總是穿著綠色長袍，有時連本人也是綠色的。根據傳說，他喝了生命之泉，因此他所到之處都會長出草來。傳統上，他被視為在《古蘭經》中陪伴摩西的一位無名賢者，經常充當超自然力量的使者。[7]

30 綠騎士史詩顯現童話特質

《高文爵士與綠騎士》融合了許多傳統的文學類別，而且在很多方面，似乎更接近童話故事，而不是騎士史詩。騎士史詩通常有更多的線性情節，其中每個事件都是獨特的，並且會直接引導出下一個事件；而童話故事的結構通常以重複為主，尤其是三的組合——三個任務、三個考驗或三個夜晚。[8] 以高文而言，他必須三次拒絕女主人的主動示愛。同時，城堡的主人去打獵了三次，同時在打獵當天結束時，還必須將自己的收獲送給對方。博迪拉克夫人親吻了高文三次，高文又將吻傳給了她的丈夫。隨後，綠騎士用斧頭朝高文的脖子砍了三下，卻每次都中途打住。

儘管有大量的學術研究，童話故事仍然是一個謎，直到近代初期，才開始愈來愈頻繁地記錄童話故事。而它們首次成為認真研究的對象，則是雅各布·格林和威廉·格林編纂的《家庭圍爐故事》（*Tales for the Hearth and Home*），這本書的第一個版本在一八一二至一五年間問世。後來，威廉獨自修訂和擴編這本書，愈來愈著重於將故事改編成兒童讀物，而不是作為正式研究的文物來保存。該書經歷了七個版本，最後一個版本於一八五六至五七年間出版。威廉·格林推論這些故事可以追溯到非常遙遠的年代，但是在近代之前，大多數學者的共識是這些故事相對現代。然而，傑姆希德·德黑尼和莎拉·狄席爾瓦最近的研究證實，其中許多故事已有數千年的歷史。[9]不過，由城堡、惡龍和女巫建構的童話世界，其歷史最早也只是中世紀晚期到近代早期，而不是古代。魔法森林和國王、公主一起成為童話故事修辭的一部分，這尤其是格林兄弟的特色，但是在十九世紀其他編纂者的作品中，從巴伐利亞的法蘭茲·向恩韋斯（Franz Schönwerth）到俄羅斯的亞歷山大·阿凡斯耶夫（Alexandr Afans'ev）等等，也都看得到。

有缺陷的童話英雄

《高文爵士與綠騎士》和其他騎士史詩的不同之處，還在於它不強調武術技能和美德。詩中沒有涉及高文、綠騎士或其他任何人的戰鬥，高文在尋找綠色教堂的旅程中含糊而幽默地暗示了可能的衝突，但是沒有具體說明。在騎士史詩中，主角們總是不斷地戰鬥，有時與怪物交戰，可是一定會與其他騎士交戰。此詩中的高文與大多數騎士不同，除了瑪麗之外，不會獻身於任何女士。他並不是用贏得一位女士的芳心來證明自己，反而是因為拒絕一位女士的示愛。抵抗博迪拉克夫人確實有點像是與怪物戰鬥，只是以一種幽默的方式。在拒絕了她的誘惑兩次之後，高文屈服了——雖然只有一點點——他接受了腰帶，希望能夠讓他刀槍不入。

在這首詩中，高文本人並不是武藝高強。他確實表現出身體上的勇氣，不過並非在戰場上，而是透過信守諾言來做到這一點。事實也證明他是有缺陷的，但是他的失敗並未成為一場罪惡與救贖的史詩戰鬥，只是相對輕微的欠缺勇氣。毫無疑問的，作者已經有點厭倦了陽剛的男性氣概——這是高文在許多其他騎士史詩中的一個特殊缺陷——還溫柔地嘲諷了一番。他筆下的高文很像童話故事中的英雄，他們的傑出之處並不是什麼特殊能力，反而是一顆善良的心。[10]在這首詩中，高文的騎士地位好像幾乎是偶然的，將場景設定在亞瑟王的宮廷，就有點像是從「很久很久以前」開始說故事，一切都是在一個不確定的、浪漫的過去，一個如此神奇和遙遠的年代，彷彿是世界的開端。高文故事的基本軌跡也很像童話故事：主角為了證明自己，在少年時離家，然後以成年人的身分回到家中。大多數歐洲童話的主題都是成長。

31 煉金術：神祕的身心轉化過程

在文藝復興時期和近代早期，煉金術就是一種轉化的技術，尤其是將普通金屬轉化為黃金。而與這項追求密切相關的，則是尋找魔法師的寶石——據說具有許多神祕的特性——以及尋找可以讓人長生不老的靈丹妙藥。然而，這些追求不僅僅是尋找寶藏或混合化學物質，因為煉金術士相信，只有達到精神上純潔無瑕的人才能實現這些目標。他們用複雜的符號和寓言來表達身體和心理的轉化過程，就像中世紀晚期在書頁空白處的旁註一樣奇妙，但又沒有那麼古怪，反而是多了一點神祕。

就內容與風格而言，童話故事和煉金術著作之間有許多相似之處。[11]煉金術和講故事一樣，是一種跨越社會分裂的精緻活動。從老彼得·布勒哲爾到楊·斯堤恩（Jan Steen），許多藝術家都描繪了來自社會底層和上層的煉金術士，他們的世界就像童話故事一樣，一個單純的鄉下人確實可能——至少可以夢想著——跟王子或公主結婚。此外，煉金術士往往非常神祕，使用高度抽象的符號來談論他們的發現，就像童話故事中的奇幻圖像一樣。煉金術和童話故事通常都認為宇宙是萬物有靈的。煉金術士相信，在通往完美的道路上，所有的元素都必須受苦；而童話故事則是充滿了會說話的動物，甚至植物。還有，煉金術士與說童話故事的人都有一種罕見的樂觀情緒，所以故事的結局往往都是主角「從此過著幸福快樂的生活」。他們相信一切事物都會自然而然地走向完美，就像不值錢的金屬注定會變成黃金一樣。煉金術的過程就如同個人的修煉，是個人靈魂愈來愈接近上帝的過程。

菲利普．加勒（Philips Galle），仿老彼得．布勒哲爾創作的
《煉金術士》（*The Alchemist*），1558 年後，版畫。
這位煉金術士在一個非常擁擠、骯髒的鄉下環境中工作，
但是他不受任何干擾，專注於他的工作。
和許多藝術家一樣，他給人的印象若不是全心奉獻的英雄，就是個不負責任的人。

以轉化為基礎的斬首遊戲

煉金術與童話故事的另一個相似之處在於，民間文學中，斬首通常是一種除魅的手段，讓真實的自我得以顯現。例如，蘇格蘭故事〈世界盡頭之井〉(The Well of the World's End)就是這種情況，它是格林童話中著名故事〈青蛙王〉(或稱〈青蛙王子〉)的最古老已知版本。一隻受到魔法附身的青蛙，要求一位年輕女子將他斬首，讓他恢復人類形態。[12]高文爵士故事中的斬首遊戲，最初可能也是以這樣的轉化為基礎：斧頭一擊將一名遭到魔法附身的騎士變回了人形——博迪拉克爵士。而讓綠騎士變形的人則是詩人，至於他的真實形態(如果有的話)，則仍然不可知。[13]

心理學家約瑟夫・韓德森(Joseph L. Henderson)有意無意地用了煉金術的意象，來描述進入成年的過程。對主體來說，「他的身分認同被暫時肢解或溶解在集體無意識之中。從這樣的狀態，再經由一個**新生**的儀式解放出來。」[14]這段描述似乎也很適用於高文：在綠騎士的斧頭連續三擊之後，高文又恢復了活力。因此這個過程並不只限於邁入成年的年輕人，也可能以一種相對比較戲劇性的方式發生在某個面臨個人危機的人身上，或是以一種比較溫和的方式發生在某個只是在林中散步的人身上。一個人向「外在世界」——也就是其他人——展示的自我被暫時擱置，如身分和社會地位之類的東西失去了意義。人的注意力分散到許多奇怪而美麗的生命形式，等到他走回城鎮時，舊的自我又會重建，或許重建後的自我也會有一點不同。

《高文爵士與綠騎士》詩中的斬首遊戲，首次出現在古老的愛爾蘭故事《布里克里的盛宴》（*Bricriu's Feast*），故事中舉行慶祝活動的是烏爾斯特（Ulster）的英雄，庫胡林（Cú Chulainn），相當於高文爵士的角色，而庫拉歐伊（Cú Raoi）則扮演綠騎士的角色。[15]庫胡林是太陽之子，而一直到一四八五年，大約是《高文爵士與綠騎士》的一百年後，馬洛禮寫的《亞瑟王之死》中，高文這個人物都還保留了強烈的痕跡，顯示他的起源是太陽。我們知道，高文的力量與戰鬥力就跟太陽的力量一樣，在早上增強，可以在三個鐘頭內維持最高水平，然後從中午開始減弱。有一次，當亞瑟和蘭斯洛交戰時，站在亞瑟這邊的高文向蘭斯洛挑戰，要一對一單挑。蘭斯洛接受挑戰，然後一直都只是防守，直到中午才發動攻擊，重傷高文多處，其中一處還是在頭部。高文很快康復，又再度挑戰蘭斯洛，但是結果還是一樣。等到他復原後，才正要第三度挑戰時，亞瑟王決定撤退。[16]高文不僅表現出非凡的力量，而且還有驚人的復原力，就像太陽在晝夜、冬夏的循環。

在《高文爵士與綠騎士》詩中，高文盾牌上裝飾的五角星代表純潔、黃金，同時也讓人聯想到太陽。斬首——就像高文一開始對綠騎士所做的事——也是煉金術中淨化初始階段的常見象徵，稱之為「黑化」（Negredo）。[17]無論是高文斬首綠騎士，或是一年後的回報，都約莫發生在冬至，也就是一年中陽光最弱、夜晚最長的時間。它代表太陽的死亡以及在新的一年又重生。

自然淨化更新的寓言象徵

綠色教堂——後來發現只是一個土丘裡面的空間——有點像煉金術熔爐。高文在城堡裡度過的三個晚上，則暗示煉金術中的重複過程，可能是金屬純化的三個階段。整個故事讓人聯想起綠獅（有時是綠龍）吞噬太陽的象徵，這是煉金術士經常用來代表淨化的寓言象徵。[18]太陽是黃金金屬，而綠獅或綠龍則是硫酸，可以腐蝕金屬雜質。這也暗示了我們所知的光合作用過程。雖然尚未得到科學證實，但是植物渴望陽光是顯而易見的事實，它們總是向陽而生，如果沒有陽光，就會死亡。太陽滋養草木，其恩惠永不枯竭。根據歷史學者強納森・休斯（Jonathan Hughes）的說法，「綠騎士是銜尾蛇（uroboros）或龍的另一種表現形式，是硫磺或自然的精神，也是大自然擁有無限自我更新能力的原則。」綠騎士在高文脖子上的淺淺一刀，也可以代表袪除污染物。[19]

綠騎士居住的古老森林代表著煉金術轉化前的黑暗、原始物質。當他第一次闖入亞瑟王的宮廷時，一手拿著的冬青樹枝和另一手拿著的斧頭，分別代表著生與死，然而這二者是相互矛盾的。冬青是基督教的象徵，葉子是基督的荊棘王冠，而漿果則是祂的血。任何樵夫都知道，斧頭不僅能砍倒樹木，還能刺激新生，因為砍樹之後就引進了陽光。綠衣騎士帶來了啟蒙，向高文傳授出生、死亡和復活的祕密。

綠獅吞噬太陽，取材自煉金術和薔薇十字會（Rosicrucians）手冊，約 1760 年。

亞瑟·拉克姆（Arthur Rackham），童話故事〈糖果屋〉裡
韓塞爾和葛蕾特遇到邪惡女巫的插圖，1909 年。
此處的醜老太婆看起來與俄羅斯的雅加婆婆沒什麼不同。

08 森林女王

Lady of the Forest

走出去，到森林裡去。走出去。如果你不走進森林，什麼事都不會發生，你的人生也不會開始。

——美國詩人克萊麗莎・平蔻拉・埃思戴絲（Clarissa Pinkola Estés），《與狼同奔的女人》（*Women Who Run with the Wolves*）

一道鮮血從高文的脖子滴流下來。他跳了起來，準備再戰，但是綠騎士卻平靜地啟發、讚揚並溫柔地責罵高文。短短幾行字，就讓綠騎士從惡魔變成了近乎神聖的人物，但是他既不居功，也不擔責。騎士解釋說，是女巫師摩根仙女一手策劃了高文的冒險，而不是他。她派他去亞瑟王的宮廷，目的是為了嚇死她的死對頭桂妮薇兒，同時也為了羞辱圓桌騎士。綠騎士稱摩根為女神，基督徒可能認為這是褻瀆。

事實證明，高文一生的命運都是由有權有勢的女性之間的衝突決定的，這些女性大多對他的興趣不大，而對彼此更感興趣：摩根、桂妮薇兒、博迪拉克夫人和他的神聖保護者瑪麗。她們與亞瑟王朝中的其他女人一起組成了一個女性世界，整體而言，她們的力量跟男性對手至少旗鼓相當，只不過她們的世界只是偶爾與男性世界交會，大多是透過婚姻和風流韻事。男人的權力大多是世俗的，透過武力來展示；女性的力量則是透過魔法和陰謀來行使。

亞瑟王史詩構成了文學而非口述傳統。這些故事在英語、法語、德語和其他歐洲語言的史詩中重述過無數次。但是，其中充滿了民間傳說流傳下來的人物。除了伊斯蘭藝術中的艾哈蒂爾和基督教藝術中的綠人之外，綠騎士也讓人聯想起狂野獵人（Wild Huntsman）。他所居住的高地荒原城堡（Hautdesert Castle）就像民間傳說中所描述的仙境，因為那個地方有不間斷的飲宴狂歡，又瀰漫著巨大危險感。

代表原始自然的女性形象

自然通常（儘管並不是百分之百）被視為是女性，因此亞瑟王朝的女性或許集體代表了自然世界。在歐洲民間傳說和神話中，與植群或水有關的森林精靈主要都是女性。在希臘羅馬神話中，女性的林地精靈包括住在樹內但是可以離開的樹精，以及同樣住在樹內但是一旦樹木倒下就會隨之滅亡的樹神（hamadryads）。亞瑟王故事中的湖中女神就有點像是林地精靈，大致可以跟希臘羅馬的水中仙女（water nymphs）、斯拉夫的水中女妖露莎姬、塞爾維亞的維拉斯（vilas）、德國的水精靈（nixies）、法國的美露辛（Melucine）和海洋文化中的美人魚等相提並論，這些也都是與水體相關、擁有強大力量的女性精靈，雖然危險，卻往往會對她們心愛的人伸出援手。在中世紀鼎盛時期的騎士史詩，有愈來愈多的作者將命運三女神（Fates）、水中仙女、水精靈、超凡脫俗的情人以及其他超自然的女性人物統稱為「仙女」。[1]在心理學中，森林通常被解釋成象徵「未經探索的女性氣質」。[2]

摩根仙女的形象在屬於亞瑟王朝的文學作品中扮演了無數的角色，有時候是湖中女神，有時候會幻化成不同形態。她可以是善良的治療師，也可以是邪惡的女巫；可以是保護亞瑟的女神，也可以是他的敵手。她的角色遍及無數故事，其中唯一不變的是她的女性氣質和巨大力量。無論好壞，她都是女性。在大多數時候，她會以年輕女子的形象出現，但在《高文爵士與綠騎士》中，卻是一個老太婆。

另一個與高文相關的類似人物，則是喬叟《坎特伯里故事集》（*The Canterbury Tales*）中巴斯夫人所講述的故事裡那位厭惡女士（Loathly Lady），她可以隨時變化外型，時而年老醜陋，時而年輕貌美，端視她的目的為何。摩根也類似希臘羅馬神話中控制著眾神命運的命運三女神，或是她們在北歐神話中對應的角色諾恩三女神。在維吉爾的《伊尼亞斯紀》中，有位來自庫邁的西碧爾（Cumaean Sibyl），是個睿智又有洞察力的老婦人，她注定會日漸消瘦，直到最後只剩下聲音。其他具有超自然力量的老太婆還包括在北歐神話中代表老年的艾麗（Norse

Elli）、格林童話〈魔鬼的三根金髮〉（The three golden hairs of the Devil）裡魔鬼的祖母。至於善良的變體則包括義大利的貝法娜（Befana）——她在聖誕節為孩子們帶來禮物——以及德國母親霍莉（German Mother Holle）——年輕女孩的守護者。最後，還有萬聖節的「邪惡女巫」，只不過她通常帶著愉快的微笑，看起來一點也不會特別「邪惡」。這個人物是女性的，體現了自然世界；同時也是古老的，因為適合遠古的傳承。為什麼在一個以亞瑟王統治初期為背景的故事中，當高文似乎充滿了青春活力，未來潛力無窮時，會將摩根描繪成老婦人呢？這種對比以戲劇化的手法表現出亞瑟王宮廷的相對純真和女巫師的原始力量。

32 雅加婆婆：反映人類對自然的矛盾心態

民間傳說中最原始的女巫師之一，就是俄羅斯的人物雅加婆婆。在亞歷山大・阿凡斯耶夫編纂的書中，有個故事叫做〈美麗的薇希莉莎〉，其中就對這號人物有詳盡的描述。雅加婆婆住在森林深處，一棟用雞腿搭建的房舍，周圍是人骨製成的柵欄，屋頂尖塔上放著人的骷髏頭，一對眼睛還閃閃發亮。她的房舍大門用人腿做門柱，人手做門閂，還用一張長著尖牙利齒的大嘴當做門鎖。她坐在研缽裡飛行，用研杵推動研缽，還一邊用掃帚清掃身後的道路。

她又老又醜，會將人放入烤箱烘烤，再像吃烤雞一樣吃掉他們。[3]雖然雅加婆婆沒有丈夫或情人，但是有時卻有女兒，長像與她相仿。有些故事還說她的女兒是蟾蜍、青蛙、蛇、蜘蛛、蠕蟲和其他令人毛骨悚然的爬蟲動物。[4]

儘管雅加婆婆很可怕，不過若是有人誤闖森林，來到她家，有時她也會幫助他們。安德烈．約翰斯（Andreas Johns）對這個角色有詳盡的研究，他寫道：「雅加婆婆與自然的多重聯繫，讓許多作者將她詮釋為自然森林的隱喻化身、自然女神或女性的圖騰祖先。」他又補充說，她身分的矛盾與曖昧反映了我們對自然世界的矛盾心態。[5]

俄羅斯故事〈美麗的薇希莉莎〉

這一點在暗黑而美麗的俄羅斯故事〈美麗的薇希莉莎〉中顯而易見。薇希莉莎的母親在臨終前送給薇希莉莎一個洋娃娃，叫她好好藏起來，不時地餵它，遇到問題時可以徵求它的意見。不久之後，經商的父親再婚，新繼母帶來了前一段婚姻留下來的兩個女兒，三人都嫉妒薇希莉莎的美貌。她們指派她做所有的家事，卻不知道其實這些事情都是這個洋娃娃完成的。

一天晚上，父親又外出經商，一名繼女按照繼母的計畫熄滅了屋裡的最後一根蠟燭，隨後，兩名繼女要求薇希莉莎去找雅加婆婆取光。薇希莉莎帶著洋娃娃，感覺心安一點，走進森林深處，直到有一天早上，來到雅加婆婆的小屋。這時候，老太婆也來了，還說她能聞到

伊凡・比利賓替〈美麗的薇希莉莎〉故事繪製的插圖，
薇希莉莎手裡拿著眼睛發亮的骷髏頭，1900 年。

伊凡・比利賓（Ivan Bilibin）替〈美麗的薇希莉莎〉
故事繪製的雅加婆婆插圖，1900 年。

俄羅斯的肉味。薇希莉莎向她要光，雅加婆婆卻說只要她在屋子裡工作，就可以拿到光，但是如果她拒絕的話，就會被吃掉。薇希莉莎答應了，但是大部分工作還是洋娃娃做的。有一天，雅加婆婆問薇希莉莎是如何完成這麼多工作的，薇希莉莎回答說，這是藉助她母親的祝福。雅加婆婆說在她家裡不會有任何人受到祝福。她將薇希莉莎帶到屋外，從一根柵欄柱取下一顆眼睛閃閃發光的骷髏頭，然後送她回家。

薇希莉莎回到家時，發現她住的房子一片漆黑。她從繼母那裡得知，自從她離開後，家裡的火就再也生不起來。繼母將骷髏頭帶進屋內，骷髏頭的目光始終盯著繼母和兩個繼女。她們試圖躲藏，但是骷髏頭的目光卻如影隨行，直到她們被燒死為止。薇希莉莎埋葬了骷髏頭，並在第二天進城找工作。一位老婦人給了她亞麻，薇希莉莎在洋娃娃的幫助下將亞麻紡成上好的亞麻布。老婦人將布料進貢給沙皇，沙皇大為驚艷，希望薇希莉莎為他裁製襯衫。最後，薇希莉莎嫁給了沙皇，並帶著父親和老婦人一起住在沙皇的宮殿裡。她一生都會好好保管這個洋娃娃。[6]

跟許多其他童話故事一樣，這個故事不僅有女主角，而且發生在女性領域，活躍的角色都全是女性：薇希莉莎、她的母親、繼母、繼姊妹、雅加婆婆和老婦人。俄語中的「洋娃娃」一詞是「kykla」，是個陰性名詞，而洋娃娃做的工作在傳統上也是女性的任務，因此它可能也是女性。父親的角色在故事裡完全是被動的，沙皇本人也只是個戰利品丈夫。這個故事說明了在童話王國中，森林代表女性領域。

童話與啟蒙儀式的關係

如前文所述，儘管有大量的學術研究，童話故事的起源仍然難以捉摸。俄羅斯民俗學者弗拉基米爾·普羅浦（Vladimir Propp）提出一種理論，說童話可以追溯到儀式化的成年啟蒙儀式，當這些儀式不再實施之後，就變成了故事。[7]根據普羅浦的說法，這些故事都涉及走進死亡的世界，因為成年禮就是一種死亡和重生的象徵。當人類社會從狩獵基礎發展到農業基礎時，這些儀式就變成了故事。[8]這種成年禮起源的理論，可以解釋何以有這麼多的童話故事都是從一個年輕人開始，然後他離家去冒險，最後回來結婚，在族群中占有一席之地。根據這個理論，森林既代表死亡之地，也代表成年啟蒙的所在。[9]

普羅浦認為，童話故事——或者說，至少是阿凡斯耶夫的俄羅斯童話集——可以歸納為一個故事，其中有七個角色和三十一段情節，總是按相同的順序排列，儘管不是每一段情節都可以在既有的故事中找到。[10]然而，為什麼要以如此令人眼花繚亂的方式隱藏故事呢？為什麼不簡單地講個故事，然後就結束了呢？如果真像普羅浦所說的那樣，這種原始結構可以追溯到遙遠的年代，那麼為什麼在敘事的原始意義消失了幾千年後，仍然保持不變呢？

然而，普羅浦對某些故事的看法或許是正確的，但是對其他故事則不然。〈美麗的薇希莉莎〉聽起來確實像是對女性神祕的啟蒙，這可以解釋為什麼它跟許多其他童話故事一樣，似乎只以女性形象為中心，還有父親為什麼對於周遭發生的事情似乎一無所知。[11]母親、繼母和幫助薇希莉莎的老婦人，似乎是同一個人物的不同面向。也許她以母親的身分給了薇希莉莎祝福和洋娃娃，但是隨後又儀式性地離開，再以繼母的身分將女兒推出家門，展開啟蒙之旅。等到薇希莉莎回來之後，她再次助女兒一臂之力，這一次，她扮演的是一位年長的朋友。最後，薇希莉莎和她的新丈夫一起為她的母親——以老婦人的形象出現——和父親提供了安享天年的庇護。

〈美麗的薇希莉莎〉故事中發生的事情，比大部分的童話故事都要更格式化、戲劇化。例如：熄滅蠟燭後再將薇希莉莎送入森林的場景，聽起來就很儀式化。既然如此，這個故事確實可能與儀式有關，而且在寫這個故事時，也並未完全廢除這個儀式。在盧莎利亞節（Rusalia festival）——也就是斯拉夫民族的亡靈節，在烏克蘭等地仍然保存至今——女孩子將稻草娃娃（可能跟薇希莉莎的洋娃娃一樣）帶到田野裡，然後透過一系列的舞蹈儀式，保護它們不受母親傷害。[12]

雅加婆婆小屋周圍的骨頭，可能是指許多的墳墓，甚至是被森林遮蔽的村莊。薇希莉莎尋找的光可能是森林中的發光生物，有時又稱為狐火或仙女火。另外也有許多種菌類會發光，薇希莉莎帶回家的骷髏頭甚至可能是一顆發光的蘑菇。

33 〈糖果屋〉：以森林為背景的恐怖童話

長久以來，大家一直將〈糖果屋〉的故事視為格林兄弟風格的典範，其特色就是極度的恐怖，尤其是吃人肉與遺棄的主題，但是卻又毫無違和地融入舒適的中產階級生活。故事主要以森林為背景，那裡是一個充滿恐怖、希望與魔法的地方。當然，還有一個美好的結局。

在〈糖果屋〉的故事中，韓塞爾與葛蕾特是樵夫的孩子。有一天晚上，他們無意間聽到父親和繼母談話。她說他們再也無法養活兩個孩子，建議將他們帶到樹林裡拋棄，之後他們就會餓死或是被野生動物吃掉。丈夫反對這個想法，但是在妻子的堅持下，最後終於點頭同意。當大人入睡後，韓塞爾走到屋外，收集了一些閃閃發光的白色石頭。

第二天早上，父母親帶著兩個孩子走進森林。一路上，韓塞爾不斷地回頭看著他的家。他跟父親說，他在看屋頂上他養的那隻白色小貓，但實際上卻是將鵝卵石扔到地上。樵夫和他的妻子為孩子們生了火，給他們麵包皮，然後離開，可是兩個孩子沿著鵝卵石的記號找到了回家的路。

第二次，孩子們又在晚上無意中聽到父母親計劃帶他們到樹林的更深處，然後拋棄他們。韓塞爾想要再次出去收集鵝卵石，卻發現門被鎖住了。於是，當他們離開時，他改為沿路撒麵包屑。他再次轉身回頭看看自己的家，父親問他在看什麼，他說他在看屋頂上的鴿子，那是他養的寵物。父親和繼母再次拋棄了他們的孩子，但是這一次，當兩兄妹試圖找到回家的路時，卻發現鳥兒已經吃掉麵包屑了。

〈美麗的薇希莉莎〉的變形版本

孩子們跟著一隻美麗的白鳥，將他們帶到樹林裡的一間小房子，房子的牆壁是麵包，屋頂是蛋糕，窗戶是糖做的。他們餓壞了，開始動手吃房子，這時候一名老婦人開門走了出來，他們轉頭就想逃，不過她卻邀請他們進屋子裡，給他們吃了一頓美食，並且讓他們在床上安頓好。

後來他們發現老婦人真的是女巫，房子是她用來引誘孩子的陷阱，準備將孩子煮來吃掉。第二天，她將韓塞爾關進獸欄裡，把葛蕾特當成僕役使喚，要她將韓塞爾餵胖一點，以便可以煮來吃掉。她為韓塞爾提供了美味的食物，而葛蕾特則幾乎快要餓死了。每天，女巫都叫韓塞爾伸出一根手指，讓她看看他是不是胖到可以吃了；可是他卻伸出一根雞骨頭，於是視力不好的女巫決定再等等。

最後，她失去了耐心，決定不管韓塞爾是胖是瘦，都要吃掉他。她命葛蕾特點燃烤箱，燒好開水，然後爬進烤箱裡看看是否夠熱。女巫打算將女孩和她哥哥烤熟了吃掉。可是葛蕾特說她不知道如何檢查烤箱，為了示範給她看，女巫將頭伸進烤箱，葛蕾特趁機將她完全推了進去，並關上烤箱的門。等到女巫被燒死後，葛蕾特將韓塞爾放了出來，他們從女巫家裡拿走了珍貴的珠寶和珍珠，然後回家。這時候，他們的繼母已經去世，有了新的財富，孩子們和他們的父親從此過著幸福快樂的生活。[13]

有人將這個童話故事拿來跟〈拇指湯姆〉（Tom Thumb）做比較，因為後者的主角也是闖進一個食人魔的家，殺死了惡魔，並奪走他的財富。[14]然而，我很確定〈糖果屋〉是另一個版本的〈美麗的薇希莉莎〉。〈糖果屋〉的主角其實是葛蕾特，她在兩個孩子被綁架後主動欺騙女巫，而韓塞爾雖然在故事開始時主動在路上扔石頭，但是後來卻變得被動。韓塞爾反倒成了附屬的角色，有點類似薇希莉莎的洋娃娃。在這兩個故事中，父親都是完全被動的，而且兩個故事裡的食人女巫都住在森林深處一座外形奇特的小屋裡，屋內還有個用來烤人肉的烤箱。韓塞爾為了表示自己沒有變胖而伸出來的雞骨頭，甚至可能是雅加婆婆聯想的遺緒，讓人想起她的受害者——雞。薇希莉莎是被迫離家去尋找光，而葛蕾特與韓塞爾則因缺乏食物而被送走，但是貫穿兩個故事的主題，都是被遺棄在充滿神祕、危險和機會的森林裡。

雅加婆婆的挪用

也許葛蕾特欺騙女巫的方式，就是這個邪惡女巫原本就是雅加婆婆的最有力證據。在阿凡斯耶夫的選集中，有另一個俄羅斯故事叫做〈雅加婆婆與勇敢的青年〉，其中也發生了相同的基本情節。在這個故事中，雅加婆婆有個女兒，她指導女兒烹煮一位勇敢的年輕人。女孩叫年輕人走到鍋子裡，他照做了，卻是將一隻腳踩在地板，另一隻腳頂住天花板，因此鍋子根本無法移動。女孩跟他說這樣做不對，於是他請她示範正確的做法，然後她就自己躺在鍋子裡，勇敢的年輕人則趁機將她推進烤箱。不久後，雅加婆婆回來，吃掉了自己的女兒。[15]類似的情節也發生在許多其他的雅加婆婆故事中。[16]但是，與〈美麗的薇希莉莎〉裡的那個雅加婆婆不同的是，〈糖果屋〉的邪惡女巫似乎是完全邪惡的。

薇希莉莎的故事比那對遭到遺棄的兄妹更融入民間傳說，而且可能更古老。〈糖果屋〉中有許多舒適的中產階級生活暗示，似乎與飢餓勞動者的敘述並不協調。另外在故事中，韓塞爾還養了一隻寵物貓和一隻鴿子，然而飼養寵物是一直到近代早期和現代中產階級興起之後才變得普遍的。故事中特別強調感情，也讓格林童話的風格更接近感性時代的中篇小說，而不是傳統民間文學。

到目前為止，我們所看到的故事，都發生在女性領域內——或許，至少是在女性領域的周圍——有其獨特的價值觀、故事、技能、競爭、期望、儀式甚至各種權力，與男性領域平行發展，有時也與之交會。這一點在〈美麗的薇希莉莎〉中顯而易見，但是在〈糖果屋〉則不然。有人可能將其理解為進步、退化或者就只是改變，然而隨著我們進入現代，這種女性領域也開始瓦解。過去的男性領域獲得了新的普遍性，讓女性愈來愈居於附屬地位，但是對女性世界的懷舊依然存在，女性和男性都有這種感覺。

34 森林女子：原始強大的自然化身

在不同語言中，「森林」一詞的同源詞有不同的語源和關聯，而且無法精準地翻譯。直到近代早期，歐洲大部分地區都還是普遍使用拉丁語中陰性的「silva」來指森林。法語的「forêt」也是陰性，但是德語的「Wald」和俄語的「les」則是陽性。至於代表森林的人物，則可能是男性，如胡姆巴巴，也可能是女性，如雅加婆婆。

隨著歐洲人日益都市化，森林開始代表「他者」，從男性群體來說，就意味著是女性。森林是一種原始的子宮，從中孕育出文明。從有害的男性陽剛主義角度來看，這意味著森林成了必須征服或壓制的東西，歐洲殖民者在新發現的世界各地也通常採取這種態度。森林有時被稱為處女地，更是明確暗示掠奪森林有點像剝奪女孩的初夜，甚至是強暴。

然而，森林也是一種墓地，村莊甚至整個文明最終都將被埋葬在這裡。這個地方充滿了祕密和令人難忘的女性神祕感。住在森林深處的女巫師成為浪漫主義文學中的常見主題，尤其是在德國，其主要來源是中世紀晚期騎士唐懷瑟（Tannhäuser）的傳說。在格林兄弟記錄的版本中，他騎馬穿過一個偏遠地區，走訪女神維納斯居住的那座山。他在山裡住了一段時間，感到內疚，也開始想家，於是唐懷瑟決定離開。維納斯竭盡全力說服他留下來，甚至許諾要將她的一位侍女嫁給他為妻，但是唐懷瑟不為所動。他去向教宗懺悔自己的罪行並且開始苦行贖罪，不過教宗告訴唐懷瑟，只有在教宗的權杖長出綠葉時，他才會得到寬恕。騎士沮喪地離開了，但是三天後，權杖確實開始開花。教宗派遣特使去找唐懷瑟，只是為時已晚，因為他已返回山上了。[17]

這個故事講述了尊崇女性特質的騎士精神與愈來愈嚴重的基督教父權形式之間的衝突。女巫師被視為希臘羅馬神祇，但是偏遠森林的位置和死亡手杖發芽的主題，則暗示著一位更本土的生育女神，也許與摩根仙女不同。[18]在傳說和浪漫文學作品中，這位女神可能是老嫗，也可能是妙齡女子。在路德維希．蒂克（Ludwig Tieck）的故事〈盧恩山〉（Der Runenberg）中，這兩個形象相互輝映。她既是一位年老的少女，也是一位年輕的老太婆。

〈盧恩山〉的神祕女性

故事一開始，有位名叫克里斯蒂安的年輕人對原生村落的家居生活感到不滿，沒有像父親那樣從事園丁工作，而是成為一位獵人。有一天，他覺得沮喪，幾乎在不知不覺中拔出了一根曼德拉草的根。他聽到一聲可憐的呼喚，彷彿整個大自然都在悲鳴，他開始逃跑，隨後看到一個陌生人站在他身邊。他們愉快地交談了一會兒，陌生人指引他去山上森林裡的一座廢棄城堡。

當克里斯蒂安往城堡走去時，道路變得愈來愈荒涼、愈來愈危險。最後，他來到一扇窗前，探頭往裡面一看，看到寬敞的大廳，裡面裝飾著水晶與各種寶石。大廳裡有位身材高大、看起來孔武有力的女人，散發出一種嚴肅又超凡脫俗的美感。她唱起歌來，喚起古老的靈魂，脫掉衣服，然後大步在大廳裡走來走去，長髮披散在身上。她拿起一塊寶石做的石板，凝視良久，然後走到克里斯蒂安面前，打開窗戶，把石板遞給他，說：「用這個來紀念我。」克里斯蒂安如夢似幻地抓起石板，匆匆走開。黎明時分，他發現自己身處遙遠的山坡，而那塊石板卻消失無蹤。

他回到自己的村莊，安定下來，結婚生子，務農種田，過了一段幸福的日子。有一天，一條人影走近，乍看之下似乎是當年在山上遇到的陌生人，但是等那人走近，才看出原來是一個醜陋的老嫗。她用可怕的聲音問了一些關於他的問題，然後表明自己就是森林裡的那個女人。當她轉身離開時，克里斯蒂安又看到當年在盧恩山上從城堡窗戶看到的那個肢體強健女人，因為這三個都是同一個人。後來，克里斯蒂安發現自己深受她的吸引，無法自拔，於是他拋妻棄子，從山上一座廢棄的礦井爬下去，找到了森林裡的女子，對她言聽計從，在地底撿拾寶石。

唐懷瑟傳說中的維納斯，顯然是皮膚如大理石雕像般美麗，但是在這裡卻比希臘羅馬的神祇更原始。吸引克里斯蒂安的既不是愛情，也不是慾望，而是認識到大自然的浩瀚，每塊石頭、每一棵樹都有聲音，突顯人類文明的渺小。他不可能成為農夫或園丁，因為自從他拔起了曼德拉草之後，他就了解植物的悲歌了。

嚴肅文學——實際上，一般的藝術也是一樣——經常為我們提供廣闊的視野，在這樣的視野中，我們大多數日常關注的問題以及隨之而來的虛榮心，很容易被貶抑到微不足道的程度。它們揭示了我們所認為的「常識」大多是一種幻覺。這會帶來許多危險。人們可能認為藝術家很傲慢，而他們很可能是對的。更嚴重的是，這會帶來一種疏離感，進而導致對他人的麻木冷漠或迷失方向。故事最後的克里斯蒂安是薩滿、瘋子還是怪物？這留給讀者來決定。

危險卻誘人的女巫羅蕾萊

德國森林詩人約瑟夫・弗賴赫爾・馮・艾森朵夫（Josef Freiherr von Eichendorff）能夠在森林所激發的恐懼、平靜和興奮之間保持微妙的平衡。在一首題為〈森林對話〉（Wald-gespräch）的詩中，艾森朵夫講述了一個很像「森林女子」的角色：

天色已晚，天氣漸涼，
你為何還策馬入林？
樹林廣闊，你卻孑然一身。
哦，美麗的新娘，讓我帶妳回家。

「我傷透了心，才知道男人會如何
說謊、矇騙與欺瞞，當
狩獵的號角響徹林間，
我想，你應該逃跑。」

可愛的女人騎在馬背上，
身上有熠熠發亮的寶石。當然。
上帝保佑我！現在坦白吧，
妳是女巫羅蕾萊。

「我確實是。你還看過
我在萊茵河畔的高聳城堡。
天色已晚，天氣漸涼，
你永遠不會離開這片樹林。」[19]

羅蕾萊（Lorelei）原本是一位帶領男人走向滅亡的女妖，最早出現在克萊門斯・布倫塔諾（Clemens Brentano）寫的一首詩裡，後來流傳下去，成了一首民謠。在這裡，她化身為女巫，也是森林裡危險和誘人美麗的化身。當騎士遇到她時，想像她是柔弱無助，而他才是掌控一切的人，但是他很快就發現女子比他更強大。她會殺了他嗎？還是會囚禁他？他能逃脫嗎？難道她只是幻覺？我們只能憑空猜測了。略顯平淡的標題〈森林對話〉稍微淡化了詩中講述的駭人故事，表示這只是在樹葉沙沙作響中聽到的對話。這首詩是傲慢的人類與自然之間的對話，自然看似脆弱，但是最終比人類強大得多。

35 母樹：傳遞智慧的樹族女族長

無論人類將森林視為危險之地或是救贖之地，都普遍認為森林是女性。這隱含在科學家蘇珊・希瑪爾（Suzanne Simard）提出來的母樹概念，她的研究工作很重要，讓我們看見森林中的樹木如何透過菌根真菌的網絡交換養分與資訊。母樹一詞指的是一棵老樹，成為複雜的真菌物種網絡的中心，並滋養周圍的森林。[20]對她來說，母樹是周邊地區最古老的樹，是熬過種種逆境——如森林火災、蟲害和乾旱等等——勇敢存活下來的一棵樹。這個樹族的女族長將智慧傳遞給她的家人和整個社群。

森林是母系社會

然而，為什麼是「母樹」而不是「父樹」或「親樹」呢？她討論的樹木大多都同時擁有雄性與雌性的生殖器官。在她的自傳《尋找母樹》（*Finding the Mother Tree*）中，希瑪爾生活在一個以女性為主的世界裡，主要與女同事和女學生一起工作，並撫養兩個女兒。雖然她的敘述聽起來並沒有對男性充滿敵意，但是她們似乎都徘徊在女性社群的邊緣，要不是沒有意願就是無法完全融入。希瑪爾不斷地比較舊有的男性林業體制觀點與她自己的發現，前者認為樹木始終都在競爭，而她卻發現樹木不但在家族中彼此滋養，甚至還有跨物種的滋養。對她來說，母樹不僅是一種發現，更是一種理想，因為在她看來，森林是一個母系社會，這個觀點在傳統中可以找到豐富的立論基礎。

理察．鮑爾斯（Richard Powers）在他最近的小說《樹冠上》（*The Overstory*）中，以戲劇手法描述了希瑪爾的發現。書中講述了人與樹相互關聯的故事。母樹是一個沒有方向的大學生奧莉薇亞．范德葛夫（Olivia Vandergriff），她在觸電後因心臟衰竭死亡，後來又死而復活。重獲新生後，她開始能夠聽懂樹木的聲音，成為一群生態戰士的領袖。她和一位名叫尼克．霍爾（Nick Hoel）的運動人士一起在一棵紅杉樹上住了一年，防止伐木工人砍掉這棵樹。最後當她不得不從樹上爬下來時，她和朋友計劃去摧毀伐木設備，可是她卻在意外爆炸中喪生。這群人將她的屍體火化，然後灑在森林裡，只帶走了他們的記憶，就像一棵枯樹的種子一樣。[21] 在我看來，奧莉薇亞及其團隊似乎太渺小了，劇情也太做作，無法輕鬆地與古老森林進行對照。但是不管是哪一位森林女王，都很難與雅加婆婆或摩根仙女相提並論。

09 古典、洛可可與哥德森林
Classical, Rococo and Gothic Woods

不知怎地，樹木與植物看起來總是跟它們同居的人很像。

——美國作家左拉．尼爾．赫斯頓（Zora Neale Hurston）

羅馬帝國的終結與《聖經》中預言的世界末日截然不同，並沒有出現上帝和魔鬼軍隊之間的大規模戰鬥，也沒有惡龍甩尾撞掉天上三分之一的星星，更沒有任何七頭怪獸從海中出來褻瀆上帝。羅馬的衰敗是逐漸發生的，在過了幾百年後回頭看起來，幾乎是和平的結束。中世紀畫家經常將馬槽場景畫在異教神廟的廢墟中，藉以暗示和平過渡到新的時代。早期基督教的世界末日觀逐漸被一種更有循環性的時間觀所取代，主軸是一種上升和下跌的節奏，而這種節奏似乎夠穩定，足以化解歷史的恐怖——至少有時候是這樣。

歐洲與整個世界一樣，長期趨勢都是逐漸砍伐森林，但這個趨勢絕對不是從不間斷的。森林面積不斷縮小或擴大，取決於人口、技術和屯墾模式等因素。在長期戰爭和飢荒時期，森林面積會擴大，而在相對繁榮時期則減少。以歐洲來說，森林面積最初因羅馬帝國的衰敗和查士丁尼大瘟疫（Plague of Justinian）而成長，但是到了中世紀末期，森林砍伐就迅速增加。[1]這樣的趨勢在十四世紀中葉暫時逆轉，因為當時爆發黑死病，導致歐洲三分之一的人口死亡，但是隨著人口恢復，森林面積再次減少。[2]到了工業化時代，森林開發與經濟週期聯繫在一起，在經濟擴張時增加，在經濟衰退時減少。[3]從十九世紀末至二十世紀初，歐洲森林面積再次擴大，或者說至少是穩定下來，箇中有諸多原因，其中包括人類向新世界遷移、城市化，以及用煤炭取代木材取暖。兩次世界大戰的軍事和經濟破壞導致歐洲森林再次減少，[4]並在二十世紀後半才開始恢復。

展現威望的人工植林

有時森林的再生是自發性的，但是人工植林通常是為了展現土地主人的威望或紀念某些事件。國王和貴族會在通往他們住所入口處的林蔭道上種植樹木，不僅是為了遮蔭，也是為了戲劇性的效果。他們還會保留特別高大的樹木，藉以強調自己家族血統的古老。這些都是舞台布景，旨在將大家的注意力集中到發生重大事件的宮殿上。

到了十七世紀，大規模造景已成為皇室和貴族的當務之急。從文藝復興時期諸如梅第奇等家族的宮殿到凡爾賽宮，這些建築都刻意強調人類對環境的霸權。花園的布局整齊對稱，

詹姆斯・杜菲爾德・哈丁（James Duffield Harding），
《奧斯塔的奧古斯都凱旋門景觀》（*View of the Triumphal Arch of Augustus, Aosta*），
1850 年，版畫。這座異教紀念碑先是改造成教堂，後來荒廢，任其成了廢墟。
在某種意義上，在拱門陰影下平靜工作的牧民是羅馬征服者的後人。

尤金・拉米（Eugène Lami），《凡爾賽宮的大噴泉》
（*The Grand Waterworks, Versailles*），1844 年，版畫。
興建凡爾賽宮的目的就是為了展示人類掌控自然的能力，
大量的水泵甚至可以逆轉水流的方向。到了十九世紀中葉，人類仍然保有這種期望，
但是背景中的樹木在幾乎完全不受控制的情況下重新生長，
甚至到了開始讓人為人工造景感到不安的程度。

彼得·萊利（Peter Lely），《諾森伯蘭伯爵夫人伊麗莎白·沃里斯利》（*Elizabeth Wriothesley, Countess of Northumberland*），1665-9年，布面油畫。伯爵夫人正在指的可能是她的貴族莊園。她站在茂密的森林中，這是為了以戲劇化的手法突顯她領地的歷史悠久。她旁邊有一根柱子的廢墟，很可能是假的，代表她在傳說中出名的血統。

許多樹木都經過精心修剪，故意讓形狀看起來盡可能的不自然。到了十八世紀，造景變得比較幽微和低調，自然不再是需要征服的對手，而是潛在的盟友。森林似乎體現了古老的魅力和權威，從貴族家庭到共和國的各種機構都可以將其神聖化。他們非但沒有公開宣揚地位和權力，反而至少有一部分還刻意隱藏，使他們看起來是自然法則授予的權力。管理森林的方式反映了不斷變化的時尚、政治、藝術風格與哲學思潮。

隨著皇室和貴族的權力沒落，森林的象徵意義被不斷壯大的中產階級所取代。森林吞噬人類建築早已成為眾人熟悉的景象。對歐洲人來說，這些景象引起了人類日益增長的擔憂——儘管有一點含蓄——擔心現代的創新可能會導致世界末日的災難。

36 維柯的文明史：森林是文明興起與衰敗的條件

詹巴蒂斯塔．維柯（Giambattista Vico）是十八世紀那不勒斯一名書商的兒子，從小在歷史氛圍中長大。他徹底研究了拉丁原文的羅馬經典，也用拉丁文書寫他早期的作品。不像遊客只是走馬看花，他幾乎每天都看到羅馬廢墟，所以可能會注意到它們年復一年的衰敗。

維柯闡述了一種歷史循環理論，認為文明首先從森林中出現，而後屈服於森林，接著又再次出現。他的著作《新科學》（*The New Science*）於一七二五年首次出版，講述了一部文明史。一切都從亞當和夏娃被逐出伊甸園開始，當時森林覆蓋了大地，第一對人類夫婦的後代像野獸一樣在森林中漫步，因為茂密的樹林遮住了他們的視線，讓他們幾乎看不到前方，因此也無法形成社會。他們受食慾支配，也不分對象地隨意交配。由於他們完全遵從物質世界導向，因此成為巨人。

首先是眾神時代。巨人的視線只有向上看才不會受到樹木的遮擋，因此他們凝視著天空。就像哥德式教堂的拱門一樣，這些樹木將觀者的視線向上引導到上帝的居所。他們看到閃電，這似乎是朱比特現身。巨人們驚恐萬分，紛紛躲進洞裡，開始形成人類社會，有宗教、婚姻，也懂得埋葬死者。接著就是英雄時代。人們燒毀森林，從事農耕。像赫丘力士、阿基里斯這些英勇戰士都外出歷險，而荷馬等吟遊詩人則為人類文化奠定了詩的基礎。最後才是人類時代。人們在都市定居，並試圖以理性為基礎來治理社會。社會連結逐漸崩解，直至社會被自然災難、戰爭和墮落所摧毀。森林又奪回土地，循環再次開始。維柯使用的主要例子是大洪水。在諾亞的兒子中，雅弗（Japheth）和含（Ham）徘徊在重新長出樹木的大地上，淪落至獸性狀態。只有閃（Shem）的後代子孫，也就是希伯來人，保留了他們的文明。[5]

人類起源的心靈意象

幾十年來，維柯的著作一直鮮為人知，直到浪漫時期，普魯士的赫爾德（Herder）、英國的柯勒律治（Coleridge）和法國的米榭勒（Michelet）注意到這本書，才開始發揮影響力。維柯以詩意的方式思考，主要是透過圖像，這使得他的思想能夠在潛移默化之間滲透進歐洲文化，這個過程又是如此的毫無扞格，因此人們永遠無法分辨他的影響何在。十八世紀雖然有寬鬆的版權法規，但是心靈意象通常還是會在不知不覺中流傳。人類起源的暗黑森林、在森林中瞥見朱比特以閃電的形式現身、早期人類擠在洞穴裡等等：維柯描述的這些意象會在藝術、科學和文學中出現，通常也沒有指明出處。

人類起源於森林的觀點是現代版的維吉爾神話，認為第一個人類是從樹上誕生的。然而，維柯所說的森林本身就是一個神話。人類在森林中很容易見到彼此，當然足以形成社會連結，從澳大利亞到非洲和美洲的森林原住民文化就證明了這一點。尤其是在古老的森林中，林下樹層通常不是很茂密，樹幹之間有足夠的空間。相形之下，反而是很難透過茂密的樹冠看到天空。

另外，森林是原始景觀，而廢棄的土地最終一定會回歸原始景觀的說法也不盡正確。樹木的生長可能會受到氣候、土壤、草食動物、火災等因素的抑制，同時還有針葉林、草原、沼澤、沙漠和難以分類的各種景觀。維柯想像中人類起源的森林類似塔西佗的《日耳曼尼亞》或但丁的暗黑森林，簡而言之，就是一片原始混沌的形象。儘管如此，他仍將黑暗的原始森林視為希望之地。

維柯闡明了一種神話概念，這種概念已經有一部分隱含在歐洲文化中，即森林是原始起源，是文明最初興起並且最終衰敗的條件。然而，他所指出的發展階段並不是連續的，而是同時並存的，因為文明的三個階段可能同時出現在世界的不同地區，森林成為一個文明地位的指標。誠如法國作家夏多布里昂（Chateaubriand）所說：「森林先於人類，沙漠則在人類之後。」[6]在維柯寫作時，歐洲開始出現不同的森林概念，這倒不是因為維柯的影響力，畢竟他的影響力始終侷限於一小部分知識分子，這可能也不是維柯有意為之的問題。但是藝術和文學中的哥德式森林大致對應於他所說的眾神時代，古典森林對應英雄時代，而洛可可森林則對應人類時代。

37 古典森林：希臘羅馬文化啟發的自然聯想

到了十七世紀，曾經是羅馬鬥士彼此搏鬥、屠宰動物的羅馬競技場，早已成為雜草叢生的廢墟，只有牛羊在裡面安詳地吃草。龐貝城與最近才剛出土、距離那不勒斯不遠的赫庫蘭尼姆城（Herculaneum），都被火山爆發的熔漿淹沒，迎來了更宏偉的世界末日結局。旅遊業，尤其是在藝術家之間，越來越受歡迎，那不勒斯成為僅次於羅馬的最受歡迎景點。這些景點並未高度商業化，也沒有用圍籬圈起來修復或維護，更沒有導遊提供不間斷的解說，並催促團員加快腳步。這段經歷是悠閒而發人深省的。當牧民和其他工人在廢墟中從事日常工作時，遺址就只是在那裡，慢慢地傾圮。

克勞德·羅蘭，《女神與羊男共舞的風景》，1641 年，布面油畫。

克勞德的古典主義風景畫

克勞德·羅蘭（Claude Lorraine，英語世界通常稱他為「克勞德」）是南歐最重要的風景畫家，出生於法國，但是一生中大多數的時間都在羅馬度過。他在義大利，就著黃昏或黎明的柔和光線，畫下了羅馬和那不勒斯所在的坎帕尼亞地區（Campania）的風景。他風景畫的特色就是祭祀希臘羅馬神祇的神廟廢墟和理想化的農民辛勤工作，例如，他的畫作《女神與羊男共舞的風景》（*Landscape with Nymph and Satyr Dancing*, 1641）可能用了古代神話中的人物，可是前景中的神廟卻遭到廢棄，雜草叢生。這些人物是將神祇畫成了農民嗎？還是將農民畫成了神祇？這些畫幾乎沒有描繪任何可以確定日期的歷史事件，因此好像超越了時空，彷彿羅馬帝國從未真正殞落一樣。

那不勒斯的農民以其舞蹈、色彩繽紛的服

克勞德・羅蘭，《廢墟塔村前的舞者與音樂家》
（*Dancers and Musicians before Village with Ruined Tower*），約 1630-60 年，鋼筆墨水畫。

飾、歌曲和民間傳說聞名，他們本身也成為歐洲知識分子無盡迷戀的對象。坎帕尼亞從過去到現在都是出了名的貧窮，不僅遭受火山爆發襲擊，還受到瘟疫、地震和嚴重風暴的荼毒。然而，路過的藝術家卻把當地農民描繪成青春、健康、無憂無慮的樣子。他們可能是強大的羅馬貴族或將軍的後裔，甚至是直系子孫，但是好像沒有什麼特別的差異。

最常見的情境是描繪農民放羊的模樣，這種活動自古以來——至少從荷馬時代——基本上都沒有任何改變。這種職

彼得羅・法布里斯（Pietro Fabris），《那不勒斯的梅格莉娜與唐安娜宮遠景》（*View of Mergellina and the Palazzo Donn'Anna Beyond, Naples*），1777 年，布面油畫。
場景中描繪了漁民在捕魚、農民在烤魚以及其他人在交談。

薩爾瓦托・羅薩，《岩岸邊的強盜》（*Bandits on a Rocky Coast*），
1655-60 年，布面油畫。

業在古代與當代世界之間建立了連續性。農民代表了自然的力量，收復了廢棄的神廟、宮殿和圓形劇場。羅馬和那不勒斯的周邊景色彰顯輝煌的過去，時時提醒我們：人類的成就轉瞬即逝。但是，那不勒斯農民也代表未來，這些「原始」的人曾經建造過一座偉大的城市，並征服了大部分的已知世界，也許有一天他們還會再次崛起。羅馬通常被稱為「永恆之城」，似乎從神話時代就已經存在，過去和未來之間的差別可能變得微不足道。[7]

與克勞德同時期的畫家薩爾瓦托．羅薩（Salvator Rosa，一般稱為薩爾瓦托）經常被視為站在他的對立面，但是其實他們有很多共同點。薩爾瓦托一生中的大部分時間都在羅馬和那不勒斯度過，畫著同樣樹木繁茂、嶙峋崎嶇的風景，還有古代遺留下來的廢墟遺跡和渺小的人物。只不過，克勞德喜歡讓人物在寧靜的天空下工作，而薩爾瓦托則更偏好險惡的天候，也更常畫強盜或士兵，而不是農民。對十八、十九世紀的批評家來說，克勞德是古典風景的縮影，薩爾瓦托則是浪漫主義；克勞德是「美麗」的宗師，而薩爾瓦托則擅長描繪「崇高」。[8]但是這些只是單一進程的一個面向，又或者是一個階段。

38　洛可可森林：樹木繁茂的歡樂莊園

一名穿著優雅的年輕女子在鞦韆上，朝森林樹冠向上盪起來，伸腿一踢，把鞋子遠遠地踢了出去。這是故意的行為，而不是意外。她的表情專注認真，目光盯著那隻鞋子，甚至可能是仔細瞄準的。在她的下方，一名同樣衣著考究的年輕人一直躲著，或者說，是假裝躲著，但是她很清楚知道那個人就在那裡。她故意向上踢，讓他瞥見她的纖纖玉腿。在稍微高一點的地方，有一尊丘比特雕像，看起來栩栩如生，他的手指放在嘴唇上，囑咐大家保持安靜。而在她的下方，則是兩個小天使的雕像。遠處有個男人的身影，用繩子控制著鞦韆。

佩羅設定的童話背景

失去的鞋子可能是一個略帶諷刺意味的母題，取材自夏爾．佩羅（Charles Perrault）講述的《灰姑娘》故事，女主角在離開舞會時丟失了一隻鞋子，讓王子有機會找到她。畫中的鞋子是她送給年輕人的禮物，因為他現在可以到森林裡去找鞋子，然後再找到她，將鞋子歸還給她。也許讀者現在已經意識到，這一場景出自尚－奧諾黑．佛拉戈納（Jean-Honoré Fragonard）於一七六七年創作的畫作《鞦韆的快樂危險》（*Happy Hazards of the Swing*）。[9]佛拉戈納與尚－安東．華鐸（Jean-Antoine Watteau）和佛杭斯瓦．布歇（François Boucher）齊名，並列為法國洛可可風格的重要畫家。

洛可可森林首次出現在夏爾．佩羅於一六九七年出版的童話《過去的故事》（*Histoires ou*

contes du temps passé）。一六六三年，他替法國國王路易十四麾下權傾一時的財政大臣尚－巴蒂斯特．柯貝爾（Jean-Baptiste Colbert）工作，當時他對法國森林的沒落表示深切關注，不過純粹是出於經濟因素。佩羅將他的許多故事背景設定在魔法森林中，[10]有一部分原因是想要強調森林是皇室和貴族的遺產，深具文化的重要性。他最著名的作品就是他這個版本的〈睡美人〉和〈小紅帽〉。他也透過一種俏皮、反諷的語氣，營造一種洛可可的氛圍。灰姑娘跟他筆下的大多數主角一樣，似乎都出身貴族。雖然他的某些角色會暫時陷入貧困，但是他們除了擁有特權地位之外，好像也沒有看到任何人有全職工作或是做什麼事情維生。

灰姑娘遵循神仙教母的指示，在花園裡找到了能讓她光鮮亮麗的物品，而不是在森林裡。不過，以背景而言，二者之間幾乎沒有什麼區別。森林和花園都是皇室或貴族領地的延伸。神仙教母將她的南瓜變成了馬車，老鼠變成了拉車的馬，另外一隻大老鼠變成車夫，而蜥蜴則成了僕役。在舞會上，王子愛上了灰姑娘，可是她必須在魔法消失的午夜之前逃跑，留下可以讓王子找到她的鞋子。[11]

洛可可風格的情色幻想

洛可可繪畫風格最初以十八世紀初路易十五統治時期的高盧貴族為中心。由於前任的路易十四好大喜功，連年持續不斷的戰爭和雄心勃勃的建築工程，讓法國人在精神上和經濟上

尚－奧諾黑．佛拉戈納，《鞦韆的快樂危險》，
約 1767-8 年，布面油畫。

雅克．菲爾明．博瓦雷（Jacques Firmin Beauvarlet）仿佛杭斯瓦．布歇創作的
《釣魚》（*Fishing*，左）與《狩獵》（*Hunting*，右），
十八世紀，水彩版畫。法國洛可可藝術家將森林中的活動變成了情色遊戲，
即使畫中主角是兒童。

都感到精疲力竭，貴族們想找點樂子。洛可可風格改寫了克勞德等古典風景畫家的做法，以適應一個更富裕的環境和不那麼嚴厲的價值觀。

於是古典風景中的農民與神祇被上流社會的年輕貴族紳士與淑女取代。法國洛可可繪畫的主題不再是創作音樂或牧羊，而是稍微帶點情色意味的遊戲。他們可能會盪鞦韆、玩蒙眼抓人或躲貓貓，也經常在林間野餐或調情。他們不再穿著古典簡約的服裝，而是精緻的宮廷時尚服飾，其中包括一頭捲曲的白色假髮。

畫中的背景也不再是真正的古代廢墟，而是昂貴的仿製品，其中包括許多異教神的雕像，尤其是維納斯和丘比特，還有小天使與根本沒有支撐什麼東西的大理石柱。這些

亞伯特・亨利・佩恩（Albert Henry Payne），
仿丹尼爾・喬多維茨基（Daniel Chodowiecki）創作的
《蒙眼抓人》（*Blind Man's Bluff*），十九世紀，版畫。

雕像絕非古色古香，反而經常畫得跟人類幾乎一模一樣，彷彿正在觀察甚或不著痕跡地參與畫中的場景。釣魚和狩獵等活動，也常被用來比喻求愛或引誘。

森林是精心設計的莊園，毗鄰華麗的花園。氣氛確實很歡樂，儘管是那種只有在極度安全警戒下才能帶來的歡樂。內容也可能很離經叛道，卻也只是輕微的叛逆，因為情色越軌至少也跟任何禮儀元素一樣，成了傳統的一部分。愛情也許是一種遊戲，但是其中有很多規則，有些是不成文的規矩，那些不是貴族出身的人，永遠也不會理解。人物的姿勢也很戲劇化，看似隨興自然，不過卻顯然是刻意做作。構圖是基於有機曲線，流動的線條將人類和植群結合在一起。最重要的是，這是對森林的一種情色幻想。在參天古樹的掩映下，那些繁瑣複雜到連貴族都會感到窒息的禮儀規範，都顯得理所當然。

嘻鬧氛圍無以為繼

洛可可風格非常有限。不斷的玩樂很容易顯得無足輕重；永恆的青春期意象可能很迷人，不過也可能黯淡無光。森林本身增添了一絲重量。儘管花園的設計巧奪天工，卻經常是雜草叢生，黑暗的樹枝看似不祥的預兆，尤其是在陰霾天空的映照之下。對我們來說，從事後諸葛的角度觀之，他們甚至真的可能預示法國大革命的到來，終結了那個世界。

尚－安東・華鐸，《牧羊人》（*The Shepherds*），約 1717 年，布面油畫。
右邊跳舞和左邊盪鞦韆的情侶都是貴族，穿著考究，舉止文雅，十分引人矚目，
他們是扮演牧羊人和牧羊女，但是其他的男男女女才是貨真價實的牧羊人。
華鐸是迄今為止法國洛可可畫家中最細緻、最具洞察力的一位，
他溫和地評論了貴族遊戲的徒勞無用。

在這些畫作中，只是稍稍暗示了後來的哥德式森林，植群不受控制的蔓生，岌岌可危。陰暗的樹木彷彿認知到——也許是無意識的——畫作中這種考究的氣氛，終將無以為繼。

這種風格流傳到了英格蘭，像湯瑪斯．根茲博羅（Thomas Gainsborough）和約書亞．雷諾茲（Joshua Reynolds）等藝術家淡化了最初的嬉鬧氣氛，而是借用樹木繁茂的莊園為背景，替貴族繪製肖像畫。洛可可風格持續影響整個歐洲和北美地區的室內設計，尤其展現出熱愛精緻、異想天開和擬人化的裝飾。

39 哥德式森林：掩藏廢墟的陰鬱浪漫

哥德式森林在文學中出現的時間比洛可可稍晚，而且大致與工業革命相呼應。「哥德式」最初且最根本上是北歐與中歐中世紀晚期的一種風格，其發展的頂點，就是大教堂的高聳拱門，就像是形成森林樹冠的樹木。這個名詞後來更廣泛地運用於藝術或文學，描述一種神祕、迷人、激情、高度戲劇化和恐怖的情緒。哥德式森林陰暗、古老、令人生畏，乍看之下似乎無人居住，但是闖進去的人可能都會發現廢墟或小屋，通常位於森林中最荒涼的地方。除了隱士與盜賊之外，這裡可能還住著仙女、女巫、幽靈、巨人、矮人和其他超自然生物。

誠如我們所見，這樣的樹林構成了騎士史詩的背景，與格林兄弟的童話故事最相似。格林兄弟的故事多半以森林為背景，就像夏爾・佩羅一樣，只不過他們將森林變成了中產階級和農民的領域。佩羅喜歡用一種戲謔嘲諷的語氣說故事，但是格林兄弟在講述大多數故事時都非常認真，無論故事內容是多麼的奇幻荒誕。

宗教與世俗破壞的懷想

哥德式小說通常從中世紀歐洲冒險小說結束的地方開始，在相隔了幾個世紀之後，小說中的主角發現了隱藏在森林中的廢墟，並得知過去的黑暗祕密。在安・瑞德克利夫（Ann Radcliffe）於一七九一年首次出版的小說《森林羅曼史》（*Romance of the Forest*）中，主角皮耶・德拉莫特（Pierre de la Motte）瞥見了樹叢間的一棟大型建築物，走近一看，他「看到了一座哥德式修道院的遺跡，矗立在一片無人照管的草地上，被高大蔓生的樹枝遮蔽，這些樹木似乎與建築同一時代，散發著浪漫的陰鬱……長滿常春藤的高聳城垛已經有一半被拆掉了，成為猛禽的棲息地」。[12]

英國詩人威廉・渥茲華斯（William Wordsworth）在一七九八年創作了〈作於亭騰修道院上方幾哩處〉（Lines Composed a Few Miles Above Tintern Abbey），在詩中，作者遠眺看似完整的樹林，修道院的廢墟就隱身其間，他還記得那座廢墟，但是現在卻看不到了。樹林中冒

卡斯帕・大衛・弗烈德里希，
《橡樹林中的修道院》（*Abbey in the Oak Forest*），1809-10 年，布面油畫。

《亭騰修道院》，1807 年，水彩版畫。

出縷縷炊煙，他認為是來自隱士的家或遊民的營地。他們都是亨利八世在一五三二至三三年間強拆修道院的受害者，同時遭到宗教與世俗的迫害。他憶起童年時自然風光帶給他的強烈感受，彷彿在重述人類的早期歷史：

　因為那時候，大自然
（童年時的粗鄙喜悅
以及快樂粗野的動作已成過去）
就是我全部生命。——我無法形容
當時我是怎樣的人。湍流的聲音
像激情縈繞我心。

他跟晚年比較人文的喜好做了對比：

　我學會了
面對自然，不像年輕時
那般的無憂無慮；而是時常能聽到

> 人類之平靜哀傷的音樂，
> 不粗糙、不刺耳，但是具有充分的
> 淨化與安撫功效。[13]

修道院的命運讓人想起人類的暴力，但是大自然卻收復了土地，使其再次成為避難和沉思的地方。這是一個幽靈出沒的廢墟，只不過哥德式的特徵淹沒在一種寧靜超然的基調之中。

以森林襯托歷史暴力痕跡

北國的哥德式畫家延續了克勞德畫廢墟的傳統，經常以黑暗的森林背景，表現建築物終將遭人類遺棄的命運。廢墟也不再以神廟和凱旋門為主，而是史前的巨石柱、教堂、城堡、墳墓和紀念碑。它們不但有自然侵蝕的特徵，而且往往有歷史的暴力痕跡。

普魯士的卡斯帕．大衛．弗烈德里希描繪了扭曲、擁擠的樹木，多節瘤的樹幹和樹枝都在奮力求存。他擅長畫廢棄的教堂，這些教堂與克勞德所畫的神廟不同，不僅僅是棄而不用，還很可能在近代早期的宗教戰爭中就至少被摧毀了一部分。弗烈德里希生活在宗教懷疑論日益高漲的時代，作為一名虔誠的路德教派信徒，他必定在前人的廢棄神廟與他自己時代的廢棄教堂之間看到了某種聯繫，或至少感受到了某種關係。這些描繪基督教廢墟的畫作是種紀念方式，懷想一種似乎正走下坡的宗教，同時也在延續甚至擴展其遺緒。

40 哥德式與洛可可風格的互補滲透

英國評論家約翰·羅斯金(John Ruskin)以一種截然不同的方式看待哥德式藝術。他喜歡哥德式建築的複雜裝飾，認為這是一種自由的藝術，與新古典主義建築那種比較公式化的模式形成鮮明對比。對羅斯金來說，哥德式藝術是不可預測的，同時也經常帶有怪誕的特質，更接近自然世界。哥德式藝術的第一個特徵就是「野蠻」，這個詞彙通常有蔑視的意味，但是在這樣的脈絡中，卻暗示手工勞動與自然元素之間的親密關係。哥德式藝術的特徵不是恐懼，而是茂盛繁複，「大教堂的正面最後消失在如掛毯般的花飾格窗之中，就像春天灌木和草叢裡的一塊石頭」。[14]

然而，羅斯金所描述的，並不是我們通常所想的哥德式。它不會引起恐懼，而且在引人敬畏之時還至少有一點趣味橫生。他說根茲博羅的畫作是「至上的哥德式」，[15]然而時至今日，這些作品通常被視為英國的洛可可風。這兩種風格在辯證的過程中結合在一起，而類似洛可可藝術的東西在羅斯金的文字中重新出現。

顧名思義，古典森林主要受到希臘羅馬文化的啟發，但是洛可可與哥德式森林的表現，則是以伊甸園中亞當與夏娃的聖經故事為基礎。洛可可森林代表了墮落之前的伊甸園，在其中，大自然是仁慈的，人類的統治不費吹灰之力，而且不需要因為性而感到羞恥或內疚。相較之下，哥德式森林描繪了一個墮落後的世界，是天使抽出火一般的劍，將亞當與夏娃趕出伊甸園之後的世界。不過，這兩種風格的差別，基本上只是重點的問題。

哥德式和洛可可風格看似相反，但是二者都是以樹葉圖案為主要基礎，也都暗示一種萬物有靈的形式，因為植物外形通常看似幾乎具有人類的情緒和意志。這兩種態度是互補的。誠如我們所見，洛可可繪畫通常在雜草叢生的花園中包含哥德式元素，尤其是背景中隱約可見的陰暗樹影，經常有威脅的意味；而哥德式大教堂在裝飾大教堂外牆和內部牆壁時使用俏皮怪物和綠人，則包含了一種原始的洛可可元素。

10 原始森林
The Primeval Forest

耶和華神在東方的伊甸造了一座園子，把祂造的人安置在裡面。耶和華神讓各種的樹從土裡長出來，長在園子中央，好看又好吃，其中有生命樹與分辨善惡的知識樹。

——〈創世紀〉，2:8-9（耶路撒冷譯本）

我們現在知道，美洲森林的生長與衰退基本模式，與歐洲並沒有太大的差別。在拉丁美洲，如瑪雅和印加等偉大文明所遺留下來的廢棄城市，也被叢林取代。在現今新墨西哥州查科峽谷（Chaco Canyon）的城市也是如此，只不過後來是被沙漠取代。另一個則是伊利諾伊州的卡霍基亞（Cahokia），那裡的人口曾經可與當時歐洲最大城市相提並論，但是到西元一三〇〇年就已遭到廢棄，成為一片森林和草原。早期造訪北美的歐洲訪客對於這些城市核心區知之極少，甚至一無所知。

美洲大自然蒙上歐洲神話色彩

第一次航行到北美海岸的歐洲人缺乏概念工具，無法準確地描述他們所看到的事物。此外，他們通常都忙於實際任務，無法在文學和科學追求上投入太多心力。結果，他們將自己的見聞與歐洲神話或歷史中的情節聯繫起來。許多探險家，包括克里斯多福・哥倫布（Christopher Columbus）、約翰・史密斯（John Smith）和塞繆爾・珀切斯（Samuel Purchas，「亨利・哈德遜號」〔Henry Hudson〕船上的一名船員），都說他們看到了美人魚。[1]當地的響尾蛇則被認為是蛇怪，一種可以催眠獵物的怪物，甚至還有一些紀錄說牠們可以用目光殺死獵物。[2]

美國的風景也被視為歐洲神話裡的風景。亨利・沃茲華斯・朗費羅（Henry Wadsworth Longfellow）在他廣受歡迎的史詩〈伊凡潔琳：阿卡迪的故事〉（Evangeline: A Tale of Acadie）中，開宗明義說：

> 這是原始森林。有松樹和鐵杉的低語，
> 長滿青苔的鬍鬚，穿著綠色的服飾，在暮色中看不清，
> 像遠古的德魯伊一樣站著，用悲傷的聲音說出預言……

阿卡迪是法國殖民地，包括現今加拿大的新斯科細亞（Nova Scotia）、新布倫瑞克（New

Brunswick）和愛德華王子島（Prince Edward Island）。但是在這裡，遙遠的北美過往成了「凱爾特暮色」。這反過來又轉化為一種農業理想，正如朗費羅所說的「茅草屋頂的村莊，阿卡迪農民的家」。[3]

威廉·卡倫·布萊恩特（William Cullen Bryant）在他的詩作〈森林讚美詩〉（A Forest Hymn）中，一開始就呼應了塔西佗的說法，即早期日耳曼人崇拜的不是神廟而是神聖的樹林：

樹林是神的第一座聖殿，在人類還沒學會
斬斷把手，架設橫梁，
並在頭頂上鋪上屋頂之前——在人類搭建
高聳的穹頂，匯聚並反射
聖歌的聲音之前；在黑暗的樹林裡，
在淒冷與寂靜中，他跪下來，
並向最全能的主致以崇高的謝意
與懇求。[4]

在這片新發現的大陸上有許多神話概念，但是幾乎所有的概念都在某種程度上被視為與歐洲對於世界原始狀況的概念相同，從伊甸園到荒涼的曠野。

將美洲與歐洲的過去畫上等號，旨在減少美洲原住民對其環境的貢獻，並將他們視為屬於自然領域而不是文明領域。殖民者導致印第安人數量減少，並將他們的文化視為「野蠻」或「原始」。在許多方面，歐洲人對美洲原住民的看法，類似他們對克勞德筆下的農民或薩爾瓦托筆下的強盜的看法。這些人物全都被視為擁有原始的生命力，不同之處在於，美洲原住民不像土匪和農民，他們不僅被排除在權力地位之外，也被排除在自己的土地歷史之外。

事實上，根據目前的估計，在哥倫布到來之前，美洲至少有四千三百萬至六千五百萬的原住民，有些學者認為這個數字甚至還更高。[5]美洲原住民可能是透過有控制的焚燒林地來管理地景，就連森林也呈現出開闊如公園般的樣貌，[6]另外還有大面積的空地，包括草地。這樣的樣貌，再加上豐富的動物生命，讓人聯想到《聖經》中的天堂，於是「新世界」也成為眾所周知的「新伊甸園」。與皇室和貴族公園的相似之處，可能也導致清教徒認為美洲原住民整天遊手好閒、無所事事。

與森林對立的殖民屯墾

在歐洲人到來之前，在現今美國東北部一帶，幾乎所有的美洲原住民都住在村落裡，四周有農地包圍，他們在田裡種植玉米和其他農作物。原住民若是居住在規模較大、也比較擁擠的聚落，很容易罹患傳染病，所以他們的社群就愈變愈小，也愈搬愈偏遠，以至於在歐洲人的眼中顯得愈來愈不「文明」。原住民人口因為一波波的疾病而大量死亡，所以美洲原住民再也不能管理森林。此外，來自殖民者的壓力也阻止他們引發或助長大火。到十八世紀中葉，北美的森林變得更茂密、

巴特雷特（W. H. Bartlett），《森林中的棚屋》（*Wigwam in the Forest*），十九世紀中葉，水彩版畫。疾病讓美洲原住民的數量劇減，迫使他們從村莊遷移到狹小的、孤立的社群，使得後來的殖民者認為這是他們的傳統生活方式。

更陰暗，在某些地方，森林的面積達到一千年來最廣闊的紀錄。[7]原住民社群——尤其是美洲原住民社群——遭到破壞，以及隨之而來的森林擴張，可能導致了稱之為「小冰河時期」的全球降溫。[8]

在哥倫布發現美洲大陸之前，北美洲的火災雖然頻仍，但是造成的損失卻很小。火勢快速穿過森林，不傷害成熟、健康的樹木，只燒掉林下灌木叢，並釋放養分。一些本土樹木，如紅杉和短葉松，甚至需要火才能排出種子。在歐洲殖民之後，火災的次數變少，但是災損卻變得比較嚴重。大火吞噬掉堆積的物質，其中通常包括伐木工人丟棄的大量木材。歐洲人把林地變成了他們想像中那種駭人的原始森林。

這一切發生得太快，連殖民屯墾的人都沒有意識到這一連串的發展，似乎融合了與森林對立的圖像。同樣的場景幾乎可以同時是天堂和荒涼的曠野，就像美洲原住民可以同時是「高貴的野蠻人」和「野蠻人」一樣。負面形像很快就佔據了主導地位。十七世紀初，麻薩諸塞灣殖民地（Massachusetts Bay Colony）的第一任總督約翰．溫思羅普（John Winthrop）曾經說新世界是「一片醜惡而淒涼的荒野，那裡除了野獸和像野獸一樣的人之外，什麼都沒有」。[9]清出一塊林地，把這塊地圍起來，奉獻給農作物，就是為了推進文明。森林是魔鬼的領地。早期的歐洲殖民者不僅感到自己受森林包圍，而且擔心自己在這樣的環境中可能也會變得野蠻起來。

尊崇宏偉壯麗的美國地景

然而，恐怖並不全然是一種負面情緒，尤其是對浪漫主義者來說。英國政治思想家埃德蒙．伯克（Edmund Burke）在十八世紀中葉提出了一種理論，稱恐怖是崇高情緒的基礎。[10]這種感覺是對美國廣闊地景的尊崇，那裡有參天的古樹、強烈的對比和遼闊的地平線。隨著時間推移，這種恐怖變得柔和，並與其他情感融合在一起，成為美國風景畫的基礎。它不再是一種惡魔般的力量，反而成為大自然的宏偉壯麗，甚至是上帝的化身。正如美國藝術史學者芭芭拉．諾華克（Barbara Novak）所說：「古老的崇高保留了紳士風範，是浪漫思想對貴族的投射。」你必須有相當大的安全感和舒適感，才能盡情享受險惡的暴風雨、噴發的火山和陡峭的懸崖。她又說道：「基督教化的崇高更容易被大眾接受，也更加民主，甚至是屬於中產階級的。」[11]

十七世紀至十九世紀的歐洲風景畫家，如克勞德、薩爾瓦托和弗烈德里希等人，在各方面都跟美國的同行沒有太大的差別，例如哈德遜河畫派（Hudson River School）的畫家。他們也大致勾勒出文明變成野蠻的這個模式中相同的重點，不過軌跡卻正好相反。歐洲人表現出荒野對文明的蠶食，而美國人則描繪了對野生景觀的征服，二者都帶著類似的矛盾心理來完成自己的任務。遭到摧毀的城堡、神廟或教堂象徵著歐洲風景的變動性，同樣的，剛剛砍伐的樹樁或鐵軌也象徵著屬於美國的風景。歐洲人擔心回到某種原始狀態，卻又常常暗自渴望

約翰・賈斯特（John Gast），《美利堅向前行》（*American Progress*），1872 年，布面油畫。對這位畫家以及與他同時代的幾乎所有同儕來說，美國向西擴張就是進步的代名詞。在這個場景中，它帶來了農業、電線桿和鐵路，同時趕走了印第安人和水牛。

著；美國人擔心他們視為遺產的森林和其他景觀會遭到徹底破壞。

美國自然作家約翰・繆爾（John Muir）在二十世紀初寫道：「美國的森林……一定深受上帝喜愛，因為那是祂所栽植的最好森林。整個大陸就是一座花園，從一開始，似乎就比全球所有其他野生公園和花園都要更受青睞。」[12]詩人墨客經常將美國的森林比作原始的伊甸園，或者像朗費羅和布萊恩特那樣，用美國的森林做為宗教場所的隱喻。問題在於，這樣的隱喻將森林的地位提高到日常生活的世俗模式之上，卻沒有指導人類如何與森林共存。如果這裡是伊甸園，是否意味著人類不需要在其中做任何事？如果它們是神廟或大教堂，是否意味著人類走入森林就只能敬拜沉思？在一個認同向西擴張的國家中，這樣的比較只會令人感

尼加拉瀑布在早期殖民時期就已公認為「自然奇觀」，並開始吸引大批遊客前來欣賞。
這幅 1844 年的水彩版畫——後來經過蘭根海姆（Langenheim）的
銀版照相法處理過——就淡化了歐洲對風景的影響，後來甚至還幾乎完全隱藏。

加州巨型針葉樹的明信片，約 1950 年代。
美國總統班傑明．哈里森（Benjamin Harrison）在一八九〇年簽署立法，
建立第二個國家公園，保護紅杉和紅木。然而，誠如這張明信片所示，
國家公園的地位並非永遠都能保護樹木，免於商業剝削。

到麻木或濫情感傷。

政府積極鼓勵向西擴張，在許多地區，如果不大規模砍伐森林，就不可能實現這樣的目標。但是政府又希望保留一些原始森林的區域，就像博物館裡的展覽一樣，藉以保存部分的原始伊甸園。這些都成了典型的美國地景，因為有高聳的山脈、廣闊的峽谷和參天的樹木等引人格外注目的特徵，所以保留下來。就連五大湖區的松樹林，似乎都還不夠令人驚嘆。此外，自然景觀也被改得看起來像是人類對原始荒野的預設想法。保留未開發的區域當然是重要的想法，但是這些區域的選擇是基於有限的美學，意即強調宏偉壯麗，而不是環境意義或是比較幽微的美。

人工設計的「原始」景觀

自從發現尼加拉瀑布以來，美國人和加拿大人都其將視為他們最偉大的自然奇觀，但是到了一八六〇年代，卻好像失去了大部分的宏偉。水量減少了，因為眾多水量被轉用於發電，為磨坊和工廠提供電力。附近蓋了建築物和其他城市文明設備，有些已經年久失修。到了一八七〇年代末期，由景觀建築師佛雷德里克・羅・歐姆斯德（Frederick Law Olmsted）和卡爾維特・沃克斯（Calvert Vaux）領導的團隊，接受紐約州委託制定一項計畫，恢復尼加拉瀑布的昔日輝煌。

湯瑪斯・科爾，《伊甸園》（*The Garden of Eden*），1828年，布面油畫。
畫家們根據原始的美國風景來想像《聖經》中的天堂。

瀑布外觀的每個細節都經過精心設計。瀑布周圍的建築結構全都拆除或是加以遮掩，另外設計了不顯眼的人行步道和馬車道路，容納大量遊客，又不會顯得過於擁擠。此外，他們還要求各公司不要在旅遊旺季引水，並對水量進行了巧妙的管理，讓瀑布看起來更壯觀。[13]時至今日，唯有透過精心設計的技巧，才能保留野性的印象。

優勝美地山谷是美國第一個受到立法保護的國家公園，早在一八六四年就納入政府保護範圍。但是為了維持這裡是原始景觀的印象，政府不得不徵收農場，並將早期屯墾殖民的整個村莊夷為平地——除了教堂之外。[14]到了一八七二年，黃石公園成立第一座國家公園時，這種欺騙行為變本加厲。為了維持這片領土是原始景觀的假象，政府不僅禁止在那裡生活了數千年的原住民繼續住下去，而且還試圖消弭他們曾經存在的任何記憶，告訴人們說他們被間歇泉嚇跑了。15

所謂的「原始」景觀是指歐洲人到來之前盛行的景觀嗎？還是在美洲印地安人到來之前？或是冰河期結束時？這幾乎從未有明確的定義。事實上，這樣的景觀只存在於神話時代，只是將《聖經．創世紀》中記載的原始景觀予以世俗化。亞當與夏娃最初被安置在伊甸園裡，但是因為他們僭越規範，遭驅逐至荒野。所謂原始景觀的概念既是伊甸園，也是荒野。這樣的景觀土壤肥沃，營養豐富，而且看起來賞心悅目，但是同時又很危險，令人心生畏懼。人們帶著許多矛盾的期望來到這裡，而這些期望可能只能透過藝術解決，而且還只是暫時化解。

41 哈德遜河畫派：記錄荒野消失前的輝煌

從十九世紀初期到中期，相較於歐洲的大城市，美國的藝術與文學仍然以地方色彩著稱。現在被稱為哈德遜河畫派的畫家，是第一批獲得國際聲譽的美國藝術家，他們的領袖人物是湯瑪斯．科爾（Thomas Cole）。科爾在十九世紀初出生於英國，年輕時移居美國，打零工維生，最後定居紐約州的卡茨基爾（Catskill）。他自學繪畫，專攻表現哈德遜河谷獨特風貌的風景畫。他跟其他雄心勃勃的藝術家一樣，踏上了前往歐洲的壯遊之旅，特別關注那不勒斯和羅馬的古物。他非常了解克勞德和薩爾瓦托等藝術家的作品，有時也會模仿他們的風格。他曾在藝術家聚落居住過，並結識了特納（J. M. W. Turner）、約翰・康斯塔伯（John Constable）和約翰・馬丁（John Martin）等大師。科爾跟大多數同時期的美國畫家一樣，渴望歐洲的風景，那裡的每一條溪流或山脈都有一個相關的傳說。在他看來，唯有原始荒野才能彌補美國風景之不足。當時他沒有想到美洲原住民的傳奇故事，這些故事可能為卡茨基爾山脈帶來了與羅馬或那不勒斯一樣豐富的聯想。

向西伐林屯墾的矛盾感傷

科爾在一八四一年首次發表了〈美國風景隨筆〉（Essay on American Scenery）——後來成為哈德遜河畫派的宣言——在文中比較了歐洲（尤其是義大利）與美國的風景。在羅馬邊緣一座山上看到的景色，激發了「對傳奇歷史的巨大聯想」。他拿來與美國的美景對比，對他來說，美國的景觀不代表人類的過去，只代表未來，又說：「偉大的事蹟將在還無路可走的荒野中完成，尚未出生的詩人將會讓這片土地變得神聖。」這是一種天命昭彰（manifest destiny）的修辭，也是對美國領土注定將從大西洋岸擴展到太平洋岸，並建立一個偉大帝國的狂喜期望。但是科爾真的相信這一點嗎？他接著立刻添加了一個非常嚴肅的條件，幾乎完全否定了這個想法。他悲嘆美國風景隨著森林砍伐而消失，他說：「最引人注目的景觀往往因放蕩和野蠻變得荒涼，難以想像那些自稱文明的人身上竟有如此的放蕩與野蠻。」[16]

十九世紀注重環境的美國作家和藝術家，幾乎普遍都有這種矛盾心理，其中最熱情的保護主義者會哀嘆原始景觀受到破壞，但是幾乎同時又歌頌隨之而來的開墾殖民。亨利・大衛・梭羅（Henry David Thoreau）在他的文章〈行走〉（Walking）中寫道：「如今，幾乎所有人類所謂的改進，如建造房屋、砍伐森林和所有大樹等，都只是讓景觀變形，變得更加馴服和廉價。」幾頁後，他又跟隨向西擴張的苦力，並且以贊同的口吻引用了這句話：「帝國之星向西前進。」[17]

科爾和梭羅都沒有暗示要放慢向西擴張的腳步，沒有人想要予以拖延或嚴格監管。不知何故，他們及其同儕要不是不願意，就是無法完全承認大規模的森林砍伐和新屯墾區之間有必然關係。就科爾而言，我們可以透過他的畫作來部分化解這種不一致的問題。這些大多是輓歌。科爾試圖在美國森林消失——甚至可能是一去不復返——之前，記錄下它們的輝煌。相較於畫中的樹樁，消失的樹木似乎更代表未來建築的希望。

《帝國歷程》：描繪文明與野蠻的歷史循環

大家公認《帝國歷程》（*The Course of Empire*）是他的傑作，呈現了一幅綜合了美國和歐洲觀點的宏偉歷史全景。這個系列描繪了一種循環觀點，其大致輪廓與維柯的觀點很接近，卻又

湯瑪斯．科爾，《帝國歷程：野蠻國度》，約 1834 年，布面油畫。

不是完全相同，這種相似性可能是由於直接影響或趨同（convergence）所致。這五幅畫基本上都畫了相同的地點，不過是在一天中的不同時間，對應人類的年齡。科爾不拘一格地使用了多個文明的主題，包括美洲印第安人、古英格蘭、希臘羅馬的文明。

第一張畫以黎明為背景，題為《野蠻國度》（*The Savage State*）。畫中人物似乎是美洲原住民，科爾認為他們特別原始。一名腰纏毛皮、手持弓箭的男子正在追逐一頭跳過小溪的雄鹿；在中心，一大群穿著打扮類似的獵人隊伍正要走進茂密的叢林；最右邊是圍繞著一堆營火的棚屋。陽光照亮了一半的天空和背景中的山脈，右邊的天空卻黑暗而陰沉。

第二幅畫以清晨為背景，題為《田園或

湯瑪斯・科爾，《帝國歷程：帝國圓滿》，1835-6 年，布面油畫。

湯瑪斯・科爾，《帝國歷程：田園或農牧國度》，約 1834 年，布面油畫。

農牧國度》（*The Arcadian or Pastoral State*）。儘管畫作中央靠左處有一座類似巨石陣的神廟，但是畫中人物看起似乎大多是希臘或羅馬人，森林已經被一座有草地和樹木的公園所取代。在畫的正中央，有個小男孩正在放羊。畫面左下角，一名年長的哲學家正用一根棍子在地上畫圖；右邊，一名婦女安靜地紡紗並照顧孩子。這是類似克勞德所畫的古典森林，大致相當於維柯所說的眾神時代。

第三幅畫以中午為背景，題為《帝國圓滿》（*The Consummation of Empire*），畫中充滿了權力和繁榮的象徵。一位統治者乘坐大象拉的戰車過橋，即將從兩個雕像之間通過，鍍金的雕像舉著月桂花環。此人可能是當時的總統安德魯·傑克遜（Andrew Jackson），科爾認為他正在開創一個軍國主義和貪婪的時代。[18]森林幾乎全消失了，只有遠處的背景中可能還會看到殘餘的樹木，像是來自過往的小小威脅。除此之外，畫中植群僅限於少數觀賞植物。右邊的前景被一堵牆擋住，不受軍國主義盛況的影響，是一種洛可可式的場景，孩子們在裝飾用的噴泉旁玩耍。這幅畫大致對應維柯所說的英雄時代。

第四幅畫的背景是下午，題為《毀滅》（*Destruction*）。太陽隱藏在烏雲後面。右邊的大火正在吞噬巨大的神廟建築群，人群爭相逃命。中央左側的橋梁已經倒塌，幾名看起來大多像士兵的男子，正在進行強暴、縱火等暴力行為，不過無法區分對立雙方，這一場景似乎不代表入侵。我相信科爾心裡想的可能是維蘇威火山或類似火山的噴發，代表著像龐貝或赫庫蘭尼

湯瑪斯．科爾，《帝國歷程：毀滅》，1836 年，布面油畫。

湯瑪斯．科爾，《帝國歷程：荒涼》，1836 年，布面油畫。

姆這樣的城鎮毀滅。這是維柯所說的人類時代的巔峰。

最後一幅畫以夜晚為背景，題為《荒涼》（*Desolation*），大多數評論家認為這是系列中最好的一幅畫。畫面中央是一輪寧靜的月亮，看不到半個人影。大自然正在收復這座已經淪為廢墟的城市，樹木和藤草蔓生。在畫面左側的一根巨大柱子上，有隻鸛鳥在上面築了巢。這幾乎像是克勞德的手筆，只是少了渺小的人物。也許這個循環會再次開始，只是看不到倖存者。[19]這幅畫展現了哥德式森林逐漸被原始森林所取代，或許是對濫用自然的警告吧。但是，《荒涼》的景色顯得很平靜，幾乎讓我們懷疑人類消失是不是好事一樁。

科爾拒絕人類中心主義

說來或許也很矛盾，《荒涼》中對人類中心主義的拒絕反而導致科爾走向了傳統形式的基督教。在此之前，科爾認為神性原本就存在於美國森林、山脈和溪流之中，甚至到了宗教表達都不太需要象徵或寓言的地步。然而，自然景觀正遭受損傷或破壞，而上帝內在性的概念則被用來服務沙文主義和貪婪。結果，在《帝國歷程》之後，科爾到了晚年，從風景畫家變成了創作富含宗教幻想藝術的人。他下一個重要的布面油畫系列名為《生命寓言》（*Allegory of Life*），描繪了一個人坐在由天使引導的船上，從童年到老年。一八四八年科爾去世時，他正在創作《帝國歷程》的基督教續集《世界的十字架》（*The Cross of the World*），主要的理念就是相信透過信仰可以超越文明與野蠻的循環。

用畫家兼版畫家阿舍・杜蘭德（Asher Durand）的話說，哈德遜河畫派的基本使命是「描繪創世紀時可能的自然風貌」。[20]隨著美國東北部地區愈來愈廣泛的開發屯墾，畫家就像伐木工人一樣，轉移到「更荒野」的土地上。艾爾佛雷德・比爾施塔特（Alfred Bierstadt）向西遷移，去畫洛磯山脈；馬丁・約翰遜・海德（Martin Johnson Heade）前往巴西，在那裡畫了蘭花和蜂鳥；艾伯特・丘奇（Albert Church）——非正式地繼承科爾，成了哈德遜河畫派的領導人——則追溯著名探險家亞歷山大・洪堡（Alexander Humboldt）的行程，並畫了厄瓜多的雨林。

11 夢中森林

The Forest of Dreams

我愛米老鼠，超過我認識的任何女人。

——華特．迪士尼

沒有什麼比我童年時代的芝加哥更都會了，那裡有工廠、屠宰場、美術館、摩天大樓、腐敗的政客和不間斷的遊行抗爭。沒有什麼比伊利諾州的其他地方更鄉村了，到處都是小鎮、大片玉米田，遠處是一望無際的樹木。都市人對他們的鄉下表兄弟抱持既輕視又欽羨的態度，一方面覺得鄉下人思想狹隘，缺乏冒險精神，但同時又羨慕他們更接近土地、愛與死亡等基本體驗。我還小的時候，父母親會開車載著我穿越那片我們稱之為下州的神祕土地，我總是隔著車窗向外張望，想像著徒步穿過森林去冒險，我想，那是森林會提供的經驗。

如果你在一片沒有路徑、沒有地標的森林裡，會發生什麼事？對我來說，似乎可能會走到任何地方。即使對成年人來說，樹林裡的空間和時間也顯得不同。由於在森林裡看不到地平線，因此我們唯一能夠看到太陽的時間，就是正午當太陽直接在頭頂上的時候。手錶的指針仍然計算著每分每秒，不過這些看起來卻愈來愈抽象，讓你忍不住會想：它們真的在測量什麼嗎？當然，我們今天看的不是手錶而是智慧型手機，可是那也只是讓我們想起被我們遺忘的年代。

森林裡的空間似乎也會改變。不管往哪個方向看，都無法看得很遠，而且不斷變化的聲學效果，也讓人很難透過聲音來確定位置。傳統方法無法準確測量森林，只能透過衛星照片或增強型全球定位系統等先進技術進行測量。一小叢樹可能顯得很巨大，反而是一棵大樹可能顯得很渺小。森林就像一個黑洞，充滿著物理學家假設的不連續時間與空間，你可能從這個時空的某一個點進入，然後從完全不同的地方出來。

42 〈睡美人〉：遵循自然界生命模式

很少有故事能像〈睡美人〉一樣與世界各地的神話有這麼多的相似之處。它類似希臘神話中的奧菲斯（Orpheus），孤身進入冥界去救回死去的愛人尤麗迪絲（Eurydice）。作家崔佛斯（P. L. Travers）寫道：「一個人沉沉睡去，隱藏在凡人看不到的地方，等待時機成熟才醒來，一直是民間傳說中所珍視的想法——白雪公主睡在玻璃棺材裡，布倫希爾德（Brynhild）在她的火牆後面，查理曼大帝在法國的心臟，亞瑟王在阿瓦隆島（Isle of Avalon），腓特烈一世（Frederick Barbarossa）在圖林根州的山腳下。」她繼續列舉了一長串民間傳說與神話的對比，從愛爾蘭的奧伊辛（Oisín）到德國母親霍莉，不一而足。[1]這個故事會有這樣的神話共鳴，是因為它遵循了自然界中常見的模式。許多動物——從熊到烏龜——都有冬眠的習性。最特別的是，這個故事的靈感似乎來自於毛毛蟲，牠們結繭尋求保護，然後在裡面休眠、變形，最後化為蝴蝶。

紡紗寓意時間的流逝

紡紗這個動作始終跟時間流逝有密切的關聯。在希臘神話中，命運三女神中的第一位女神泰美斯（Themis）為每一個人的生命紡出一條絲線，代表他們的命運。在德語中，紡紗這個動詞也意味著講故事，至少在電子媒體發明之前，這是一種打發時間的主要方式。在英語中，我們也用紡紗這個動詞指稱「編造故事」（spinning a tale）。手工紡紗使用的紡錘轉動，可以象徵黃道十二宮。在格林童話的〈玫瑰公主〉（Briar Rose）中，國王下令禁止紡紗，其實是表達了阻止時間流逝的願望。這個故事寫作的時間，正是科技創新主要集中在紡織生產的年代，因此禁止紡紗，聽起來就有點像是今天禁止使用網際網路一樣。但是，正如故事中的女主角會發現一位老婦人在密室裡紡紗一樣，無論我們是否承認，時間都在祕密地繼續流逝。

紡紗對推動工業革命有巨大貢獻。在中世紀末期，引進亞洲——也許是印度或中國——發明的紡車，大幅取代了手工紡紗。由詹姆斯．哈格里夫斯（James Hargreaves）發明的珍妮紡紗機於一七七〇年獲得專利，實現了紡紗機械化，並為紡織業帶來了許多進一步的創新。文化和技術創新的步伐之快變得令人心生恐懼，引起了巨大的懷舊浪潮。幾乎所有的西方文化都隱約瀰漫著一種模糊而強烈的渴望，想要回到過去某個通常不明的年代。〈睡美人〉或〈玫瑰公主〉的故事後來成為旅遊業的陳腔濫調，也許最容易讓人聯想到美國音樂劇《蓬島仙舞》（*Brigadoon*），該劇於一九四七年首演，並於一九五四年拍成電影，內容無非就是人們在森林深處發現一些未曾改變、未受破壞的村莊，甚至可能跟村裡的人墜入愛河、結為連理，並永遠留下來。

隔絕背景從海洋轉變為森林

已知的〈睡美人〉最早版本可以追溯到《佩塞福雷傳奇》（*Perceforest*），這是一部在十四世紀中葉用法語寫成的大型史詩，為亞瑟王故事提供了劇情背景。這個版本講述了騎士特洛伊勒斯（Troylus）前往澤蘭島（Zeeland）探險，並在島上與公主澤蘭丁（Zellandine）墜入愛河。回到蘇格蘭的家之後，特洛伊勒斯得知澤蘭丁陷入沉睡，怎麼喊都喊不醒。於是，他回到澤蘭島，進入三位女神的神殿——愛神維納斯、生育女神露西娜（Lucina）和命運女神泰美斯。他向維納斯祈求指引。離開神殿後，他就神奇地來到澤蘭丁的房間，發現她一絲不掛地睡在床上。他請求允許吻她，但是她當然沒有回答。這時候，維納斯現身，並且告訴他，如果他與她做愛，澤蘭丁會很開心。他沒有立即回應，維納斯便嘲笑他沒有男子氣概。後來，特洛伊勒斯還是按照維納斯的要求跟她做愛。然後他與澤蘭丁交換了戒指，做為他曾經來過的信物。最後，一隻大鳥飛來，將他載離了高塔。

九個月後，澤蘭丁生下了一名男嬰。他尋找她的乳頭，卻只找到了她的手指。他用力一吸，吸出了一塊碎片，澤蘭丁立刻醒來。她的阿姨隨後解釋道，澤蘭丁出生時，她的父母按照習俗為她舉行了一場盛宴，並向女神奉上了禮物。命運女神泰美斯對他們奉獻給她的祭品並不滿意，於是對孩子下了咒語，說她在紡紗時會刺破手指，然後陷入沉睡，直到碎片從手指頭吸出來後，才能醒來。澤蘭丁和特洛伊勒斯重聚並結婚，但是他們的孩子貝努克（Benuic）卻被一隻長著女人臉的巨鳥帶走，展開自己的冒險。後來，他這一脈相傳，傳到蘭斯洛，也就是基督教騎士的典範。[2]

儘管魔法森林的主題在《佩塞福雷傳奇》的其他地方很明顯，不過澤蘭丁沉睡的城堡周圍並沒有樹木或荊棘。在史詩中，澤蘭是布列塔尼海岸附近的一個島嶼，那裡仍然維續古老的習俗。布列塔尼本身已經信奉全權上帝的一神論宗教，也就是基督教的先驅，但是這座島上依然保持徹底的多神論，主要是女性神靈。[3]這個版本的〈睡美人〉故事主要是講述從異教過渡到基督教的經過，同樣的，後面版本的內容則是關於從中世紀轉變到現代。森林取代了海洋，成為隔絕城堡與外面更大世界的屏障。

義大利詩人及童話搜集者詹巴蒂斯塔．巴吉雷（Giambattista Basile）在十七世紀初記下了故事的另一個版本，將背景移到那不勒斯宮廷。有位年輕女孩名叫塔莉亞（Talia），她的父親聽到一個預言，說她將受到亞麻碎片的威脅，因此下令禁止在他的王國內使用亞麻。然而有一天，她看到一位老婦人正在紡紗，伸手觸碰了紡錘，然後就失去了意識。父親以為塔莉亞已經死了，於是拋棄了他的宮殿，將她獨自留在一座塔樓上，後來就逐漸被森林包圍起來。這一次，是一位國王在追尋丟失的獵鷹時發現了她。[4]但是，這個故事與特洛伊勒斯和澤蘭丁的不同是，國王毫不客氣地強暴了這個女孩，然後就忘得一乾二淨。可是，她因此生了兩個孩子，其中一個從她身上吸走了亞麻碎片喚醒了她。後來她與國王重聚，成為他的情婦，就此引發了一連串的事件，構成另一個不同的故事。

夏爾．佩羅在一六九七年出版的法文版本中，森林不僅是故事的背景，而且是故事的重要組成部分，從他的標題〈森林中的睡美人〉（La belle au bois dormant）可見一斑。在這個故事中，父親邀請了許多仙女來參加他新生女兒的洗禮，但是其中一位沒有受邀的仙女出現，並憤怒地詛咒她，說這個女孩會被紡錘刺破手指而死。此時，一位善良的仙女開口了，雖然她無法解除魔咒，不過卻能減輕程度，於是說這孩子不會死，只是會沉睡一百年。於是國王下令禁止使用、甚至禁止擁有紡錘，否則將判處死刑。但是，當他的女兒長大後，發現了一道祕密樓梯，通往塔樓的一個房間，一名老婦人正在那裡紡紗。老婦人拿給她一個紡錘，女孩為之神迷，但是很快就刺傷了自己，失去知覺。善良的仙女出現了，將女孩和其他人都放進宮殿裡睡覺——除了國王和王后之外。[5]國王禁止任何人接近宮殿，宮殿周圍逐漸長滿了蔓藤與荊棘交織的巨大樹牆。一百年後，一名王子聽說了美麗公主的故事，來到城堡找她，樹木與荊棘在他靠近時自動讓開，出現一條路。他找到了公主的房間，公主立刻醒來，然後他們很快就結婚了。

43 〈玫瑰公主〉：少女融為森林的自然力量

在格林兄弟一八五六年版的《家庭圍爐故事》中，〈玫瑰公主〉的故事一開就是一直沒有孩子的國王與王后剛剛生下一名女嬰，取名為「玫瑰公主」，他們舉辦一場盛宴慶祝孩子誕生，十二位女性智者蒞臨為嬰兒賜福。然而第十三位女性智者卻因為沒有受邀而生氣，她不顧一切地來到宴會，用詛咒打斷了慶祝活動，說等到這孩子十五歲時，會被紡錘刺傷手指而死。這時，另一位尚未賜福的女智者減輕詛咒的力道，宣稱女孩不會死，只是沉睡一百年。後來，為了逃避詛咒，國王下令燒毀王國裡的每一個紡錘。到了女孩十五歲生日當天，她在城堡裡發現了一個祕密房間，走進去之後，發現一名老婦人在紡紗。她觸摸了紡錘，結果就像命中注定一樣，刺破手指，陷入沉睡。然後城堡裡的其他人，從國王、王后到廚師和在廚房裡幫忙的男孩，也全都睡著了。甚至連風都停了，屋外荊棘叢生，完全覆蓋了城堡。多年後，有許多年輕人試圖砍斷或推開荊棘樹叢，卻被困在荊棘叢裡死亡。最後，一位年輕王子聽說了這個女孩的故事，決定前往城堡。正如佩羅的版本一樣，他所到之處，荊棘叢自動敞開，等到他經過之後又自動關閉。他找到公主的房間並親吻了她，於是她與城堡裡的其他人立即甦醒。[6]

此處，森林滿足了熟睡女孩的慾望。在她需要時，也就是當城堡的其他部分也進入睡眠狀態時，森林出現了，阻擋了錯誤的追求者，只讓天選之人走進森林，然後在她不需要森林時又自動消失。當代讀者批評女主角過於被動，但是玫瑰公主其實與森林融為一體，成為自然的力量，直到她準備好承擔成年人的角色。

荊棘樹叢的屏護

荊棘樹叢代表城牆，事實上，這可能是這個母題的起源。追溯到遠古時代，北歐的樹木就經過刻意修剪，調整它們的生長方向，形成了幾乎無法逾越的屏障。在德語中，稱之為

「Wehrwald」，即「防護林」的意思。正如尤利烏斯．凱撒所說的，住在奈爾維（Nervi）的部落——也就是現在的法國——會實施這種防禦方式。幼樹經過修剪或裁去樹梢（從樹冠以下的地方砍掉），這樣一來，許多側枝就會展開，然後在樹下栽種大量的帶刺灌木叢，彼此糾纏在一起，形成難以穿透的屏障。在萊茵蘭（Rhineland）和德國其他地區，人們會將樹枝彎曲到碰觸

安妮．安德森（Anne Anderson），「奧蘿拉（Aurora）的手指被女巫的紡錘刺破了」，格林兄弟的〈玫瑰公主〉或〈睡美人〉插圖，約1930年。紡車是時間的象徵。這個故事講的是試圖阻止時間，因為工業革命期間變化的腳步太快，讓人感到恐懼。碰觸紡車意味著離開永恆的童年世界，開始意識到死亡。

地面，讓樹枝在那裡生根，長成異常濃密的灌木叢。以這種方式建造的巨大屏障保護了中世紀的西利西亞（Silesia），另一個類似的樹叢則位於波昂市附近。在中世紀晚期的俄羅斯，抵禦入侵者的屏障包括砍倒的樹木、溝渠、長矛和土堆，其中有些防禦工事一直到十七世紀都還維護得很好，因此佩羅可能也很熟悉。這種防禦結構的優勢在於，不僅可以保護屯墾區免受攻擊，同時也可以遮擋視線。[7]被包覆在內的建築物，除了像故事中的高塔之外，幾乎完全消失。這種防護性的森林可能強化了哥德式森林的風格，即黑暗、茂密且充滿神祕人物。

玫瑰公主的故事遵循在許多領域中都可以找到的原型模式。就像女主角一樣，森林中的樹木，如山毛櫸等，可以在森林樹冠遮蔽陽光的情況下，保持休眠狀態，沒有大幅生長，存活數十年甚至一百年。然後，等到有一、兩棵老樹倒下，打開樹冠，重見天日時，它們會迅速發芽來填補缺口。對一般人來說——至少在西方文化中是如此——青春期是一個充滿愛、冒險、榮耀和許多其他偉大夢想的時期。在這些幻想退燒之前，年輕的男孩、女孩可能都還沒有準備好承擔成年人的責任。

44 迪士尼森林：遊戲精神主宰的皇室幻想

當巴伐利亞王國與奧地利結盟跟普魯士開戰並處於下風時，巴伐利亞國王路德維希二世（King Ludwig II）退出政務，幾乎成為隱士，全心全意地在森林中打造宮殿，其中包括模仿法國路易十五宮廷、洛可可風格的林德霍夫堡（Linderhof Castle）以及海倫基姆湖宮（Herrenchiemsee），後者從未完工，但是原本的計畫是要打造一個比凡爾賽宮稍大的複製品。另外還有一個最著名的新天鵝堡（Neuschwanstein），是一座新哥德式宮殿，堪稱奉獻給華格納歌劇的殿堂，城堡牆上描繪了歌劇中的場景。一八八六年，大臣們宣布路德維希精神錯亂，不久後就神祕地溺水身亡，原因可能是謀殺、自殺或意外事故。

融入環境的新天鵝堡

很少有建築能夠像新天鵝堡一樣與周圍環境如此天衣無縫地融為一體，石砌外牆與其所在的岩石懸崖完全融合。與大多數宮殿不同，新天鵝堡的設計完全是不對稱的，並且有機地融合了哥德式、羅馬式和洛可可風格。文藝復興時期和新古典主義的宮殿通常以水平線為基礎，新天鵝堡卻是以垂直線為基礎，觀者的目光始終在許多頂部有塔樓的高塔之間徘徊，這

巴伐利亞的新天鵝堡。

加州安納罕市迪士尼樂園內的睡
美人城堡。

些高塔的起伏線條又與周圍樹林和遠處山脈中雲杉形狀相互呼應。由於缺乏對稱性，使得每座高塔都顯得獨樹一格，激發觀者的好奇心。在眾多塔樓之中，有一座的高度遠高於其他塔樓，顯示了君主的尊貴地位。

然而森林本身並非天然林，而是單一栽培雲杉的人工造林，旨在取代從中世紀晚期開始就因砍伐木材而過度開發的混合林。這個地點迎合了哥德式森林的浪漫概念，這在當時的德國非常流行，但是與德國原始林地的現實關係不大。這種林業反映了啟蒙運動的價值觀，例如對稱性、勻稱性和可預測性。可是，對於那些不熟悉其歷史的人來說，這些樹林可能看起來像是原始森林。[8]這座城堡原本只是路德維希為了個人享受而建造的，但是在他去世之後，立即成為主題公園，開放給大眾參觀。

新天鵝堡後來成為迪士尼樂園睡美人城堡的模型，這個樂園於一九五五年在加州安納罕市（Anaheim）開幕，[9]隨後，迪士尼電影公司在奧蘭多、巴黎、東京、香港和上海開設了類似的主題樂園，每個主題樂園裡都有一座靈感來自新天鵝堡的城堡，全部都不對稱，有多個塔樓。每一座迪士尼城堡，也跟新天鵝堡一樣，都有一座塔樓高高在上，稱霸其他塔樓。在安納罕的城堡不是睡美人的房間，而是長髮公主的房間，不過迪士尼的公主在許多方面都是可以互換的。公主就像她們身邊的森林一樣，既是體現啟蒙運動傳統的商品，也是自然的化身，反映了浪漫主義的傳統。

迪士尼與路德維希有一個共通之處，就是對皇室的痴迷，更廣泛地說，是迷戀理想化的封建秩序。路德維希不僅是一位真正的國王，也是維特爾斯巴赫家族（Wittelsbach）的後裔，其王室血統至少可以追溯到十二世紀。不過，他對自己的祖先並沒有太大興趣，反而更迷戀法國的路易十四，也就是君主專制的典範。路德維希似乎並不喜歡他在君主立憲制度中仍然擁有的相對權力，反而對中世紀的魅力與盛況有無限熱愛，然而這只是一種精心設計的幻想，任何現實都無法與之抗衡。

對理想化皇室的迷戀

至於迪士尼，他最知名的電影中主角大多是公主，全都生活在宮廷裡——除了遭到綁架的時候——受到國王、王后和王子的喜愛與支持，還有僕役侍候。連改編安徒生著名童話小美人魚時，都要將她改成公主，成了海中國王川頓（Triton）的女兒。而迪士尼主題樂園的主要景點，如前文所述，正是童話城堡。在他的故事中，皇室永遠不會濫用權力，只有惡棍才會挑戰它。

或許有人認為，這種對皇室的痴迷在美國行不通，畢竟美國就是建立在反對君主和貴族制度的基礎上，但是迪士尼利用了美國人對皇室魅力與盛況的懷舊之情，深入美國人心。而他的做法就是讓君主制的理想民主化。在美國，每個女孩都可以成為公主，愛情可以讓任何情侶成為國王與王后。迪士尼還利用了一種唯我論（solipsism），而路德維希只為自己一個人建造巨型宮殿時也隱約看到唯我論的影子。據說，路易十四曾說過「朕即國家」，不過真正付諸實現的卻是路德維希，這正與美國文化中的自戀元素產生了共鳴。

這些宮殿城堡的設計，全都走洛可可風格，堪稱最具代表性的皇室風格。洛可可對路易十五宮廷的影響，在西方沒有其他藝術運動能出其右。這似乎是一個讓皇室與貴族特權感到絕對安全的環境，因為不需要特別行使特權就可以享受得到。就像路德維希和迪士尼的城堡一樣，洛可可風格塑造了一個主要由遊戲精神主宰的幻想世界。

以上所述，似乎讓迪士尼和路德維希聽起來像是無可救藥的怪人。關於這一點，我想替他們說幾句話，因為在很多方面，他們都是真正的藝術家。在迪士尼電影公司工作的人，曾經研究過這位平面藝術、建築和室內設計的老牌大師。迪士尼聘用的人包括凱．尼爾森（Kay Nielsen）、瑪麗．布萊爾（Mary Blair）等傑出插畫家；迪士尼電影中的動畫之美仍然受到廣泛的讚賞，即使是那些對迪士尼傳達的訊息頗不以為然的人也不會否認。至於路德維希，在他那個時代的實業家——其中不乏比路德維希更富有的人——所委託製作的哥德式愚蠢作品都被人們遺忘了很久之後，他的創作依然令人著迷。

45 創造與行銷夢想的迪士尼世界

玫瑰公主沉睡時都沒有作夢嗎?還是她作了一百年的夢?華特·迪士尼似乎認為是後者才對,因為他將公主的城堡放在名為「幻想世界」(Fantasyland)的王國中,就在加州安納罕的第一座主題樂園正中央。也許這就是迪士尼感受到童話故事中的公主和路德維希之間的連結。這位巴伐利亞國王不僅是一位偉大的夢想家,也是一個永遠都長不大的孩子。他建造了一座摩爾亭,讓他在那裡扮演蘇丹;還建造了一座中國亭,讓他在那裡扮演亞洲皇帝。他就像一個小男孩一樣,以自我為中心,動不動就發脾氣,而且沉迷於遊戲。

迪士尼跟路德維希一樣創造了夢想,但是與路德維希不同的是,他也行銷夢想。正如同路德維希建造的房間裡配備了描繪華格納歌劇場景的家具和壁畫,迪士尼在他的宮殿中擺滿了各種立體模型,展示睡美人和其他童話故事的場景。對迪士尼來說,森林不是美國遺產的一部分。在迪士尼世界中,美國以西部邊境的沙漠和草原為代表,而他主題樂園的另一部分,則充斥了直接取自當時電影的場景,例如酒吧。在迪士尼卡通中,森林是歐洲的,而歐洲本身就是一個幻想國度,一片充滿騎士、少女和惡龍的巨大森林。就像早期的歐洲探險家與殖民者在美洲森林裡看到了他們遙遠的過去一樣,美國人也在歐洲的森林中看到了他們遙遠的過去。

夢幻成真的折衷主義森林

迪士尼對森林採取了折衷主義的觀點，融合了新洛可可式與新哥德式的意象，卻又同時脫離了任何文化與歷史背景。迪士尼是洛可可式，因為它強調裝飾、遊戲和一點點的情慾；[10]但它也是哥德式的，因為它偏好巨大、扭曲的樹木。從近處看，它多為洛可可式，因為動物可以在草原林間一起嬉戲，甚至原本應該是捕獵動物和獵物也不例外。從遠處看，又主要是哥德式，因為總是可以在岩石峭壁上看到高大的樹木，這些岩石往往看起來幾乎無法穿透。類似的人物幾乎都出現在迪士尼所有的動畫電影中，包括《小鹿斑比》、《白雪公主與七矮人》、《睡美人》、《美女與野獸》和《冰雪奇緣》等。迪士尼森林在暴風雨期間是哥德式，當太陽出來時則變成洛可可式。就像《睡美人》的故事——特別是格林兄弟的版本——迪士尼動畫片中的森林似乎成為了女主角的延伸，表達了她從欣喜到恐懼的感受。

在安納罕的主題樂園開幕幾年後，迪士尼大致根據佩羅的故事製作了動畫電影《睡美人》。電影中的城堡很像主題樂園裡的城堡，不過更彰顯哥德式的華麗，有更多的高塔與塔樓。可能是為了讓遊客在主題樂園擁擠的街道行走時不會想到有一個沉睡的公主，迪士尼將情節做了一些更動。為了不讓她受到邪惡仙女的傷害（電影中邪惡仙女的名字叫做梅菲瑟〔Maleficent」)，三位仁慈的仙女將女孩——電影中名為奧蘿拉——帶入森林，讓城堡則進入休眠狀態（儘管不到一百年），等待她的歸來。在她森林的家裡，守護精靈替她重新命名為玫瑰。她在樹林裡的空地上唱著一首名為〈悠長美夢〉（Once Upon a Dream）的歌曲，一位名叫菲利普的王子——以英國女王伊莉莎白二世的王夫命名——循著歌聲找到了她。他們陷入愛河。當梅菲瑟變成了一條龍，想要捕捉奧蘿拉時，王子一劍殺死她，整個王國立即甦醒。森林是夢想之地，夢想終於成真。

然而，像我這樣一個孩子，可能從未聽說過佛洛伊德或榮格，也不是迪士尼的忠實粉絲，又怎麼會想要走入森林，而且在無法謀生的情況下，永遠地住在森林裡呢？如果我真的嘗試這樣做，又會發生什麼事？

12 叢林法則

Law of the Jungle

赤身裸體之人、熊、獅和長著女人頭的母豬
爬到彼此身上，然後彼此殺戮，生吞活剝下肚。

——詩人奧登（W. H. Auden），〈樹林〉（Woods）

一八八〇年代末期，法國指派保羅．福列（Paul Voulet）上尉探索尼日和查德湖之間的地區，並將其納入法國掌控。他之所以雀屏中選，部分原因是他做事毫無忌憚，姦淫擄掠、燒殺打搶，無一不做。福列曾經燒毀整座村莊，還將年輕女孩的屍體掛在樹上。他蒐集了受害者的斷掌，並將他們的頭顱插在長矛上展示。最後，他的上司再也無法忍受這種誇張的殘忍行為，解除了福列的指揮權。他跟手下的部隊說：「我再也不是法國人了；我是黑人皇帝，比拿破崙還要偉大。」不久之後，他就遭到暗殺了。福列可能是約瑟夫．康拉德（Joseph Conrad）小說《黑暗之心》（*Heart of Darkness*）中庫爾茲（Kurtz）的原型。[1] 這是一個極端例子，卻也不是非典型的例子，因為在邊疆地區確實可能發生這類事件。以這個例子來說，是歐洲在非洲的殖民地。

邊疆的獨特性

根據佛烈德瑞克・傑克遜・特納（Frederick Jackson Turner）在一八九三年發表的開創性論文〈邊疆在美國生活中的意義〉（The Significance of the Frontier in American Life），向西擴張的邊疆地區存在，是美國文化的決定性特徵，也是美國文化不尊重既定權威及其民主本質、個人主義與能量喧囂旺盛的主要原因。他將美國邊疆稱為「野蠻與文明的交匯點」，並認為這讓美國保有某種粗獷的活力。用他的話來說，「這種不斷的重生、這種美國生活的流動性、這種帶著新機會的向西擴張、這種與原始社會單純性的持續接觸，成就了主導美國性格的力量。」[2]

特納誇大了美國邊疆的獨特性，它在許多方面與羅馬在北歐的邊疆、亞馬遜人在巴西的邊疆、俄羅斯在中亞的邊疆有雷同之處。就這一點來說，它與西班牙、葡萄牙、英國和法國等國家在殖民地的邊疆也沒有什麼不一樣。在所有這些地區，都是同樣的無法無天與暴力橫行，而在其他方面也很原始狂野。邊疆可以成為原始活力的源泉，重振頹廢的文明藝術，這樣的想法並非美國獨有，也貫穿了當時的整個歐洲文化。邊疆孕育了種種幻想，包括權力、聖潔、財富、色情、天選之人等等。邊疆是一個可以創造新神話的地方，但是同時又能保存舊有的、不合時宜的神話。邊疆為冒險家提供了沉迷於儀式、宏偉氣勢和專制政治的機會，而這些在本國境內已經變得陳舊而不合時宜。邊疆確實產生了破壞性能量，但是這樣的能量通常可以導向支持當權者的利益。

特納對於美國人民族性格的想法，從很多方面來說，本身就是一種幻想，有點一廂情願。美國人並沒有那

艾曼紐·洛伊茲（Emanuel Leutze），《帝國西進向前行》（*Westward the Course of Empire Takes Its Way*），1862 年，固色壁畫。
這幅巨大的壁畫（6.1 x 9.1 m）最初在美國眾議院展出，美化了美國邊疆。

麼蔑視權威，也沒有那麼民主。他寫作的時代是所謂的「鍍金時代」（大約一八七〇年至一九〇〇年），當時美國的收入不平等大幅加劇，范德堡（Vanderbilt）、卡內基、洛克菲勒和摩根等實業家披上了傳統貴族的所有外衣，享受巨大豪宅、藝術收藏品和專屬俱樂部。

殖民邊疆重振舊時代威嚴

西歐和北美的富裕國家將他們的領土與過去畫上等號。西方國家可能更舒適、更安全、更民主，甚至可以說，內部更公正，但是它們似乎也越來越平淡無味。殖民主義提供了一扇窗，讓人可以擺脫現代生活中單調的技術官僚。其他歐洲君主也將殖民地視為他們仍然可以表現出過往盛況、權力與宏偉氣勢的地方。巴伐利亞的路德維希二世想要找一塊淨土，建立新的王國，並像某種聖杯國王一樣享有真正的帝王威嚴，但是終究徒勞無功。[3]

維多利亞女王擁有歷史上最大的領土，但是卻只被授予相對謙遜的女王頭銜，這似乎不太公平，因此，到了一八七七年，她獲得了「印度女皇帝」的稱號。但是她為什麼不能直接成為「英國女皇帝」呢？在逐漸走向民主化的現代西方國家，這樣的稱號聽起來有些不合時宜。對於與她同時代的歐洲人和北美人來說，這個新頭銜聽起來充滿異國風情，又沒有威脅性。正是殖民邊疆才有可能展示這種不合時宜的浮誇與儀式。

在工業化時期的歐洲和北美，可能比任何其他文化都更沉迷於過去，堪稱空前絕後。他們以幾近無窮盡的方式，不斷地描繪、調查、重新想像、召喚、哀嘆、浪漫化和模仿過去，但是或許說來奇怪，他們同時又認為自己透過進步讓過去變得無關緊要。他們對未來的願景——無論是烏托邦或是反烏托邦——都是模糊不清的，遠不如過去那麼有趣。甚至就連這些也都是——或者說至少是基於——以理想化的方式，重新建構那個據稱過去曾經存在的時代，那個從傳說的中世紀「信仰時代」一直到私有財產出現之前的想像社會。

隨著歐洲人走向現代化，努力消弭古老的神話，他們將這些神話投射到世界上遙遠的地方。他們與來自歐洲的美洲人都將尊貴與殘暴的「野蠻人」一律視為「原始人」，這是屬於人類發展早期的基本時代錯誤，在許多方面，扭曲了他們對新發現領土

1943 年 4 月，美國德士古石油公司（Texaco Oil）的廣告，描繪第二次世界大戰的美國士兵在叢林中殺出一條血路，讓人聯想起許多早期美國拓荒者在西部擴張邊界的形象。

亞德里安・科萊爾（Adriaen Collaert），仿馬丁・德・沃斯（Maerten de Vos）的《非洲寓言》（*Allegory of Africa*），1580-1600 年，版畫。

的看法，例如，他們將猿類誤認為是希臘羅馬神話中的羊男，或將美洲原住民誤認為是以色列的十個失落部落。在殖民地，古板的官員可以盡情地沉溺於已經被視為不合時宜的各種作為，如：顯赫、盛況、英雄主義、宏偉氣勢、放蕩形骸，甚至是浮誇的流血事件。一個平凡的英國人在這裡可能是凱撒，或至少是他的副官，也可能是征服波斯人的亞歷山大或是屠殺迦南人的約書亞。歐洲人與來自歐洲的美洲人將世界上各個民族與他們過去的時代連結起來。一般來說，中國人和其他東亞人與中世紀有關，而美洲原住民則與古代的希臘人、希伯來人和羅馬人有關。去到這些地方，在本質上就意味著回到過去，不再受中產階級的嚴格道德約束。

非洲的純真遭殖民侵害

非洲似乎更古老，是文明初始時期的一片驚異之地。現代歐洲殖民主義的驅動力，是對財富與權力的貪婪，同時也因為無聊而渴望冒險。在十七世紀至十九世紀的歐洲，普遍以女性形象來比喻四大洲。代表歐洲的女性穿著古典長袍，身邊有一匹馬——這種馴服的動物象徵文明的力量，她的形象是尊嚴端莊的。相形之下，代表非洲的女性則幾乎是衣不蔽體，胸部裸露，身邊有鱷魚、獅子或蛇等野生動物。她可能戴著富有異國情調的頭飾和珠寶，並且拿著象徵豐饒的羊角。這樣的形象彷彿以承諾性出軌與財富來吸引冒險家。[4]

殖民者也在尋找某種原始的純真和活力。現代歐洲人感受到他們文化中的空虛，試圖用各種意識形態——從天主教到共產主義都有——來消弭這種空虛，不過通常都無功而返。所有一切，甚至連文化成就也是一樣，似乎都受到虛無主義的影響。對他們的哲學家和詩人來說，這是世紀末普遍存在的抑鬱。歐洲人與來自歐洲的美洲人各種販賣奴隸與殖民的行為，正是以最明顯、最可怕的形式展現這種虛無主義。

46 歐美人驚異幻想的熱帶叢林

約翰・湯普遜，非洲地圖，1813 年。大陸中部除了寫上「未知領域」幾個字之外，全部是一片空白，

十九世紀初，歐洲人對非洲在撒哈拉以南的大部分地理狀況仍然一無所知。阿拉伯人、葡萄牙人和其他民族在沿海幾個地方定居，主要從事貿易，但是對於非洲內陸的軼事記聞並不多。約翰・湯普遜（John Thompson）在一八一三年出版的地圖上，這個佔了幾乎半個大陸的地區，完全是一片空白，並標記為「未知領域」。[5]而約翰・蘭金（John Rankin）在一八六〇年出版的地圖上，沿海地區已經填滿，但是中部仍有一片巨大的空白，約佔非洲大陸的五分之一，其中沒有任何殖民地，也幾乎沒有地理標誌。[6]非洲中部對歐洲人來說，就像奧古斯都・凱撒（Augustus Caesar）那個時代的日耳曼對羅馬人一樣神祕。這裡是一片空白，

可以投射各種恐懼和幻想。

極受歡迎的彼得・帕利（Peter Parley）在一八五四年出版了一本以年輕人為對象的歷史和地理書，書中描述的一個地區，與我們所說的中非大致毗鄰：

> 在下幾內亞的四個王國——盧安戈、剛果、安哥拉和本格拉——土壤普遍富饒肥沃。土著是低等、退化的族群，生活的地區被大自然裝飾得繁茂美麗。鬱金香、白百合、玫瑰和風信子等鮮花叢，讓空氣充滿芬芳，它們的色彩更讓眼睛為之著迷。另一方面，本性最兇猛的動物卻在這些仙境出沒。鱷魚在河流中巡游，巨大的蟒蛇纏繞在樹間，隨時準備撲向獵物，將牠們擠壓成碎片。鸚鵡、孔雀和雉雞的羽毛，讓樹林顯得明亮繽紛。[7]

除了公然的種族主義之外，這段話最引人矚目的是極端的不準確。鬱金香、百合、玫瑰、風信子、蟒蛇、孔雀和雉雞都不是非洲的原生動植物。除此之外，這段文字是歐洲人與北美人的幻想，想像著世界上他們仍一無所知且充滿神祕色彩的那個地區。在本質上，這是一種魔法森林的白日夢，其中鱷魚取代了龍，土著取代了林間精靈，只缺一個騎士遊俠。

《叢林中的猛蛇》（*Fierce Snakes of the Jungle*），1889 年。
彩色平版印刷的畫作描繪了巨蛇殺死象徵純真的白鳥。整個非洲因恐懼而動彈不得，
但是白人殖民者卻不分青紅皂白地向對著蛇開槍。

暗喻危機四伏的混亂之地

到了十八世紀末，出現了一個新名詞來形容熱帶地區的森林——「叢林」。就像「森林」一樣，叢林的定義是基於聯想，而不是任何科學的區分。叢林中，植群茂密到幾乎無法通行。這裡危機四伏，到處都是掠食性的猛獸。這個概念可能受到但丁《地獄》中「暗黑森林」的影響，尤其是但丁發現自己的前進道路被豹、獅子和飢腸轆轆的母狼擋住了。這並不是對熱帶雨林的真實描述，因為熱帶雨林就跟其他原始森林一樣，地面上的植群也不夠茂密，根本不足以阻擋通行。

「叢林」（jungle）一詞起源於梵語，指的是沙漠，一個似乎完全荒涼的地方，後來這個詞演變成了印地語的單字「jangal」，意思是荒地或長滿灌木叢的地區。漸漸地，這個意義幾乎顛倒過來，因為「叢林」反而用來指稱植群生長雜亂的地區。[8]這種地區的居民被稱為「djangli」，意思是「叢林中的人」或「野蠻人」。[9]「荒野」（wilderness）曾經有類似的意義，但是現在幾乎專門用於指北半球的地景，後來與《聖經》中的伊甸園產生聯結，並開始意味著原始自然的區域，以美麗和純真為特徵。「叢林」一詞經由大英帝國進入英語，並應用於南半球的地景，成為印度、拉丁美洲、印尼和非洲等地的森林代名詞。這個詞暗指一個原始又充滿暴力和混亂的地方，只有用來考驗一個人的男子氣概，或是發財致富。[10]

47《黑暗之心》：深入西方文明的內心叢林

正如歐洲人將羅馬滅亡後的幾個世紀稱為黑暗時代一樣，他們也稱非洲為黑暗大陸。在這兩種情況下，「黑暗」一詞都暗示著那些未經開化、暴力和粗魯的人。但是小說家兼船員約瑟夫．康拉德在他的中篇小說《黑暗之心》（一八九九年首次出版）中，反而將「黑暗」視為西方文明的一個特徵。歸根究底，這本書講的是歐洲而不是非洲，是一趟通往內心的旅程而不是地理上的探索。在某種程度上，這部小說就像是但丁的《地獄》，書中主角也跟但丁一樣，冒險深入地獄的中心——也就是叢林——然後回來，但是卻沒有通過煉獄進入天堂。一位名叫查爾斯．馬洛（Charles Marlow）的水手駕駛一艘汽船沿河而上，來到中非的偏遠地區，他在那裡遇到了前上校庫爾茲，他是比屬剛果的代表，獲得了大量象牙用於貿易。庫爾茲住在一間小屋裡，周圍擺滿了掛在長矛上的原住民頭顱。

歐洲殖民主義的深層虛偽

馬洛通常是康拉德的代言人，他非常明確地指出，沿著剛果河溯源而上的旅程也是穿越時間的航行。用他的話來說，「沿著那條河逆流而上，就像回到了世界最初的起源，當植群在大地上肆虐，大樹稱王。空蕩蕩的溪流，萬籟俱寂，密不透風的森林。」[11]在另一個地方，他將自己的旅程比喻成古羅馬水手的旅行，必須駕駛船隻穿越高盧和英國。他補充道：「征服地球，主要意味著從那些跟我們膚色不同或是鼻子稍扁的人手中奪走地球。看了太多這樣的事情，這就不是一件好事了。」這樣的情緒在今天聽來可能有點陳腔濫調，但是在他寫作的當下，卻幾乎是膽大妄為。[12]

庫爾茲口若懸河，透過對原住民毫無節制的殘暴累積了大量財富。他曾為一個叫做「國際制止野蠻習俗協會」的組織撰寫一篇論文，文中寫道，白人「在他們（野蠻人）眼中看來，必然具有超自然生物的本質——我們以神的力量接近他們」。他接著又說，這股力量如何使白人能夠「幾乎無限制地行善」。據報導，從艾爾南・科特斯（Hernán Cortés）到詹姆斯・庫克（James Cook），許多殖民冒險家都被當地人視為神靈崇拜。但是庫爾茲的希望或許落空了，因為他後來在書頁邊緣空白處潦草地寫著：「消滅所有的野獸。」[13]

當馬洛找到他時，庫爾茲生病了。馬洛帶他上船，準備送他回家，但是不久之後就他就死了，臨終前的最後一句話是：「恐怖！恐怖！」[14]馬洛不僅認知到庫爾茲令人震驚的殘暴行為，而且意識到歐洲殖民主義的深層虛偽。他的結論是，歐洲人和所謂的「野蠻人」之間，終究沒有太大區別。在所有華麗的言語之下，隱藏著精心合理化的貪婪與嗜血。如果再追究下去，那就是徹頭徹尾的虛無主義了。

說也奇怪，在意識到庫爾茲反人類罪行的駭人程度之後，馬洛還是繼續對庫爾茲表示欽佩甚至敬畏，這其實很矛盾，因為他在庫爾茲身上找不到任何同情心或遺憾的痕跡。然而，這在心理上是一種常見的現象，就像人類仍然崇拜《聖經》中的約書亞、亞歷山大、凱撒、查理曼大帝、成吉思汗、恐怖沙皇伊凡雷帝（Ivan the Terrible）、拿破崙、史達林和希特勒——儘管心裡承認這些人必須對大量男女與兒童的不必要的死亡負責。這是一種矛盾的心理，他們造成了大規模破壞，甚至承認他們的罪行，都會讓人更加欽佩他們，因為這似乎將他們置於與普通凡人不同的水平上。大罪惡成為偉人的記號。這種欽佩之心，經常與恐懼甚至厭惡並存。正如馬修・懷特（Matthew White）在對歷代反人類罪進行廣泛調查接近尾聲時所說的：「我發現了一件最可怕的事情，就是殺了大量的人並不一定會讓你變成壞人——至少在歷史的眼中不是。」[15]

此外，只有庫爾茲將馬洛和徹底的虛無主義隔絕開來。完全否定庫爾茲，就是在質疑為殖民主義服務的共鳴理想，而馬洛在理智上或情感上都還沒有做好這樣的準備。他可以短暫承認歐洲文明核心周邊的腐敗，但是卻無法忍受一直不斷地認知到這種腐敗。馬洛不僅是庫爾茲的另一個自我，也是康拉德本人的另一個自我，而康拉德對非洲殖民化的譴責也僅止於此。儘管英國曾經擁有迄今為止最大的殖民帝國，他仍然完全效忠這個收養他的祖國。

很久以後，當政治哲學家漢娜・鄂蘭（Hannah Arendt）在《耶路撒冷的艾希曼》（*Eichmann*

in Jerusalem）一書中闡述她著名的論點「邪惡的平庸」時，也試圖擺脫此一觀點，[16]只不過她受到「歷史偉人論」的影響太深，未能歸納出具有一致性的結論。她在艾希曼身上看到大罪人，但是在她眼中，他也是一個無趣的人，這對鄂蘭及其同儕來說，似乎是自相矛盾的。她從未稱拿破崙為「平庸」，儘管他只是平凡陳腐地號召民族主義、啟蒙和榮耀，藉以支持他的征服戰爭。她跟馬洛一樣閃爍其詞，但是我覺得很難苛責他們任何一人。從人道主義的角度來說，剛果的破壞至少在理智上是個簡單的問題。康拉德的故事很重要，因為它有助於喚起大眾的注意，並在集體記憶中留下深刻的印象。但是，從更大的角度來看，剛果的破壞——就像猶太人的大屠殺一樣——是對西方和世界傳統的根本性挑戰，所以在我看來，沒有任何一個單獨的個體可以獨力化解，只能靠好幾個世代共同解決。

非洲殖民化的傷殘

對康拉德來說，與其說叢林是地理位置，還不如說是虛無主義的體現。當時，森林已經與驚異、騎士精神和經濟實用性產生強烈的聯結，但是叢林就其本質而言，仍是需要征服和改造的東西。藉用康拉德透過馬洛之口說出來的話，「植群的長城，由樹幹、樹枝、樹葉、弓、花綵共同組成，茂盛而彼此糾纏，在月光下一動不動，就像無聲的生命在騷亂中入侵，滾動的植物波浪，層層堆積，堆到了浪頭頂峰，就準備傾倒在溪流中，將我們每一個小人物微不足道的存在一掃而空。」[17]康拉德本人曾經是剛果河上一艘船的船長，所以根據自身經驗寫作，不過這個場景聽起來不像是原始森林，更像是剛砍伐不久的林地，一堆殘枝、斷莖和新生長的植物糾結交纏在一起。從某些層面來說，這樣的描述可能成為一種自我實現的預言。在非洲、美洲、印度和其他地方，原住民人口因輸入性疾病、屠殺和生活環境的大規模破壞而大量減少。隨著原住民定居點遭到遺棄，原來有人居住、造景和耕種的樹林變得更加黑暗、更加茂密，也更加險峻，讓歐洲人後來誤認為這是樹木的原始狀態。

比屬剛果原本送給比利時國王利奧波德二世（King Leopold II），不是作為國家財產，而是作為個人保護國，但是他卻奴役了幾乎整個地區，追求象牙和橡膠帶來的利潤，據學者估計，造成了約一千萬人死亡。這個數字可能還略高一些，因為其中包括那些被刻意屠殺、因輸入性疾病死亡的人，還有那些因出生率下降而沒有機會出生的人。在另一方面，這個數字只包括在利奧波德統治下的剛果境內死亡人數，如果我們加上在法國和其他殖民列強的鄰近領土上殺害的人——這些國家也使用了同樣的剝削手段——那麼這個數字會更大。[18]

非洲代表文明前世界狀況的觀念仍然根深蒂固，甚至在很長一段時間內被放大——儘管這可能正是因為象牙和橡膠貿易所造成的破壞。一九〇九年出版的一本青少年專書，講述西奧多·羅斯福狩獵大型動物之事，書中寫道：「只有非洲還穿著從造物主手中出現時的裝束——非洲的土著仍然是野蠻人，不會比那些在森林中徘徊尋找獵物的野生怪物高級太多。」[19]

48 殖民強權在非洲重溫「人類的童年」

在二十世紀早期的西方文學中，尤其是兒童文學，叢林是永遠維持在時間之初的地方，在那裡，殺戮可能會帶著維多利亞時代的童年純真進行。這也是十九世紀末、二十世紀初狩獵大型獵物會在歐美菁英階層大行其道的原因。他們拿著槍，帶著大批當地僕役替他們搬運行李，展開狩獵之旅。他們的使命是殺害動物，不是為了吃他們的肉，而是為了科學、戰利品，或者，在許多情況下，只是為了列出一長串受害者名單，數量愈多愈好，體型愈大愈優。短短三個月內，西奧多・羅斯福就吹噓說他在東非殺死了四十二隻大型動物，包括獅子、河馬、長頸鹿、牛羚、水牛和大象。[20]據稱，他因此「幾乎像神」一樣，受到當地人的崇拜。[21]

殺戮是對男子氣概的肯定，但是並沒有實際目標或跟環境有關的目標。的確，殺戮的榮耀似乎就在於缺乏理由，屬於技術官僚統治社會之前的世界。在以崇拜的口吻描述了羅斯福捕殺的大量獵物之後，這本書用輕蔑的文字談到了非洲人為村落盛宴而殺死了兩隻羚羊：「他們會像鬣狗一樣用鋒利的牙齒將牠嚼碎，一直咬到骨頭裡的骨髓。如此巨大的非洲大羚羊通常不會淪為獵物，餵飽他們貪吃的胃。」[22]白人獵人成為自然的力量，不受社會或生物必然性所施加的其他限制。正如書中所描述的，他與原住民的關係很像中世紀狩獵保留區領主與其領地內的農民。

暴力卡通化的《人猿泰山》

這些在非洲的歐美人實際上是在重溫「人類的童年」。在魯德亞德・吉卜林（Rudyard Kipling）於一八九四年首次出版的《叢林奇譚》（*The Jungle Book*）中，主角毛克利（Mowgli）在印度叢林中被狼撫養長大；在愛德加・萊斯・巴勒斯（Edgar Rice Burroughs）於一九一二年首次出版的《人猿泰山》（*Tarzan of the Apes*）中，主角泰山則是由猿猴撫養長大。二者都是介於人與動物之間的生命——至少在回歸文明之前——並且同時擁有雙方的優勢：動物的純真與人類的力量。他們支配其他動物，奪取他們想要的東西，偏愛他們喜歡的動物，並以死亡懲罰任何一點不服從的跡象。在他們的故事脈絡中，這是他們作為人類的權利，甚至可能是他們的義務。然而，就像孩子終究必須長大成人一樣，二者最終都必須加入或重新加入人類社會。

這是一種對原始純真的幻想，驅使許多探險家走進叢林。《人猿泰山》所表達的白日夢，在某種程度上甚至與庫爾茲的白日夢相似。當一個非洲黑人村落搬進入他的領地，泰山——這個名字在猿猴語言中的意思是「白皮膚」——不斷偷竊他們的武器、食物和裝飾品，甚至毫不猶豫地殺死物品的主人。這本書寫於美國南部黑人會遭到私刑處決的時期，書中的泰山曾經吊死一位黑人酋長的兒子，並將其頭骨放在村落廣場上展示，甚至將這個年輕人的頭飾戴

佛羅里達州的葡萄柚汁廣告，約 1945 年。廣告中描繪了持槍的美國軍人和處於嚴格從屬地位的土著人民，同時將葡萄柚宣傳為「突擊隊水果」。

在頭骨上，以此嘲諷村民。泰山跟庫爾茲一樣，都受到非洲人的崇拜，尊為森林之神，村民也留下祭品來安撫他。[23]泰山的策略與歐洲冒險家利用當地非洲人獲取橡膠和象牙的方式並沒有太大差異，但是暴力事件有些卡通化，因為我們看到「當泰山殺人時，他臉上的表情大多是微笑而不是皺眉，微笑是美麗的基礎」。[24]

毛克利的叢林法則

泰山統治著一個無政府主義的王國，而毛克利的叢林則更像是軍營，是一個充滿權

可口可樂廣告，1945年。將肌肉發達的美國士兵描繪成幾乎像是超人，並嘲笑不認識對講機的「迷信」非洲部落成員。

威、規則和秩序的地方，與我們認知中人類社會的無政府狀態和頹廢形成鮮明對比。除了無法無天的猴子之外，所有動物都受到「叢林法則」的約束，該法則賦予人類至高無上的地位，也禁止殺害人類或人類的牲畜。黑豹巴希拉（Bagheera）告訴毛克利：「整個叢林都是你的。」然後又說：「你可以殺死任何一隻動物，只要你有足夠的力量殺死他們；但是，為了當初買下你的肥牛，你絕不能宰殺或吃任何牛，不論年輕或年老。這就是叢林法則。」[25]當毛克利的守護者老狼阿克拉

（Akela）被解除了狼群的領導地位時，毛克利拿到了火把，用火威脅狼群，確立了自己對狼群的優越性，最後離開了。[26]後來，毛克利殺死了老虎邪漢（Shere Khan）並取了他的皮，從而確立了他在獸類社會的巔峰地位。[27]

伊甸園神話的變體

《人猿泰山》與《叢林奇譚》都幾乎沒有描述到叢林本身，因為正如前文所述，叢林更像是一個概念，而不是地方。對泰山來說，叢林裡的樹木藤蔓通常都糾纏不清，無法輕易步行穿越，因此他多半都是在樹上盪來盪去。這兩本書都算是伊甸園神話的變體，談到在創造夏娃之前，男人獨自在園中的動物之間稱王。根據亞伯拉罕的傳統，據說在大洪水之前動物和人類都是吃素的（〈創世記〉，1:29）。但是在此處，他們主要都是吃肉，殺戮卻一點也不違和，為人類提供了一種與動物建立聯繫卻又不至於犧牲他們統治地位的方式。泰山和毛克利的故事流傳了幾十年，一直很受歡迎，並且不斷重新包裝成續集、廣播節目、電視特別節目、電影、模仿作品等。

幾乎所有來自殖民強權國家的人都認為非洲人是「野蠻人」，殘酷成性又有點孩子氣。少數持相反意見的人，如約瑟夫・康拉德，通常對這個議題保持緘默。到了十九世紀末，已經有大量關於美洲原住民的民族誌著作，但是關於非洲人的著作卻少之又少。在十九世紀，中

3 Comic Sections
THE POST-STANDARD
SYRACUSE, N.Y., SUNDAY, DECEMBER 11, 1938
16 Pages of Colored Comics
405-12-11-38
Tarzan
by EDGAR RICE BURROUGHS
TARZAN'S ENEMY
LINDA AND MARSADA PUSHED ON THROUGH THE WILDERNESS IN SEARCH OF THE "MISSING LINK." MARSADA GLANCED FREQUENTLY INTO THE TREES, FOR THERE, HE WAS TOLD, HE WOULD FIND HIS QUARRY. AND TO THE KEEN EARS OF THE SENTINEL APE CAME THE SOUND OF THE SAFARI. HE HID IN THE BUSHES.
AND WHEN HE SAW THE MAN-THINGS MARCHING, HE RACED TO GIVE THE ALARM TO HIS FELLOWS WHO-----
-WERE FEEDING PEACEABLY WHILE TARZAN, THEIR NEW KING, TOOK A MIDDAY NAP IN THE TREES.
OGLUT, THE FORMER KING, WHOM TARZAN HAD CONQUERED, GAZED OFTEN ALOFT THROUGH HATE-FILLED EYES.
THE APE-MAN WAS SUDDENLY AROUSED BY A COMMOTION BELOW. HE DROPPED SWIFTLY TO EARTH.
THERE HE FOUND THE SENTINEL CRYING THE ALARM. "TARMANGANI! TARMANGANI! GOMANGANI! THUNDERSTICKS!"
"WE KILL!" GROWLED THE APES, WHO LOATHED THE MAN-THINGS AND THEIR GUNS.
TARZAN BADE THEM BE QUIET WHILE HE SCOUTED THE SAFARI TO DETERMINE THE DANGER.
HOGARTH
"OGLUT GO WITH TARZAN," THE EX-KING GRUNTED. HE HOPED VAGUELY THAT ALONE IN THE FOREST----
NEXT WEEK: A NEW DANGER
----HE MIGHT SOMEHOW HARM HIS RIVAL. HIS CHANCE WAS SOON TO COME!

刊登在《雪城標準郵報》（*Syracuse Post-Standard*）的泰山連環漫畫，
1938 年 12 月 1 日。

非各民族之間沒有共同的書寫語言，他們分裂成好幾個不同的文化，他們的文物——除了少數例外——都是由容易腐爛的材料製成的，因此我們對歐洲殖民之前的原住民文化了解非常有限。

今天的非洲——就如同歐洲、美洲和幾乎整個世界——都與過去失去了聯繫。非洲大陸上的森林大部分都已經遭到砍伐，而且這種情況還在不斷加劇。大型動物現在大多局限於野生動物保護區，不過非洲藝術和設計在很大程度上仍然以動物圖形為主，到處都可以看到雨林中的動物：婦女衣服上的圖案、罐子上的設計、兒童遊戲、儀式等等。[28]然而，非洲傳統藝術中栩栩如生的野生動物在歐美付諸闕如，這顯示他們的祖先們非常了解這些生物，而當代藝術也大量保留了這些知識。

49 「叢林」之名的暗示

叢林的概念與其他類型的林地一樣，始終以情感上的聯想來定義，而不是由生物或環境特徵定義。「叢林」一詞隱含一種殘酷的、達爾文式的生存鬥爭。城市中的危險場所被稱為「瀝青叢林」，「叢林法則」也不再像吉卜林那個時代一樣，代表一套複雜的規則，而是意味著弱肉強食的法則。俗話常說：「社會是個叢林。」意思是說，只要有人表現出弱點，就會有其他人來加以利用。如今，「叢林」一詞仍然相當流行，但是卻絕少出現在科學或環境出版物。許多人用這個名詞來貶抑南半球的環境——甚至隱隱然貶抑當地人民——也讓這個名詞多了一點種族主義的暗示。

「叢林」一詞在其他方面也變得不合時宜。至少在二十世紀中葉之前，大家都認為熱帶森林中的生活受到殘酷競爭的支配。他們相信，樹木在樹冠間會不斷地爭奪陽光，在地下又不斷地爭奪養分，失敗者就被判處死刑。如今，重點更放在合作上，樹木通常透過菌根真菌網絡交換養分，還經常跟其他物種合作。事實上，在森林裡，個體身分如此模糊，甚至連生與死都難以區分，競爭與合作幾乎是不可分的。

13 拿著大斧頭的人
The Man with the Big Axe

斧頭跳起來！
堅固的森林發出流暢的聲音，
他們倒下來向前翻滾，又站起來搭建
小屋、帳篷、平台、觀測……

——美國詩人華特．惠特曼（Walt Whitman），
〈闊斧歌〉（Song of the Broad-Axe）

玻璃櫃裡一片漆黑，但是當你按下大大的紅色按鈕，代表太陽的黃色燈泡就會亮起來。然後你會看到一個一九五〇年代典型的美國中產階級家庭，由一夫一妻、一兒一女，還有一隻狗組成，得意洋洋地站在自己的房子和車子前面。他們所有人，包括那隻狗，都開始唱歌，講述他們家裡的一切都是如何由石化產品製成的。等他們唱完之後，男孩說：「可是貓

不是，我們家裡唯一不是用石化產品製成的就是貓。」隨後天空中傳來一個低沉的聲音，快活地答道：「好吧，還沒有。」然後笑了起來。接著，玻璃櫃又再次陷入一片漆黑。

這是芝加哥科學與工業博物館（Museum of Science and Industry in Chicago）內相當典型的展品，我在一九五〇和六〇年代還是孩子的時候，曾經多次參觀過這間博物館。這其實是一個宣傳廣告博物館，展品的主要目的和所有廣告一樣，都是為了引起注意。當時，科學被一種近乎宗教般的光環圍繞，展品中所包含的科學知識足以讓參觀者相信他們正在進行朝聖之旅。展品中還包含一個巨大的人類心臟模型，當你穿過心臟時，它還會跳動。甚至還有一台攝影機，你可以在電視上看到自己，這在當時可是僅限於名人和政客才有的特權。

最大的展覽位在大廳的正中央，專門展示木材工業。你會進入一間小木屋，從窗戶向外望去，可以看到伐木工人保羅・班揚（Paul Bunyan）臉部的巨大模型，嘴唇和眼睛都會動，有時它會默默地抖動嘴唇或轉動眼睛，有時會播放出預錄的聲音，講述保羅在伐木場的事蹟。當時，保羅・班揚的傳說流傳甚廣，普遍被視為一部美國民間史詩，可以跟亞瑟王或赫丘力士的故事相提並論。[1]詩人卡爾・桑德堡（Carl Sandburg）寫道：「有一部分的保羅像山一樣古老，又像字母表一樣年輕。」[2]

保羅．班揚的荒誕故事

保羅．班揚的流行故事都是基於單一主題——宏偉巨大。保羅是個巨人，有時候身高兩米，有時候兩米半，有時甚至還要更高。不論走到哪裡，他總是帶他的吉祥物，一頭巨大的藍色公牛，名叫貝貝。保羅挖了一個大湖，還鏟了土丟進聖勞倫斯河（St Lawrence River），創造了千島群島（Thousand Islands）。此外，他為了運送木材，還搬動河流，更拖著斧頭，闢出了大峽谷（Grand Canyon）。在保羅的伐木公司裡，廚師必須使用一個特大號的平底鍋做菜，為了替鍋子上油，人們還得踩著牛排在鍋底表面像溜冰一樣滑行。保羅用一根空心樹幹當擴音器，召集他的伐木工人吃飯。

這些故事代表一種美國民間傳說的特別文類，稱之為「荒誕故事」，故事內容全都基於大量的誇張，而且從不打算讓人相信。[3]它們表達了對工業革命的興奮之情，許多以前幾乎難以想像的事情一一實現，逐漸成為日常生活的一部分：鐵路、電報、摩天大樓、電燈、電話等。同時，故事中的誇張幽默也有助於緩解工業革命帶來的不安，自我嘲諷的元素抒解了讚頌力量時可能出現的傲慢印象。

在工業革命中，人們學會了以過去看似大自然獨有的速度和可靠性，重塑了整個地景，實現的手段包括：挖掘長運河、建造大水壩、炸毀岩石、改變河流方向，當然還有大規模的砍伐。荒誕故事的公式是，將至少有一部分是透過工業取得成就，歸因於老式的人力和聰明才智。其結果是至少讓一部分的工業變得人性化，同時使這個成就看起來更加壯觀。

保羅可能是偏遠山區的伐木工人，據一些人說他是文盲，但是他的故事卻透露出資本主義與進步的意識形態。這麼多的發明都歸功於保羅，以至於哈羅德・費爾頓（Harold Felton）在寫《保羅・班揚傳奇》（*Legends of Paul Bunyan*）時，並沒有區分真正的民間傳說和大眾流傳的說法或捏造的情節，而是用一整個章節來介紹這些發明。據說，保羅發明了甜甜圈和磨石，還有無數用於伐木、鑽探石油、收割莊稼等的裝置。[4]根據一個相對真實的傳說，他還製造了一把獵槍，可以射殺在極高空飛翔的大雁，乃至於等到中彈的大雁掉到地面時，身上的肉就已經腐壞了，因此他後來在鉛彈上加了鹽來保存大雁的肉。[5]

荒誕故事在二十世紀後半葉逐漸消失。工業革命涉及放大技術裝備的尺寸，而數位革命則是縮小技術裝備。過去的電腦要佔據整個房間，而智慧型手機則是其縮小版，而且功能更強大。此外，從核彈到環境污染等因素，使得新科技帶來的危險不容忽視。

沉迷於「大」的時代精神

荒誕故事既有趣又容易編造。保羅・班揚的故事生動滑稽，但是其中沒有任何深刻的情感、抒情或悲劇性。保羅與大多數民間傳說中的英雄不同，他從未經歷過嚴重的失敗，甚至從未接受過特別強大的對手考驗。他就只是繼續在森林裡砍伐木材，而森林本身似乎取之不盡、用之不竭。這些故事表達了一個時代的精神，這個時代沉迷於「大」的概念——大人物、大計畫、大事跡、大夢想，尤其是大企業。可是，這些故事最初都是由相對比較沒有權力的勞工所講述的，也許所有的大聲咆哮背後都隱藏著一種脆弱感。

那麼大森林呢？它們確實被大規模——也就是工業規模——砍伐。根據一些記載，保羅和他的團隊在四十英畝的土地上砍伐了一億板英尺*的白松。[6]保羅還徹底砍光一些州的森林，將地景變成一片大草原，是值得欽

* 譯註：Board feet 是美國和加拿大用於計算木材數量的專業計量單位。一板英尺為一英尺長、一英尺寬、一英寸厚的木材體積。

一九五〇年代在美國課堂上使用的海報，說明木材的用途。
儘管森林仍然被賦予浪漫色彩，卻也高度商業化。

佩、認可和大書特書的成就。[7]有一個故事說他砍伐樹木不是用斧頭，而是用一把巨大的鐮刀，基本上就像農民割麥稈一樣收割樹木。[8]保羅之於美國樹木，就像狩獵大型獵物的獵人之於非洲野生動物一樣。

然而，保羅．班揚的年代是個極短暫的歷史時刻，最多只持續幾十年。許多圍在火邊講述保羅．班揚故事的伐木工人可能意識到他們的生活方式正在消失，所以希望在它完全消失之前賦予一點魅力與光彩。到十九世紀中葉左右，美國東北部的原始森林——除了在最難以抵達地區的一些孤立林地之外——全都已砍伐殆盡。當然，後續還有二次生、三次生，乃至於四次生的森林，但是它們產生的木材數量或品質都難以相提並論。對木材的需求不斷增加，因為除了建築、暖氣和鐵匠等傳統用途之外，還有工業用途，例如為鐵軌提供枕木、為引擎提供燃料、為煉鐵的鼓風爐提供柴火，還有為造紙業提供木漿。

跟殖民屯墾一樣，木材工業最初向西轉移到五大湖區各州。從一八七八年到一八八三年，這個地區的白松木材產量增加了一倍以上，然後略有波動，但是仍然持續增加，一直到一八九二年開始急劇下降，如此持續了數十年，直到一九二〇年，木材產量還遠低於大砍伐開始時的水平。[9]五大湖區各州的森林資源枯竭，於是木材工業轉移到南部和太平洋西北地區，只不過這些地區很快就遭遇同樣的命運。

伐木工人的流動生活

第一個有文字記載的保羅．班揚故事，是一八八五年在威斯康辛州托馬霍克（Tomahawk）附近講述的。[10]在接下來的幾十年裡，這些故事相繼出現在威斯康辛州當地的報紙，並被一些民俗學家收集起來。最初的故事比後來的版本粗糙得多。儘管有些伐木工人技術高超，但是他們都是流動勞工，擠在臨時居所裡，從事危險的工作，有時甚至在天寒地凍的日子也要上工。

要砍倒一棵樹，他們會用斧頭在一側砍出一個缺口，然後從另一側開始鋸樹木，直到樹向有缺口的一側倒塌。然而，總是有可能出現樹幹內部某個未知部位是空心的情況——或者至少有一部分是中空的，尤其是樹齡很大的樹木——導致樹木意外傾斜或是倒向錯誤的方向，造成嚴重的事故甚至死亡。

由於伐木多在沒有鐵路的偏遠山區進行，通常附近也沒有道路，因此砍下來的原木必須經由溪流運輸。但是因為河岸多半呈現不規則狀，經常造成原木堵塞的現象，需要人工疏通，這時候，伐木工人必須站在原木上，保持平衡，然後用長桿推動卡住的原木，否則就得動用炸藥。意外落水或爆炸都可能會造成傷害，而且伐木工人也都沒有意外保險。

因此，當春天來臨，伐木營解散時，伐木工人經過幾個月的辛苦工作後回到城鎮，就會想要放鬆一下，隨之而來的爭吵、酗酒和嫖娼也就一點也不奇怪，讓他們留下昭彰惡名。

許多伐木工人因拳打腳踢或械鬥而留下傷疤和其他明顯的傷害。儘管城鎮對暴力事件感到遺憾，但是鎮上仍有大型妓院和酒吧容納這些工人。早期流傳的故事，或許也有關於保羅・班揚對飲酒、打架和性有異於常人癖好的記載，但是伐木工人不願意對外人透露。有少數消息提供者暗示了這類事情的存在，甚至有一些人還簡短地提到保羅酗酒之事，不過並沒有任何實質的故事內容流傳到我們這個時代。[11]

廣告為故事推波助瀾

保羅・班揚的故事之所以廣泛流傳，完全歸功於廣告。一九一四年，曾經是伐木工人後來在紅河木材公司（Red River Lumber Company）廣告部門工作的威廉・勞格海德（William B. Laughead）寫了一本小冊子，名為《加州韋斯特伍德的保羅・班揚》（*Introducing Paul Bunyan of Westwood, California*），推薦該公司的產品，並附有保羅・班揚的軼事。這本小冊子送給潛在客戶，兩年後又推出了新版本，但是當時並不是太成功。該公司宣傳「保羅・班揚松木」，並使用保羅的圖片作為標誌。[12]

一九二二年，勞格海德出版了一本宣傳小冊，名為《保羅・班揚的驚異功績》（*The Marvelous Exploits of Paul Bunyan*）。[13]除了極少篇幅介紹紅河木材公司的產品之外，其他內容都以這位傳奇伐木工人的傳聞為主，但是也有相當程度的自由發揮。勞格海德利用零碎、互不相干的故事，建構了一個連貫的循環。他給保羅的公牛取名為「貝貝」，並為保羅原本無名無姓的同伴取了一些生動有趣又通俗易懂的綽號，例如「快筆強尼」、「酸麵糰山姆」等。勞格海德從企業經營的角度出發，將保羅塑造成一名理想的經理人，[14]原本就已經夠大的身材與力氣，這一次更加膨風，讓他變得不太像人，反倒像神，也是暗地裡在嘲諷那些容易受騙的伐木工人。

商業化的民間傳說

勞格海德發明的名字和其他細節很快就成了保羅．班揚的經典，甚至成了口述傳統。在勞格海德建立了一個框架之後，其他人就很容易持續發明保羅．班揚的故事，成了文學或流行文化的一部分，而且書寫傳統很快就壓倒口述傳統，於是民間傳說與流行娛樂就再也分不開了。除了主要是針對兒童的流行書籍之外，班揚傳說的熱潮還擴及玩具、遊戲、卡通、旅遊景點、餐廳等等。他從一個民間傳說中的人物，後來變成某種漫畫書裡的超級英雄，就像人猿泰山或超人一樣。

這種商業化激怒了民俗學家理查．多爾森（Richard Dorson），他以保羅．班揚作為主要的例子，稱之為「假民間傳說」（fakelore）。他說保羅．班揚是「二十世紀大眾文化的偽民間英雄，一個模糊的符號，順手用來驗證『美國精神』」。他接著列舉出故事中的許多矛盾之處，包括保羅驗證了從無產階級神話到高效營利公司的理想。最後，多爾森的結論是：「沒有神話，只有一個空洞的巨人和他空洞的牛」。[15]

多爾森是一個純化主義者，致力於將民間傳說建立為學術性專業，因此，他很努力地將民俗學與文學——尤其是流行媒體——區分開來。在這方面，他做得並不是很成功。就算許多以前的作家在口述傳統中過度誇大了保羅・班揚的故事基礎，但是多爾森幾乎完全無視少數關於他的真實民間故事，這種做法仍然是錯誤的。簡單地說，多爾森未能認知到口述傳統和書寫傳統是如何緊密交纏，而且很可能一直都是如此。我們將亞瑟王故事視為民間文學，但是卻無法判斷是否經常在壁爐旁講述這些故事。我們唯一能夠真正確定的是，這些故事構成了許多中世紀史詩的基礎。儘管多爾森渴望為民間傳說奠定科學基礎，但

加州克拉馬斯（Klamath）的神祕之樹景點裡的保羅・班揚與藍牛貝貝雕像。

是我懷疑他可能私下堅持一種非常浪漫化的觀點，認為民間傳說體現了一個民族的智慧，卻沒有充分認識到民間故事並不需要比個別創作的故事或新聞報導更深刻。

多爾森在二十世紀中葉寫作時，商業文化遠比今天平靜，知識分子永遠在反抗他們眼中的平庸與順服的壓力。這種反抗精神有多種形式，例如存在主義、披頭族（Beatnik）的詩歌甚至搖滾樂，而在民俗研究中，則是表現出一種對於真實性的要求。多爾森認為，探險家戴維・克羅克特和邁克・芬克（Mike Fink）等人故事中的粗俗——可能是粗魯、殘酷、甚至是種族主義——正是其真實性的表徵，特別是相較保羅・班揚幾乎神聖化的故事。[16]多爾森沒有意識到，邊疆故事強調的誇張和言過其實，反映並促進了美國的商業文化。畢竟，廣告商比邁克・芬克更會自吹自擂。而大眾文化，即使是表面上最平淡的形式，如果仔細審視的話，也可以跟任何其他類型的故事一樣透露社會的真實面。保羅可能代表大伐木，而貝貝可能代表大農業，但是他們並不是空洞的。

保羅・班揚的故事有一個更大的問題，與其文類無關。大多數民間傳說都頌揚自然世界，這也是它吸引人的很大原因。保羅・班揚的故事——無論是民間傳說、流行文化或文學——幾乎沒有任何暗示森林具備精神或美學的吸引力。樹木只不過是商品，要盡可能快速而有效的利用。這同樣適用於動物，在一些故事中，動物也以相當驚人的規模遭到獵殺。

這也證實了吉福德・平肖（Gifford Pinchot）——他後來成為美國林務局的第一任局長

紐約州艾姆斯福德（Elmsford）一個加油站的保羅．班揚雕像，可能建於一九五〇年代。保羅．班揚對廣告商來說是一棵搖錢樹，總是想方設法利用他的故事謀利。因此，英國石油公司（British Petroleum corporation）想到他們公司的名稱縮寫（BP）與這位傳奇伐木工（PB）相同，只是順序剛好顛倒，於是就利用他來宣傳自家的產品。幾十年後，這座雕像仍然矗立著，只是現在少了一隻手臂。

圖爾・德・圖爾斯特魯普（Thure de Thulstrup），
〈在威斯康辛州北部伐木〉（Logging in Northern Wisconsin），
版畫，取材自《哈潑週刊》（*Harper's Weekly*），1885 年 2 月 28 日。

——當時對美國林業的評估，即「人類歷史上規模最大、速度最快、最有效率也最可怕的森林破壞潮，就在美國達到巔峰，而美國人民還因此感到高興」。他接著又談到美國這個拓荒國度是如何將森林視為進步的障礙。[17]

50 美國政府的森林保護與矛盾

在保羅．班揚非常早期的一個故事中——這個故事並未收錄到大多數的選集中，原因不言自明——這個大個子沒有足夠的錢來支付伐木工人的工資，於是他跑進營地裡，大喊說這些人砍伐了受政府保護的樹木，很快就會被判刑入獄。這些工人隨手拿走任何他們能拿的財物，倉惶失措地朝各個不同方向逃逸，也不再索討他們的工資了。[18]保羅在這個故事中還是一樣的聰明，只是這一次既不誠實，也不光明磊落。這也幾乎也是保羅．班揚故事中唯一一個認知到有人認為砍伐古代森林是錯誤的。

力有未逮的國家公園政策

當保羅及其團隊摧毀五大湖地區的原始森林時，一場森林保護運動確實開始萌芽。

一八六四年，林肯總統簽署了《優勝美地山谷撥款法案》，將優勝美地和周邊土地劃為公共用途，如登山健行、休閒娛樂等。一八七二年，格蘭特總統簽署了一項法案，指定黃石公園為第一個國家公園。我想伐木工人可能只是隱約聽說過這些事件，卻不理解全貌。若是要為這些伐木工人說幾句話，我們可以補充說，設立這些公園的理由往往模糊不清、前後矛盾，而且不易理解。就民間傳說而言，保護威斯康辛森林的想法被視為荒謬無稽，但又不至於牽強到讓華盛頓的那些瘋子不會去做。

然而，時至今日，我們很可能想知道為什麼威斯康辛以及五大湖和南部其他地區的原始森林完全沒有受到政府的保護。那裡有許多參天大樹，但是卻沒有一棵樹的寬度能與遙遠西部的紅杉相提並論；那裡也缺乏壯麗的景觀特徵，例如廣闊的峽谷或高山；那裡跟優勝美地一樣自然，而且往往更少有人定居，只不過它們沒有那麼壯觀。

設立國家公園，並將其景觀視為近乎神聖，可能會讓毫無節制地砍伐美國其他森林變得更容易，因為這會緩解人們破壞自然世界的良心不安。另一個選擇是允許已經建立在優勝美地的農場繼續存在，同時保護五大湖附近的絕大部分原始森林。不幸的是，關於自然宏偉的崇高言論，在崇敬和商品化之間幾乎沒有留下妥協的中間立場。

數千年來，森林砍伐、佔地定居、耗盡資源、再轉進其他地區的這種模式在全球不斷重複，產生了一種普遍的懷舊感，一種對遙遠過去某種未知生活方式的渴望。從希臘羅馬神廟到哥德式大教堂和中國寶塔，所有崇敬拜神的房子都是以森林為模型建造的，因為森林通常被視為神聖不可侵犯。然而，這種心態不僅有助於它們的保存，也會導致它們的毀滅。自現代以來，大部分的森林砍伐都受到近乎宗教性的強烈驅動，想要打破偶像崇拜。森林遭謾罵為野蠻不開化，甚或只是進步的阻礙。[19]但是，即使人們在破壞森林，同時也一直在為森林哀悼。也許我們對大自然的概念基本上是一種懷舊，渴望某種我們不知道是什麼，卻只知道已經失去的東西。

詹姆斯・吉爾雷（James Gillray），《自由之樹，魔鬼誘惑約翰牛》

（*The Tree of Liberty, with the Devil tempting John Bull*），

1798 年，手繪彩色蝕刻版畫。

這幅漫畫將法國大革命期間種植的自由之樹與背景中的英國傳統樹木進行了對比。

14 樹的政治

The Politics of Trees

當法國人讀到伊甸園時，我毫不懷疑他的結論會是：伊甸園跟凡爾賽宮很像，有修剪整齊的樹籬、搖籃和花格涼亭。

——英國作家霍勒斯．沃波爾（Horace Walpole）

對當代讀者來說，森林史中最大的矛盾之處，可能是我們習慣將森林保護視為政治左翼的事業，然而在歷史的大部分時間裡，卻大多被視為右翼的訴求。政治左翼和右翼之間的區別是現代才出現的，可能只能追溯到法國大革命時期，當時議會中的政黨根據其政治觀點坐在主席台的左側或右側。我們很難確切地說出政治左翼和右翼之間的差異在哪裡，一般來說，左翼比較民主，較少精英主義，或者說至少如此。可是，在歷史上的大部分時間裡，最認同自然世界的主要是精英階層，也許是因為他們比較有辦法保護自己免於受到自然的威脅，可以盡情享受自然美景並掠奪自然資源。右翼比較過去導向，而左翼則是未來導向——儘管我懷疑二者之間的區分可能多半是部落性的，而不是哲學性的。無論如何，環保主義現在是每個左翼政黨綱領的主要部分，而右翼政黨則將其最小化甚或完全忽視。

人類與自然領域的關係演變

在農村社會，例如美國東北部的林地居民或中世紀早期的農民，森林相對來說是公有財產，用於多種目的，例如收集柴火、採草藥或狩獵。自然世界和人類世界之間的界線是一個非常漸進性的連續體。當人類更深入森林時，人類的控制逐漸減弱，而自然或超自然的生物變得更加突出，但即使是人類和自然神靈之間的區別也可能非常模糊。

我們現在很難說清楚，自然領域和人類領域之間的鮮明區別是何時又是如何誕生的。在相對以人類為中心的希臘和羅馬文化中，所有主要神靈都具有人類形態，儘管他們偶爾會變化成動物。有些神靈與人類領域有密切關聯，如太陽神阿波羅和戰神雅典娜，而其他的則與森林和其他景觀聯結在一起，如酒神狄奧尼修斯（Dionysius）和月神阿蒂密絲。與人類相關的神靈顯得超然和清醒，而與森林相關的，尤其是狄奧尼修斯，則顯得狂熱和瘋癲。

基督教興起並未替人類與自然世界之間的關係帶來直接且巨大的改變，這一點跟一般人所設想的不太一樣。一方面，基督教已經證明在很大程度上非常善於吸收民間信仰或是被民間信仰所吸收；至於基督教是否比希臘羅馬異教更以人類為中心，目前尚不清楚。耶穌基督在某些方面比希臘羅馬的神靈更明確的具有人性，因為他和人類一樣，都遭受難以忍受的痛苦和死亡。儘管如此，他仍然是一位植物之神，他與狄奧尼修斯的關係比他跟阿波羅的關係更接近。

到了大約西元八世紀末，查理曼大帝對異教徒撒克遜人發動種族滅絕戰爭，大幅降低了基督教的包容性。他在這場戰爭中將拒絕接受洗禮或褻瀆耶穌的人全都判處死刑。緊接著，他宣布更嚴格地控制森林——也就是撒克遜人的家園——讓森林開始失去作為公共領域的地位。最特別的是，他開始劃出大片森林作為狩獵保留區，在接下來的幾個世紀中，整個歐洲的其他君主和貴族紛紛起而效尤。

然而，查理曼並不是以人類統治者的名義這樣做；相反的，他宣稱自己獲得自然的授權，來行使他對森林的權力。正如前文所見，這個做法確立了高度儀式化的雄鹿狩獵。禁止砍伐森林的法律和農民使用森林的限制，都是為了保護自然免受人類侵犯的一種手段，不過也是維護君主權威的一種方式，因為自然被視為賦予君權的神聖階級秩序。在許多方面，農民的地位還不如動物，例如鹿，甚至不如樹木。

這種秩序在中世紀末期發生了部分變化。儘管皇室和貴族的狩獵保留區仍然繼續存在，但是有愈來愈多的森林遭到砍伐，清出空地，供人類居住。當森林消失後，反而在騎士史詩和童話故事中被美化成浪漫和冒險之地，不再適用傳統規則。當資本主義逐漸取代封建秩序

盧卡斯・凡・瓦爾肯博赫 (Lucas van Valckenborch)，《春天》（*Spring*），1595 年，布面油畫。 即使百花盛開的春天已經到來，畫中人物仍然穿著非常正式的服裝。背景是一座文藝復興時期的花園，精心佈置了許多形狀對稱的小塊土地。

之後，才開始以人類統治的名義砍伐和控制森林。

服務權威統治的庭園設計

這種差異也許可以從庭園設計看得最清楚。文藝復興時期的園藝風格在路易十四的凡爾賽宮達到了巔峰，戲劇化地表現了人類對自然的統治，特別是透過設置了對稱且呈幾何形狀的花園、精心修剪的方形花台、刻意修剪的樹木。路易十四至今仍然被視為絕對統治者的終極典範，他選擇太陽作為自己的象徵，獲得「太陽王」的稱號。他認同的不是基督，而是太陽神阿波羅，也是希臘羅馬萬神殿中最擬人化的神靈，代表了文明的藝術和人類形式的完美典範。於是遮擋住陽光的森林，就成了落後與迷信的象徵。

早期現代風格以十八世紀英國庭園為代表，其基礎不是統治自然，而是聲稱自己擁有自然的權威和力量。自然確實可能是至高無上的，不過其化身卻是統治者或莊園主人。這種風格的特點是不對稱的設計和弧形曲線，甚至比文藝復興時期的花園更強調以各種手法控制景觀，例如改變溪流河道、建造人工湖、改變地形、選擇種植樹木的位置等。這樣的庭園可能看起來很自然，不過只是因為隱藏了技巧的緣故，其實主人對整體景觀進行了巨大的改造。[1]

文藝復興時期的風格是毫不掩飾的以人類為中心，而早期現代風格卻是渴望以人類為中心，但是實際上，或許還是以生物為中心。然而，二者在實踐中，服務的對象在本質上仍屬同一個，即威權統治。英國庭園創始人漢弗萊・雷普頓（Humphry Repton）口中所稱的「只是為了便利才存在的東西」，其實是不准出現在主宰整個景觀的莊園宅邸附近，這些東西包括穀倉、學校、菜園、教堂墓地和任何其他純粹以實用為目的的物件。[2]有時整個村莊都被拆除，理由是它們妨礙了以貴族宅邸為中心的和諧景觀。[3]有時候，一個還在運作的農場可能會隱身在一座城堡或教堂的仿造廢墟之中，因為這些才是高貴的建築。[4]莊園宅邸是自然的表現，而據說自然的秩序將富人置於一般人類之上。

自然成為權力鬥爭的延伸

有「萬能布朗」之稱的蘭斯洛・布朗（Lancelot 'Capability' Brown）和其他人設計的輝格

塞繆爾・韋爾（Samuel Wale），《伊甸園中的亞當與夏娃》
（*Adam and Eve in the Garden of Eden*），約 1773 年，版畫。
這裡的天堂是按照植物園的模型想像出來的，亞當和夏娃是植物園的所有人。
他們的支配優勢強大卻不招搖，細心照顧來自全球各地的動植物。

展示盤上有查理二世在樹上的圖案，約 1680 年，
湯馬斯．托夫特製作的剔花裝飾陶器。

黨（Whig）庭園，有一部分被保守黨庭園所取代，因為後者在某些方面進一步體現了主人對自然的認同。前者精心修剪整齊的園林，被模擬「野生」自然的景觀取代。輝格黨庭園的意識形態是自由放任的資本主義與貴族特權的結合，而保守黨的意識形態則有一部分受到了對新興資本主義秩序的反應啟發。他們經常回顧舊英格蘭時期的理想化封建秩序，不論是人或自然都不受市場變遷的影響。莊園宅邸與其說是新秩序的代表，還不如說是理想化社區的行政中心。[5]這也導致私有財產的概念弱化和包括森林在內的公有地部分復甦，最終產生了國家財產的想法，即國家公園的起源。[6]

這種皇室和貴族認同自然的生動象徵，在許多描繪英格蘭國王查理二世為了逃避克倫威爾士兵而躲到橡樹中的圖案可以看得到。約翰．伊夫林（John Evelyn）將他在一六六四年首次出版的書《林木誌》（*Silva*）獻給了國王，稱查理二世為「Nemorensis Rex」，意即「森林之王」，並稱此樹為「那棵因您大駕光臨而封聖的神聖橡樹」。[7]這個場景的另一個呈現則是湯馬斯．托夫特（Thomas Toft）創作的陶盤，製作於一六八〇年左右，現收藏於紐約大都會藝術博物館。這個陶盤和其他許多作品一樣，顯示年輕的國王不只是坐在樹枝上，而且與橡樹融為一體，兩根樹枝形成了他的手臂，而樹幹則成為他的脖子，連接他的頭部。他的頭部周圍都是橡樹葉，橡樹的一側是一頭兇猛的獅子，那是英格蘭和野生自然的象徵，另一邊是一隻獨角獸，同樣兇猛，脖子上還掛著一條長長的金鍊。[8]傳統的鏈條可能象徵蘇格蘭國王的權威，特別是在這種情況下，鏈條可以進一步詮釋成自然法則，據稱自然法則確認了君主的權威。他與樹合而為一，與森林合而為一，森林的神聖力量確認了他的統治權。

51 木材短缺的政策管理角力

森林成為皇室、貴族、中產階級和農民之間持續權力鬥爭的中心，尤其是在法國。這些爭論可能大多都是實際發生的，但是背後的象徵意義卻幾乎變得跟權力鬥爭本身一樣複雜，而且也沒有那麼隱晦。這一切都是從十七世紀開始，當時歐洲強國的人民擔心即將到來的木材短缺，因為他們不僅需要木材用於建築、照明、暖氣、打鐵和玻璃製作，還需要用於工業規模的高爐來冶煉礦石。此外，這些需求——特別是對柴火的需求——有許多也因為全球氣溫下降而加劇，也就是從一四五〇年持續到一八五〇年的小冰河時期。就許多歐洲政府而言，對木材最劇烈的需求莫過於造船了，因為造船需使用大量的木料。關於保護木材的爭論也由此而生，而且有時候還類似當代的爭論，甚至有人將其視為環保運動的濫觴。但是其實在當時的爭論中，沒有任何一方對環保有絲毫關心，至少按照我們今天對環保一詞的理解來說是付諸闕如的。

樹木作為地位象徵

隨著愈來愈多的森林遭到砍伐，樹木也愈來愈成為一種奢侈品和地位的象徵。君主和貴族在精心設計的遊賞花園裡種植樹木，旁邊可能還矗立著維納斯的雕像——人造的「古代」神殿遺址。沿著重要道路兩側，每隔一段固定的距離種植一排排的樹木，可以提供遮蔭並吸收雨水。通往皇室或貴族宮殿的大門兩旁，也會栽種參天大樹，凸顯這個地方的重要性。

一六六二年，約翰．伊夫林向新成立的英國皇家學會提交了一篇論文，主張植樹造林，為英國海軍提供木材。兩年後，他將這篇論文擴展成一本書，取名為《林木誌》，又名《森林樹木的繁衍》（*The Propagation of Forest Trees*）。除了針對什麼樣的樹木在不同類型的土壤長得最好等技術性問題提供大量建議之外，伊夫林還訴諸傳統，說自荷馬以來，樹木因其美麗而受到高度重視，同時還象徵土地所有人的偉大，藉以鼓勵地主植樹護林。

其實，伊夫林提倡保護森林倒不是為了造船材料，而是作為代代相傳的遺產。他在序言中寫道：「我編纂這部作品，並非完全是為了我們普通鄉下人（一般的林務員和樵夫），而是為了更賢明的人，為了紳士和那些高素質人的利益與消遣，因為他們經常在愉悅的植樹勞動中重振精神。」[9]要這些英格蘭貴族為了強化海軍就心甘情願地放棄他們重視的樹木，似乎不是一件容易的事，因為這些樹木都是他們家族代代栽種的。況且，英格蘭已經開始從俄羅斯、波羅的海國家和美洲殖民地進口大部分用於造船的木材，並不需要自給自足。[10]

法國的森林管理：「大樹下的矮樹林」

一六六九年，法國國王路易十四宮廷中掌握大權的財政部長尚－巴蒂斯特・柯貝爾頒布了《有關水域和森林的法令》（*Ordonnance des Eaux et Forêts*），其中制定了一項保護法國森林的計畫，旨在確保國家的軍事實力。法國與英格蘭、荷蘭等國不同，他們本身擁有木材儲備，足以滿足不斷增長的海軍需求，但是這必須透過精心管理才能實現。[11]主要用於法國森林管理的系統可以總結為一個經常重複的公式，稱之為「大樹下的矮樹林」（Le taillis sous futaie），聽起來像是一個會引起共鳴的政治口號。大樹象徵著皇室與貴族，下面的矮樹林則代表地位低下的平民百姓。林下層的樹木可以用來提供柴火，滿足其他日常用途，至於那些可能需要將近一個世紀的時間才能長成的高大樹木，則為海軍船艦的舷側提供長板，為桅杆提供長桿。這樣的系統允許一般人或多或少地根據需要取得木材，而不是全面砍伐。

然而，這種「大樹下的矮樹林」做法存在實用、環境和美學上的問題。一方面，指明兩種截然不同高度的樹木（即非常高和非常矮）就少了很多一般自然重生中可以看見的多樣性，像是不同海拔和物種的廣泛組合。此外，大樹的樹冠可能會閉合，導致下面的樹木無法獲得足夠的陽光。同時，根據市場和軍事需求來決定砍伐的數量，也讓林務人員沒有太多彈性。伊夫林比柯貝爾更了解森林，他反對將矮林與高樹混在一起，理由是二者會爭奪空間和資源；反之，他建議將做為木材的樹木種植在田地的周圍，「好讓它們的樹枝可以自由伸展」。[12]

柯貝爾的法令反映了國王的願望，想要集中權力並將其強加於貴族身上。它賦予海軍控制法國森林的巨大權力，包括標記和保護未來大有可為的樹木的特權，即使這些森林屬於貴族成員所有。任何人若是想要出售木材，都必須在每一批出售的樹木中，保留最好的十棵樹，而且最好是橡樹，最終用於造船。然而，這項法令並沒有一致執行，特別是因為國王的戰爭和建築計畫造成了財政吃緊，甚至連國王也違反規定，不加選擇地出售木材來資助他的野心。[13]

普魯士的森林商品化原則

如果說「大樹下的矮樹林」是適合封建社會的安排，那麼普魯士的制度——以均勻分布的方式種植同齡的針葉樹並全面砍伐——則屬於早期工業時代的制度。普魯士與英、法等國不同，並沒有成為海上強權的遠大抱負，反而更關心木材的數量而非質地，因為木材的目的不僅是為家庭取暖和小型企業提供燃料，還要為採礦等主要工業提供燃料。漢斯．卡爾．凡．卡洛維茲（Hans Carl von Carlowitz）是普魯士薩克森州的礦產總監，需要大量木材來支撐礦井和大型熔爐，才能將礦石轉化為金屬。他於一七〇六年出版《經濟林業》（*Sylvicultura oeconomica*）一書，普遍被視為科學林業的濫觴，書中的立論基礎是永續發展原則（Nachhältigkeit），該原則規定，人們所獲取的木材數量永遠不應超過目前種植的樹木數量。[14]可是諷刺的是，這個想法是極端商品化的結果，而商品化卻是當代環保人士期期以為不可的做法。這個原則也是人們熟悉的商業格言的延伸——預算應該要平衡。對這個概念的理解比卡洛維茲原先的意圖要廣泛得多，後來成為生態學的基礎。

卡洛維茲主張在砍伐林地之後大量栽植種子，本質上就是農民收割作物後重新栽種的方式。他喜歡針葉樹，尤其是雲杉，因為生長的速度很快。其實當時的貴族已經在自家莊園進行景觀改造時大規模地重新栽種針葉林，不過卡洛維茲將這種做法擴展到產業界。

儘管卡洛維茲的基本定位是從商業利益出發，但是他也相當關注森林自古以來所具備的

羅斯吉賓莊園（Rosgiebing Manor），約 1700 年，木刻版畫，
傑西（Fruchtbringende Gesellschaft）出版。
這個機構是一個由貴族組成的慈善組織，其首要目的是提高德語水平。
畫中展示了貴族如何在他們的莊園進行針葉樹的單一栽培，
尤其是在日耳曼，後來這成為普魯士的官方政策。

宗教和文化意涵。他可能是第一個關注「silvae horridae」的人——也就是塔西佗所描述的恐怖森林。[15]這符合新興的工業化美學，透過宏偉的規模喚起敬畏之心。儘管大片種植針葉樹的做法有害生態，不過卻別有一番壯觀景象。大規模的單一種植雲杉並不是原始林相，但是很快就跟普魯士產生聯繫。這也將在未來幾個世紀之間引起反應，激發浪漫時期對昔日橡樹和椴樹的懷舊之情。

法國人和德國人都為自己的森林感到自豪。德國人經常相信他們國家裡的森林比法國更茂密；而法國人則認為他們國家裡的森林比德國森林更自然。無論如何，事實證明普魯士制度更符合新興的資本主義秩序。據我所知，沒有其他國家採用法國的「大樹下的矮樹林」制度，反而是有愈來愈多的歐洲國家，甚至包括法國在內，採用普魯士的做法，用針葉樹取代本土樹木，[16]甚至在看似原始的楓丹白露森林也是如此。[17]

英國在工業化方面居於全球領導地位，因此對燃料的需求最大。到一八〇五年，原始森林減少到僅覆蓋英國約百分之四．五的土地，[18]許多景觀，包括歷史建築周圍的一些景觀，都因樹木遭到砍伐殆盡，顯得像是荒地。然而，英國和歐洲大陸砍伐森林的後果大多只局限於美學和長期環境因素，木料的匱乏既沒有抑制海軍建造艦艇，也沒有抑制工業的發展。

仿喬治．亨利．鮑頓（George Henry Boughton）繪製的
《推定繼承人》（*The Heir Presumptive*），1873 年之後，版畫。
高大的樹木顯示小男孩即將繼承的莊園年代久遠。使用「推定」一詞而不是「法定」，具有諷刺意味，表明繼承權仍不確定。男孩和他的母親由一名黑人僕役或奴隸照顧，這幅畫是在美國內戰幾年後完成的。美國東南部的貴族秩序注定走向末日。

視森林為原始遺產

研究人員一致認為，英國和歐洲大陸對木材即將匱乏的擔憂——至少是將其視為一種商品而擔心斷貨——其實是過度誇大了。[19]隨著煤炭供應量不斷增加，各地對木材作為燃料的需求逐漸減少。伊夫林主要以海軍造船廠對木材的需求為藉口，撰寫有關昂貴嗜好的文章；柯貝爾試圖將森林置於國家的控制之下；卡洛維茲則是將森林商品化，純粹用於商業目的，同時否認或至少干預農民和貴族對森林的許多傳統用途。總而言之，伊夫林代表貴族，柯貝爾代表國王，卡洛維茲代表新興中產階級，他們預見當代環保主義的唯一原因，就是從長遠角度思考，從幾十年甚至幾百年的規模來思考。人類幾乎從遠古時代，只要一談到家族姓氏和祖籍，就會這樣做了。

但是也許伊夫林、柯貝爾和卡洛維茲在此都共有一個超越政治的意圖。人類每隔一段時間就會對森林死亡感到恐懼，不過後來事實證明這種恐懼都是誇大其詞，例如在一九八〇年代的歐洲大陸。我們很難區分務實性與象徵性的擔憂，可是森林屬於原始遺產的想法會放大任何危機感。誠如我們所見，森林總是被視為屬於過去的時代，尤其聯想到君主制和貴族，而這些制度卻愈來愈受到攻擊，因此保護森林就意味著保護傳奇的過去免於現代的攻擊。

對於君權神授的信仰逐漸勢微，森林與君主制度之間的聯繫也愈來愈薄弱。[20]一七九二年，也就是路易十六被捕的那一年，法國革命政府種植了六萬棵樹，主要是橡樹，稱之為「自由樹」。在許多人將法國大革命視為人類的新黎明時，這些樹木表達了對未來的信心。同年，政府批准了一種現在已經過時的定年系統，不再使用以耶穌基督的出現開始計算年分的西元紀年，而是從第一共和成立開始計算年分，不過只使用了很短一段時間就遭到廢除了。自由樹通常種植在公共空間，以便公民可以聚集在樹蔭下納涼。這種象徵意義跟政府的共和體制一樣，都有爭議。一八五二年，拿破崙三世剛剛在前一年年底的政變中推翻共和政府，重建了君主制，於是下令砍伐剩下的自由樹。這項傳統被「總統松樹」的傳統所取代，象徵卓越和一個秩序井然、等級分明的國家。[21]

52 納粹德國的環保主張

當樹木和森林的政治象徵意義不只局限於君主制與共和制之間的衝突，還擴及其他領域，例如自由放任的資本主義與社會主義、宗教與世俗主義、民族主義與國際主義、西方集團與蘇聯集團等等，一切就變得更加複雜了。然而，總體而言，一直到約莫二十世紀最後三十年，森林保育都被視為接近政治右翼，並在第三帝國時期達到巔峰。納粹奪取政權後，立即發布了一系列前所未有的詳細法律來保護自然，其中包括兩項關於森林的法律、幾項關於動物和一項關於狩獵的法律，這些規範最終在一九三五年六月的《自然保護法》（*Law on the Protection of Nature*）中集大成。[22]這些法律充斥著「血與土地」的意識形態以及關心動物與自然是日耳曼民族優越表徵的概念，但是其中也有一些條文相當人道，而且對環境有利。於是德國成為第一個保護狼和其他掠食動物的歐洲國家，[23]同時也禁止在鄉村地區設立廣告招牌。[24]

赫爾曼・戈林（Hermann Göring）堪稱是僅次於希特勒的第二號人物，獲得了「德國森林大師」和「德國狩獵大師」的稱號，並有權利為了保育目的而徵用土地，且毋需賠償地主。[25]一九三五年，在一次狩獵節上，戈林說：「我們習慣於認為日耳曼民族是永恆的，再也沒有什麼能夠比森林更能代表這樣的形象了。」[26]

「日耳曼化」的森林保護

除了納粹宣傳部長約瑟夫・戈培爾（Joseph Goebbels）等一些顯著的例外，納粹領導人都強烈反城市，並且相信德國人民從森林中汲取力量。[27]在所有職業中，林務員在納粹黨員中的比例位居第二，僅次於獸醫。[28]海因里希・希姆萊（Heinrich Himmler）的納粹黨衛軍有個致力於研究的分支機構「祖先遺產局」（Ancestral Heritage），曾經計劃進行一項大規模研究，其中包括六十多冊專門研究德國人與森林之間的關係，不過幾乎沒有任何成果。[29]該計畫將據稱屬於原始森林一部分的地區納入德國遺產，藉以實現帝國主義的目標。納粹計畫在他們征服的大片領土上重新造林，其中包括幾乎整個烏克蘭，藉此達成「日耳曼化」的目標。[30]

德國文化捍衛聯盟（Militant League for German Culture）於一九三六年發行了一部造成轟動的紀錄片《永恆的森林：第三帝國的自然意義》（*Ewiger Wald: Bedeutung der Natur im Dritten Reich*），透過交替出現的自然場景和德國歷史，讓德國人民與森林合而為一。影片一開始展示了異教儀式，例如圍繞森林中的五朔節花柱跳舞；隨後則是德國戰士、條頓騎士和普魯士軍人在森林中戰鬥的場景；[31]接著又敘述這些森林在威瑪共和時期受到商業剝削，可是在納粹統治下又恢復了活力；最後的場景是在森林樹冠下舉行了勞動節的勝利慶祝活動。[32]影片傳達的訊息是，德國人民將永遠勝利，就像他們誕生的森林一樣。[33]而諷刺的是，當影片展示戰後重新造林的地區時，種植的是均勻分布的雲杉，這種雲杉大約從十八世紀初才開始受到青睞，並不是德國的本土樹種。

儘管如勞爾・希爾伯格（Raul Hilberg）和理查德・奧弗里（Richard Overy）等許多傑出學者都曾對納粹時期和大屠殺進行過論述，但是這個題材到今天仍處於半壓抑狀態，仍然夾帶著各種創傷和敏感性，讓我們很難甚或完全不可能進行建設性的討論。政治衝突的各方都對納粹運動進行諷刺，使其看似與他們所倡導的任何事業都背道而馳，再將任何相反的跡象都視為宣傳，而予以摒棄。然而，這樣的論點讓我們陷入無休止的循環。我認為環保人士應該坦率地承認納粹確實分享了他們的一些想法，特別是為了防止這些想法遭到進一步濫用。納粹將國家權力與自然世界劃上等號，這項傳統至少可以追溯到查理曼大帝。希特勒在一九三三年表示：「人類永遠不應該誤以為自己真正主宰自然，成為自然的主人。」[34]這句話並不是出於謙卑的精神，而是為了宣稱自己的統治是來自自然的授權。來自那個歷史時代的最好教訓，可能就是大自然並未擁有一張人類的臉。

從右派到左派的自然保育

同時，大多數左派，特別是布爾什維克主義者，普遍認為對大自然和森林的關注是多愁善感、沉溺放縱和逃避現實的。[35]德國劇作家及詩人貝托爾特・布萊希特（Bertolt Brecht）在他的詩作〈致後世〉（To Posterity）中寫道：「談論樹木幾乎是一種罪，因為這是對不公正的一種沉默！」[36]當綠黨於一九八〇年左右在西德首度成立時，很多人擔心這將導致法西斯主義的復興。[37]自然保育不僅在左派中變成完全受到尊重的議題，甚至成為一項基本原則，這樣的變化如此徹底，以至於大多數人完全忘記了森林與政治右翼的長期關聯。

造成這種逆轉的一個明顯原因是左翼人士對氣候變遷及其危害的認識不斷增強；而另一個原因則是右翼受到反現代主義的驅動，特別是在保護森林方面。在相當長的一段時間裡，所謂的現代時期——歷史學家通常將其定義為一八〇〇年至一九五〇年之間——似乎是永恆的狀態，因為只要還有人類存在，每一代人就會期望比前一代更「現代」，而沒有那麼傳統。

如今，現代主義正迅速褪色，成為過去，變成一種懷舊的對象。但是對左派而言，現代時期愈來愈與奴隸、殖民主義、厭女、種族滅絕和環境破壞連結在一起。

如今，全歐洲的民主國家都有像德國這樣的綠黨，甚至美國也有一個勢力較小的綠黨。到目前為止，他們已成為政治格局中大家熟悉的一部分，不再顯得特別激進。他們都被視為左翼或中間偏左，很明顯的，最初對他們的擔憂又是杞人憂天了。然而，生態法西斯主義的復興，像納粹德國的那種生態法西斯主義，確實可能發生，而且可能來自右翼、左翼，甚或是二者的某種結合。隨著氣候變遷的相關問題日益嚴重，而民主政府繼續表現出自己無力應對這些問題，這種情形就可能會發生。一種情況是，那些最強烈否認氣候變遷是由人為造成的人可能會突然意識到這一點，並堅持這個問題只能透過專制控制來解決。然而，就算發生這種情況，我相信生態法西斯主義也會失敗。

森林砍伐導致氣候變化，這不是我們可以輕易解決並忘記的問題，其根源極其複雜，有文化、歷史、經濟、技術和法律條件的盤根錯結。[38]要有建設性的解決這個問題，需要的不僅僅是有個人魅力的領導者大膽舉措，更需要在許多層面上進行有機調整與協調，其方式太繁複且微妙，無法始終按照命令進行。我們不能像是一支軍隊，必須更像一片森林才行。

法蘭西斯·夸爾斯（Francis Quarles），《象形文字 XIV》（*Hieroglyph XIV*），取材自《徽章》（*Emblems*）一書（1696 年）。
火焰和落葉是短暫無常的兩個傳統象徵。

15 森林裡的河流
The River in the Forest

過去永遠不死，甚至尚未過去。

——美國作家威廉．福克納

時間看似完全真實，卻又完全無形。你不能將時間存放在罐子裡，或是用手指著時間。麥克．馬爾德是一位哲學家，他廣泛研究了植物如何挑戰我們對於身分認同的觀念，進而挑戰我們試圖理解這個世界的基礎本體論。他寫道：「植物生命的意義就是時間。」[1]植物透過季節週期、像樹椿年輪記錄的規律生長以及發芽和腐爛的模式來表達時間。

植物，從切花到秋天的落葉，一直都是時間短暫的象徵。從日本俳句到文藝復興時期的十四行詩，總是用植物來提醒我們：人類的成就不會永遠持續下去。以莎士比亞第七十三首十四行詩的開頭幾行為例：

你可能在我身上看到一年中的那個時間，
當樹葉泛黃，或掉落，或凋零
懸在寒風中瑟瑟發抖的枝頭，
荒蕪的詩班傾圮，曾有鳥群甜美歌唱。[2]

在日曆和用來測量時間的無數裝置出現之前，人類大多是透過植群才意識到時間，即便時至今日，在抒情詩中仍是如此。

人類理解森林的詩意建構

我們可以用手錶測量時間，但是就像其他事物一樣，我們也可以用圖像來建構時間。森林裡沒有直線，因此很難將時間或其他任何東西視為線性的。這種理解逐漸在城市中出現，也許特別是在祆教和亞伯拉罕諸教的傳統中，認為時間終將導致善與惡之間的終戰。時間就像一塊鋸成兩半的直板，城市代表未來，森林代表過去，現在是二者之間的空間。每一個傳統的森林形象也是對過去的重建。和過去一樣，森林裡充滿了祕密，可以收藏、釋放或摧毀這些祕密。在中世紀的森林裡，這是一段奇妙冒險的過去；在洛可可的森林裡，這是一段情色無所不在的時光；而在哥德式的森林裡，這是一種深刻的信仰；在叢林裡，則原始而暴力。

我在此列舉出來人類理解森林的種種方式非常廣泛，但是它們有一些共同點。在我們的傳統中，從皇家狩獵保留區到洛可可森林，森林都是一種神話般的過去，與非神話化的現在形成鮮明對比，姑且不論是好是壞。幾乎在所有案例中，森林世界都是萬物有靈論的，這與西方文化從過去到現在都盛行的人文主義觀點形成對比。如果人類將過去視為豐饒多產，那麼森林就會被情色化，就像在洛可可藝術中的那樣；如果他們認為過去很可怕，森林就會又深又黑，就像在許多歐洲童話故事中一樣。事實上，西方對森林的每一種描述，幾乎都是原始狀態的一種不同概念。

將時間嚴格劃分成未來與過去的做法，與其他二元論密切相關——文明與野蠻、人類與自然、秩序與混亂、理性與瘋狂。人類將他們希望否定的特徵，如「野蠻」，投射到森林中；又試圖將森林的某些方面，如「古老」，據為己有。我談到這些關於森林的想法時，多半是詩意的建構，而不是社會建構，因為它們主要反映的並非不同人類之間的關係，而是一種關於人類的陳述，透過另一個相當神祕的自我來理解。關於森林的每一個概念都是一種宇宙論。

人類管理和開墾森林，幾乎與森林本身一樣古老。我們所知的文明擴張需要頻繁的砍伐森林，這不斷衍生並重新確認了對某種模糊的、想像的原始世界的懷舊之情。隨著實體森林日益物化，文學森林也逐漸精神化。關懷森林變得愈來愈技術官僚式，而森林的形象也變得不那麼現實，反而更加浪漫。

傳統上，人類認為森林幾乎是在歷史之外，是人類起源的地方。這是一種定位點，人類可以根據這個定位來衡量自己已經走了多遠，但是有個早期的跡象顯示，這一點開始變了——至少對某些人來說是如此——那就是莎士比亞的戲劇《馬克白》。奇怪的三姐妹跟馬克白說：

馬克白永遠不會吃敗仗，
除非有一天勃南的樹林
會朝著他向登西能的高山移動。（4.1.105-7）

馬克白認為這意味著他從此刀槍不入，因為這種事情永遠不會發生。當馬爾康率領一支入侵部隊反抗馬克白時，他囑咐部下每人拿一根樹枝，並且帶著樹枝移動，藉以隱藏他們的人數。一名僕人向馬克白報告說，樹林開始移動了，然後馬克白這個篡奪王位的人很快就被推翻了。森林不再像馬克白想的那樣屬於一成不變的秩序，而是會改變的。然而，至少一直到最近，森林仍然代表著一種潛在的永恆狀態，一種需要保存、逃避或回歸的東西。

53 交織科學與情感的森林保護

今天的林業是一門高度技術的學科，幾乎所有可以量化的東西都已經量化了。我們可以從樹木的密度、直徑、物種組成、年齡和其他特徵進行統計來描述森林，更多的情感或美學因素可能只是林業專業人士在描述森林時順便提及，不過這些因素總是在幕後默默地推動討論。林務員也認真地記錄樹木的所有可能用途。以我居住的紐約州為例，這些用途包括採伐木材、飼養蜜蜂、收獲楓糖和種植香菇等等，這還只是其中一部分，現在又增加了一項碳封存，而且情勢緊急，讓所有其他用途都相形失色。

從森林愛好者的角度來看，碳封存也是最不明顯的好處。這個價值不是在局部層面可以直接感受到的，也不是在短時間內可以看得到。如果我們穿過森林時能夠意識到森林在穩定氣候中的艱鉅任務，那會更接近神話，而不是直接的實用範疇。我們可以推測樹木在某種意義上是有感覺的，但是卻無從得知它們看到或聽到了什麼。我們知道它們不斷地交換訊息，卻無法破解或翻譯這些訊息。我們知道它們正在幫助穩定全球氣候，但是卻無法立即看到這個過程。然而，碳封存為保護森林提供了一個理由，有時候甚至是一個藉口，而且還可能產生跨區域的共鳴，超越鄰里、地區或國家的邊界。

今天，砍伐森林的速度遠遠超出了歷史上任何時期，甚至連保羅・班揚的故事也記載了北美地區瘋狂砍伐樹木的情況。歐洲和北美溫帶地區的森林砍伐和重新造林的比例現在已經大致穩定，幾乎所有的森林損失都發生在拉丁美洲、非洲和亞洲的熱帶地區。[3]二〇二一年，熱帶地區失去了三萬二千平方公里的森林，約莫相當於比利時的面積。[4]但是北方富裕國家應該負的責任至少不比熱帶國家少，因為主要還是北半球富裕國家對木材和農產品的需求，才造成森林砍伐的結果。

復育荒野的人為干預

一直到二十世紀最後二十五年，保存或復育荒野的理想一直主導著森林保護的工作，尤其是在美國，至今仍有很大的影響力。在實務上，這經常成為人類更積極干預自然過程的理由。大多數時候，是以消滅入侵物種或重新引入本土物種的形式進行，有時候，這些努力非常成功，例如將狼重新引入黃石國家公園之後也帶動了植物生命的復甦。但是在其他時候，生物學家可能為了消滅外來物種而在地面噴灑除草劑或是在溪流注入毒藥，反而在無意間殺死了本土物種。[5]

環保人士試圖復育的時期距今愈遙遠，人為干預的程度可能就會愈激烈。例如，喬治・蒙貝特（George Monbiot）在他的著作《野性》（*Feral*）中，提議在英國大部分地區恢復遠古時代的生態系統。由於那時候的許多動物現今早已滅絕，因此需要引入牠們的近親，例如獅子和大象；這個計畫同時也要消滅綿羊等「入侵」的動物。蒙貝特否認他想要重現過去的特定景觀，而是希望創造一個更有活力與自發性的景觀，不過舊石器時代的過往顯然是他的模型。[6]我擔心，在實現這個願景的過程中，實際上反而造成事與願違的情況。即使是最近才剛剛在野外環境中滅絕的物種，如美洲鶴和加州禿鷹，在重新引入之後，也需要接受廣泛的訓練、持續觀察，並定期檢查是否有害。獅子和大象需要仔細監控，因此修復後的叢林將布滿隱藏攝影機。這個計畫可能會將英國變成一個野生動物園。

雖然絕大多數環保人士都支持消滅許多入侵的外來物種，但是也有一些人持反對意見。弗雷德．皮爾斯（Fred Pearce）在他的著作《新荒野》（*The New Wild*）中指出，我們應該支持或至少接受野生動物的全球化，最終將帶來更大的多樣性。他認為，雖然入侵物種最初可能會爆發性擴散，但是隨著資源稀缺、獵物找到防禦手段、捕食動物不斷繁殖，牠們最終會達到自然極限。他舉的一個例子是甘蔗蟾蜍，這種蟾蜍最初在一九三五年引進到澳大利亞的昆士蘭州，消滅會危害甘蔗作物的甲蟲。牠們很快就毀滅了各種昆蟲、蜥蜴和其他野生動物。皮爾斯表示，人類消滅蟾蜍的努力收效甚微，但是最終，其他動物反而學會了如何控制蟾蜍。蟾蜍頭部內有一個有毒腺體，可以保護牠們免於捕食動物的侵害，可是從烏鴉到鱷魚等捕食動物，都學會了如何在吞食蟾蜍的同時，避開有毒部分。[7]

類似的爭議也出現在我們森林面臨的其他現代問題上，例如破壞性日益增強的野火、大量鹿群吃掉嫩芽阻礙森林再生，當然還有氣候變遷。所有這些問題很大程度上都是人為造成的。這是否意味著人類現在應該退出森林，盡可能的減少干預，讓大自然來接管？或者這意味著人類應該更積極地介入來消弭我們造成的傷害？這個兩難的困境，沒有簡單的答案，但是幾乎所有科學環保人士都認為，現在需要人類干預來防止我們的森林進一步受到破壞。

我的看法也是如此。毫無疑問的，地球上的生命最終將從當前的物種滅絕和氣候變遷危機中復原，因為地球已經有好幾次從過去的大規模滅絕和地質劇變中恢復過來，其中一些甚至比目前對生物多樣性喪失最悲觀的預測還要更嚴重，只不過這個過程花了數百萬年。此外，不干預的理念似乎預設並強化了人類與自然世界之間的徹底分離。別的不說，這種做法至少很難維持下去，而且會讓我們產生永久的疏離感。反之，我相信人們必須在自然世界中奪回一席之地。人類對環境的影響可能是良性的，就像歐洲人到來之前的美國東北部情況一樣。

這也是我何以跟一些朋友不同，支持審慎、明智地砍伐森林，因為我們確實有必要經常打開森林中封閉的樹冠，讓新芽能夠獲得足夠的陽光，也可能需要減少樹棲病原體的傳播或防止任何樹種變得過於優勢。除此之外，我相信砍樹及其相關活動有助於鞏固我們與自然世界的連結。如果有人有一張咖啡桌或木碗，上面有精美的木材紋理，都將永遠讓人想起這些物品的起源地——森林。

54 後現代森林：一個包羅萬象的有機整體

尚－佛杭斯瓦．李歐塔（Jean-François Lyotard）在他的著作《後現代狀況》（*The Postmodern Condition*，法文版，1979）中宣布「宏大敘事」（grand narratives）的終結。他所說的，本質上就是指我們通常所謂的「意識形態」，意即經過美化的制度性歷史，如科學或民主等制度，旨在激發大眾支持。[8]有一段時間，這個想法本身就成了一種「宏大敘事」。「後現代主義」成為二十世紀初期繼「未來主義」之後最流行的學術熱詞，不過在輿論熱潮中持續存在。佛洛伊德精神分析和馬克思主義等意識形態曾經在二十世紀早期和中期引領風騷，至此已經褪色，留下的空缺尚無任何東西可以取代。

對某些人來說，放棄宏大敘事已經成為只專注在狹隘專業的理由，不過這些在孤立的情況下都微不足道。我希望它反倒成為一個理由，來使用一個更包羅萬象卻也更靈活的結構，能夠將各種文化現象聚集成一個有機的統一體，這個統一體不太像是精神分析或共產主義的系統，反而更像一首詩。

原始森林的理想不再

過去林業界盛行的宏大敘事是說森林會達到一種極相狀態，也就是說，若是沒有人為干預，任何森林都終會走到一種平衡狀態。更廣泛地說，這是一種永恆的「自然狀態」，是人類可以保留或回歸的想法。[9]這在本質上是「處女林地」或「原始」森林的一種版本，純粹是自然的產物，與人類無關。這個概念可以激發人們的敬畏之心，而像這種森林中，有些著名的區塊已被劃定為神聖的樹林、皇室狩獵場或國家公園。「處女林地」的想法可能會激發攻擊的欲望，成為經常被情色征服的對象。

這個概念現在遭到廣泛排拒，只留給我們所謂的「後現代林業」。森林代表某種不變的秩序或平衡的概念，在二十一世紀已被林務人員和科學環保主義者揚棄。無論有沒有人為干預，森林的組成都在不斷變化。如火災、猛烈暴風雨與河狸壩引發的洪水等干擾，不再被簡化為需要避免的事故，而是森林生長和適應方式的一部分。林務人員試圖模擬此類干擾的影響，主要的做法是審慎地砍伐精心挑選的樹木。[10]特別是在美國，他們正在試驗以受控的火勢來清除地面覆蓋物、釋放營養物質，並預防以後發生更猛烈的火災。[11]

但是，即使我否定原始森林的想法，我也不想將其作為揭穿真相的行動。從維吉爾的《伊尼亞斯紀》和但丁的〈地獄篇〉，到中世紀的傳奇小說與格林童話，它對重要的文學作品貢獻良多，啟發了卡斯帕．大衛．弗烈德里希和湯瑪斯．科爾等藝術家，他們的作品也不會突然作廢失效。森林仍然保有原始的混亂、驚異、恐怖和希望的形象，但是若僅僅只是將原始森林置於人類升起的神話起點，那麼我們就在歷史與史前、人類與自然、文明與荒野之間設置了障礙。

我們永遠都會建構一個原始森林的理想，隨後又以進步為名，摧毀這樣的森林。這是一種儀式性的循環，在現代變得格外明顯，因為人類不斷尋找看似未受破壞的荒野來砍伐、哀悼，然後再試圖重建。這個順序可以追溯到文明起源的《吉爾伽美什史詩》，只是在現代似乎變得更加突出。森林成為一種祭品。就像宗教儀式一樣，這有助於肯定我們的價值觀，但是其中又牽涉到大規模的破壞，導致森林無法永續生存。只要我們仍將森林與我們常常希望逃離的過去劃上等號，這種模式就可能會持續下去。

說到森林的特徵，其氛圍至少與生物組成一樣重要。我們很難說清楚森林與「林地」、「叢林」、「樹木公園」、「沼澤」、「樹木繁茂的牧場」等之間有什麼確切的差別——如果真有的話。我們也應該記得，景觀具有高度的獨特性，不一定完全符合我們先入為主的類別，就像人類的性格不一定符合標準類型清單一樣。

讓森林擁有多樣性

儘管我們對森林有各式各樣的定義，但是通常將「森林」的概念理解成與原始荒野相關的理想類型，也不過是最近幾百年的事。如果我們拒絕這個模式，又有什麼可以取代呢？其中一種可能就是將森林視為一個有機整體，類似單一的動物或植物，卻是由無數物種組成，這些物種彼此不斷交流。我們甚至可以將森林想像成一個巨大的心靈，而在林中漫步的人類只是其中的思想而已。

到目前為止，若說有什麼理想取代了恢復林業中的「自然平衡」，那就是複雜性了。當茂密的森林幾乎遍布整個美國東北部時，一種棲地轉換成另一種棲地的過渡，就可能會緩緩進行。如今，當森林更加分散且健康狀況較差時，各類物種就必須集中在較小的區域。現在的目標是讓森林盡可能地擁有更大的多樣性。以樹木來說，這意味著一系列不同物種、樹齡、高度、層次等等。[12]在砍伐後，應該在地面留下一些樹幹和樹枝，為動物提供遮蔽和尋找昆蟲的空間，還要留下其他腐爛植群的葉子和殘骸，為蠕蟲、甲蟲和真菌提供棲地。多樣化的棲地尤其必要，因為鳥類築巢的環境不一定是牠們覓食的環境。例如，猩紅比藍雀在成熟的森林中繁殖，但是其他時間則更喜歡在年輕森林的林下層生活。

我很樂於接受這種複雜性作為一種暫時的組織原則，但是我不相信這樣就夠精確，足以提供很多科學指導或是激勵好幾代人，因為它缺乏「原始」或「極相」森林的神話共鳴。再說，當代生活已經夠複雜了，人類可能會渴望簡單。但是，就像森林本身一樣，我們對森林的神話形象也會不斷演變。

其實，不一定需要有單一的保育策略，採用各種相互競爭的方法可能也會有所助益。目前，在我居住的紐約州，百分之七十四的林地都是私人所有，地主可能是個人或家族，平均面積約為八公頃。[13]地主保留森林通常不是出於商業考量，而是為了休閒、個人和環境因素。因此，他們採用了各種保育方法，從最簡單的放任不管到非常積極的干預，不一而足。我們能夠從所有方法中學習，尤其是透過比較這些方法所獲得的成果。

以目前的森林管理來說，最明確針對當地的目標可能也是最可靠的，例如保護特定的樹木、蜥蜴或鳥類。紐約州的一些森林，還特別為了提供藍鶯所需的棲地而管理。從長遠來看，我希望透過拒絕原始狀態的概念，可以讓我們擺脫想像中的過去，不再受其主宰，反而是對森林現有的美麗抱持更開放的心態。

55 拒絕人類中心主義的線性觀念

嚴格的線性時間觀與人類中心主義有密切關聯，因為這種觀念將「人」視為歷史進步的中心、驅動力和巔峰。基於幾個理由，我們現在應該加以拒絕。首先，如果我們將人類視為夢想、希望和抱負的唯一焦點，就會替人類帶來巨大的負擔，我們注定將會永遠失望，最終導致厭惡人類。此外，人類中心主義大大限制了我們的想像力，從而限制了我們享受快樂的能力。而且，人類的身分是幾千年來逐步建構出來的，有許多其他物種也協助提供了我們用來描述身分的概念、符號和模型，少了這些物種，我們的身分甚至根本就不存在。比方說，這也正是為什麼我們的情人節卡片上總是有花鳥。然而，拒絕人類中心主義最有力也最簡單的理由就是：這沒有什麼道理。

可是，我認為超越人類中心主義並不像我的一些朋友和同事所想的那麼簡單。別的暫且不說，我們生長的這個社會數百年來都充斥著人類中心主義觀點，不是那麼簡單就能任意拋棄，這種觀點甚至會以各種方式隱含在我們的語言之中，讓我們幾乎完全無法察覺。

此外，從人類中心主義的角度來看，至少道德決策會更簡單。決策的最高尚理由曾經是期望能夠造福人類。我們知道——或者說至少我們通常認為自己知道——什麼對人類有益，但是什麼對其他生命形態有益，我們卻知之甚少。可以假設他們的利益與我們相同，藉以稍稍簡化這個問題，但是這種假設本身就是深沉的人類中心主義。而且，在我看來，各種其他的替代方案，例如生物中心主義、蓋亞中心主義和生態中心主義等，相關的論述仍然非常不完整，也未盡完美。

最後，我們不應該認為超越人類中心主義就能解決所有的問題。生物中心主義觀點並不能保證我們會善待其他生命形態，就像人類中心主義觀點不能保證我們會善待自己的人類同胞一樣。首先，專制主義是給予某些人遠高於其他人的崇高地位，但是卻與人類在宇宙中的地位無關。誠如前文所述，歐洲中世紀晚期的國王並不是以人類為中心，因為他們認同自然世界，但是他們常常覺得林地樹木和動物比農民更有價值。納粹也不是以人類為中心，因為他們並不是圍繞整個人類來組織他們的世界，而是以一個生物聚落，這個生物聚落包含了一些動植物，卻排除了許多人類。[14]一隻德國狗可能比一個猶太人更有價值。

總而言之，我們這些研究人類與自然世界關係的人還有很多工作要做。目前在林業中看到的這種強調讓許多生命形態共同繁榮的觀點，似乎可能代表人類文化的根本性變化，這是我們幾百年甚或幾千年來很少看到的。人類過去經常宣布巨大的範型轉移（paradigm shifts），但是回過頭來卻發現文化又回到了以前的狀態。網際網路最初問世時，似乎開創了人類平等的新時代，但是現在許多人擔心反而會有反效果。

挑戰自然與文明的舊詮釋

不過有許多在過去幾乎不曾預見的深刻變化，我到現在才能夠體會，就在我跨越了傳統上人類壽命的七十年門檻後。我還記得以前自然史的教學是多麼的完全以人類為中心。所有的早期生命形式，從藻類到三葉蟲，都是為了人類最後成功出現奠定基礎。我們了解到生命如何蛻去鱗片、爬上岸、發展成溫血動物、學會站立、掌握如何用火、耕種田地，並踏上文明的偉大事業。儘管有些生物學家仍然相信某種近似的人類中心形態可能無法避免，但是完全以人類的出現——尤其是歐洲人——為中心的自然史，已經不能公然存在了。

直到一九六〇年代，我們都還普遍認為人類社會以線性方式發展，大多數原住民文化，如矮人族或澳洲原住民，都是「落後」或「原始」的。這個範型受到許多人類學家的挑戰，例如法蘭茲・鮑亞士（Franz Boas）和克勞德・李維史陀（Claude Lévi-Strauss）。許多民族，從美洲原住民到科伊桑人（!Kung San），最初都被視為代表「自然」人，自有歷史以來就不曾改變過，但是後續的研究卻發現他們是複雜文化發展的產物。[15]人類仍然以線性觀念和西方模式來思考人類文明的軌跡，認為從農業和城市出現到工業革命及以後的發展都有固定階段。根據一種大體上未明說的技術決定論，據稱在農業取代狩獵和採集時，人類社會重組，迫使社會以更階級化的方式建立人類關係。最近，大衛・格雷伯（David Graeber）和大衛・溫葛羅（David Wengrow）在《萬物的黎明》（*The Dawn of Everything*）書中對這個觀點提出了質疑。[16]森林和人類社會一樣，從來就不是「處女地」或「原始林」，而是環境不斷進化的產物。

今天的物理學家認為時間是一種幻覺，[17]不過若是果真如此，那還是一個不容易拋開的幻覺。從某種意義上來說，森林可能仍然代表文明開始之前的遙遠過去，但是又已經融入永恆的現在。時間不再有任何向前或向後，因此也不可能有政治上的左翼（面向未來）或右翼（面向過去），只剩下範圍愈來愈大、也往往令人眼花撩亂的各種可能。其他二元性也被打破，例如文明與野蠻之間的二元性。

時間的節奏模式

基本上，時間是一種基於重複的節奏模式，我們就以這種模式來組織自身的經驗。我們是透過手錶的指針、放射性元素的衰變、太陽、月亮、樹葉顏色的變化或樹幹上的年輪來標記時間，依此就會有很大的不同。不同的動植物對時間的感知當然也很不一樣。我的建議很簡單，就是認知時間只是將事件分類的諸多方式之一，並認知時間會有相當大的變化，因此會受到影響。或許森林會告訴我們該怎麼做。

非線性的時間觀有個缺點，就是讓人在嘗試建立個人身分並在宇宙中找到位置時變得複雜。我們主要透過說故事來做到這一點，這些故事通常有開頭、中間和結尾，如果中間的過渡是流動的，那就更難了。非線性的時間觀也有一個優點，就是死亡變得沒有那麼可怕。在天然混合林的植群之中，即使是死掉的木材也是有生命的，因為它可以容納昆蟲、啄木鳥、苔蘚、地衣、真菌、藤蔓和其他生物。樹木倒了之後的樹根可以繼續將養分傳遞給其他植群。死亡無所不在，但是死亡不再是生命的相反，二者密不可分地融合在一起，就像有機物質呈現無窮無盡的形式。

也許描述時間的最佳意象，可能就是比蘇格拉底更早的哲學家赫拉克利特（Heraclitus）

使用的意象，他將時間比喻成河流。但是我們要記住，河流——尤其是森林中的河流——永遠都不會完全筆直地流動，也不會以恆定的速度流動。河水必須繞過岩石，到了瀑布上面就得加速。河流可能在表面形成漩渦，或是在水面下向後流動。河流可能會聚集在岸邊形成一灘死水，也可能因蒸發減少，又因降雨而增加。河岸有時縮窄，有時擴張。在我家附近的哈德遜河，經常隨著潮汐轉換方向。

這個隱喻暗示了一種時間觀，不是明確循環的、漸進的，也不是熵的無序混亂。這是一種體驗上的有機時間，而不是手錶上的時間。我們實際上並不是以一種穩定的進程來交逢時間，並非從過去經過現在再到未來。我們不只活在當下，也不能只為未來而活。我們甚至無法想像一個時間階段完全孤立於其他兩個時間階段，它們藉著記憶、感官強度和期待交織在一起，無法改變。時間是一條蜿蜒的河流，其中有許多島嶼和附屬物，而不是一條鋼筋混凝土牆隔出來的筆直運河。即使流到大海，河水也不會停止流動。

後記
Epilogue

走進森林，就是回家。

——美國作家約翰．繆爾

中世紀晚期的國王並不是他們狩獵保留地的真正主人，從十七世紀到十九世紀的英國紳士也不是他們鄉村莊園的主人。這些都是詳盡策劃出來的幻象，是為了精心設計的公共化裝舞會所設置的舞台布景。事實上，人類干預森林環境的結果最多只能概略預測，但是我們若能夠認知到這一點，就有可能參與其中。森林是連人類也可以加入的共同體，它不要求我們有淵博的知識或大智慧，只要求我們願意與該領域裡的其他公民並肩而存。

不久前，我參加了紐約州環境保育局的課程，成為他們所說的「森林主人大師」（Master Forest Owner，簡稱MFO）。這個頭銜可能會讓讀者有一種太過宏偉的印象，當然那就是我對它的感覺。我對自己是森林主人的看法就有很多意見，更別說是什麼大師了。但是我很欣賞這個計畫，並且對於自己能夠成為其中的一部分感到自豪。環境保育局將擁有林地的人介紹給我，應他們的要求，我走訪了他們的土地，並且提供建議，如何以對環境有利的方式來管理森林。

管理森林：理智與情感的抉擇難題

第一次上場時，我一開始感到非常害怕，不過我很快就發現，其實我在提供指導方面還不算太差。我學過一些有關林業的知識，當然完全比不上專業的林務人員，但是我自身的經驗讓我能夠理解其他業主的困境。我現在意識到——我以前從來沒有想過——擁有林地的人未必都很有錢，但是森林啟發的宏大夢想很容易就會超出他們的能力。我知道必須在理智和情感上做出艱難的抉擇。

在我曾經面臨的難題之中，有些是非常個人的，也因此無法預期。其中一個就是我林子裡的一棵巨大山毛櫸，我很喜歡那棵樹，樹頂佔據了一個封閉樹冠的絕大部分，擋住了部分區域的光線，而這個區域又對野生動物非常重要，因為這裡正是兩條溪流的交匯之處。我已經在這片土地上走過無數次了，只能聽到些許的鳥鳴，而且除了鹿之外，幾乎看不到什麼動物。或許我可以歸因於自己的感知能力不夠敏銳，但是我卻記得童年時那片土地的模樣：在溪流中，幾乎每塊大石頭上都有烏龜在曬太陽；我也清楚地記得，當我溯溪而上時，看過兩隻大藍鷺，英姿勃發地站了一會兒，然後振翅飛走。然而，烏龜已經幾十年沒有出現，蒼鷺也消失了很久。其中一個主要問題就是森林的樹冠幾乎遮住了所有的陽光，地面和林下層幾乎沒有什麼植群。再加上大部分土地都位在一個小斜坡上，這意味著沒有任何東西可以附著固定的優質土壤，會不斷遭到暴風雨沖刷流失。

山毛櫸也會生產堅果餵養野生動物，但是不像其他樹木，如橡樹，那麼頻繁。山毛櫸的葉子需要很長時間才能分解，落葉固然對蠕蟲、蟾蜍和其他小生物有好處，但是卻阻礙了其他植物的生長。我當然可以學到更多，就如同每一個人總是可以學會更多一樣，但是到了某一點之後，這些資訊變得更技術性，卻未必更有用。最後必得做出決定。我下令砍掉那棵山毛櫸和附近的其他幾棵樹。

生與死的自然循環節奏

砍伐後的樹林看起來很悲慘，這是木材採伐後的常見景況，樹樁和光禿禿的原木孤苦伶仃地躺在地上。我感到悲傷，卻沒有失去信心。那時候是秋天，我在剛清理完的土地上撒下了原生野花的種子。到了冬天，我將鳥飼料撒在雪地裡，同時搭起鳥屋。第二年春天，出現了第一個證明我是正確的跡象，就是以前只有泥巴的地方長出了大量的青草。當我在雨後不久又來到這塊林地時，就看到了讓我感到欣喜，也讓我認為自己的決定終究沒有錯的景象：

小小的草地上有個木材砍伐後形成的大水坑，裡面有數百隻蝌蚪；然後我又看到其他幾個水坑，裡面也是生機盎然。最後，我也開始聽到更多的鳥鳴聲。

時隔許久，我們又在這片土地上看到紅耳龜與鱷龜。今年春天，我還見到了一隻木蛙。隨著冬天逼近，這些兩棲動物會在樹葉中挖洞尋求庇護，牠們的呼吸和心跳都會停止，然後，到了來年春天，隨著大地復甦，又會解凍清醒，並且很快地準備繁殖。或許這也是這片土地的隱喻，因為這片土地也已經復活了。我可以說這是一個幸福的結局，但是對森林來說，這根本就不是結局，只是長達數百年甚至數千年歷史中的一個小小插曲。

作者林地裡一條小溪邊的木蛙。這種動物在冬天會完全凍僵，以至於心臟停止跳動，但是到了春天就會甦醒。

每當我經過那棵孤苦伶仃的山毛櫸樹幹時，還是感到悲傷，期待著有一天會有地衣和昆蟲將它覆蓋起來，換句話說，就是等待它再次恢復生氣。山毛櫸生根發芽的能力通常讓它們能夠佔領一整片土地，尤其是當整片土地上的樹木都被砍伐之後。正如所料，幾顆樹苗從地底冒了出來。在有小小草地和更多陽光的那一側，它們無法與楓樹和橡樹競爭。有些樹苗或許可以在河邊有更多樹蔭的地方存活下來，不過它們不會在此佔有優勢地位，至少在未來很長一段時間內都不會。

對鄉下人來說，為了一棵樹而感到痛苦有時會顯得很奇怪，有些人甚至對於城市人為了決定砍掉一棵樹所投注的情感嗤之以鼻。農民，至少是傳統農民，更習慣於生命和死亡，因為他們在豢養和野生的動植物身上不斷地看到這樣的循環。我相信，他們也跟城市人一樣，以大致相同的靈性來看待自然，只不過他們較少關注個體生物，而更關注自然循環的節奏。

森林的語言遍及一切

在本書一開始的時候，我寫道，從語言的角度來看，走過森林就像是回到了過去，回到了一個意義不只侷限於文字而是遍及一切的時代。另一種說法是語言並不只是侷限於人類。植物和動物不斷地透過聲音、動作、化學物質等相互發出訊號，我也是這個過程的一部分，因為鞋底下踩碎樹葉的聲音、汗水的氣味、踢到石頭輕微絆倒以及在恢復平衡時揮舞手臂，所有一切都在發出訊息，而我幾乎鮮少甚或完全不知道。我是森林自言自語的一句話。

砍倒的樹樁裡也有一種語言，當它身上長了愈來愈多苔蘚，當它的根冒出新芽，當它邀請螞蟻、蛞蝓和啄木鳥來定居時，它講述了一個死亡與復活的故事。詩人可能會將其翻譯成文字，畫家可能會用線條和顏色來呈現，但是我無法在任何字典裡查找這些詞語，也無法用任何圖表來對照這些線條。我只能看一會兒，然後繼續前進。

至少在這塊林地上，氣候變遷的影響並不完全是負面的。最引人矚目的部分無疑是位於兩條溪流交匯處，面積只有六．五公頃，而且完全被水包圍的小島。相對隔離的環境使其本身自成一個生態系，非常適合野生動物。然而現在，我每年都能看到一種原本預計可能需要好幾百年才能發生的地質變化。過去這兩年降雨量增加，使得兩條溪流交匯的整個區域變成了一個有好幾個島嶼的微型湖泊，並有樹木開始在島上發芽。溪水依然清澈如昔，而且淺到可以看到河床上的每一塊大大小小的石頭。也許我們正在目睹一種不同類型的景觀出現，這種景觀很適合我們有時候稱為「人類世」或「人類時代」的時期——雖然這個名詞有點自欺欺人。

在我學到有關森林的知識之中，有些無法全由經驗來表達。我知道一塊面積很小的森林對主人來說可能看起來很大，而一片大森林卻可能看起來很小。寫這本書也是一樣。我有思想史和文學的正式背景，也在民俗學方面下了大量功夫，但是在這本書裡，我已經超越了主要的專長。我的理由是：在這個專業化的時代，大量細節往往淹沒大局。史詩問題需要我們以史詩般的規模來思考。用一句熟悉的話來說，我們不能只見樹不見林。

如今，大多數森林都面臨著持續的威脅，例如外來物種入侵、植物流行病、龐大的鹿群和失控的火災。此外，由於氣候變遷，北半球的溫帶森林可能很快就需要在亞熱帶的條件下生存，預計嚴重暴風雨、乾旱和氣溫將會增加。當然，大自然終究還是能夠進行調整，只不過變化可能來得太突然，導致自然在完成調整之前，就造成嚴重的損害。我們應該等著瞧，看看會發生什麼事嗎？還是應該開始從氣候較溫暖的地區移植一些樹木，在部分森林重新造林？我們是否應該採取適度的妥協措施，例如減少樹木的密度，讓它們更有韌性？無論如何，我們愈來愈發現到樹木與我們一樣，都有過去看似專屬人類的弱點。

我擔心持續的壓力可能會讓我們忽略森林的美麗。在維多利亞時代，這片森林是逃離城市的避難所，現在看起來可能就像眾所周知的都市叢林。描述危險比描述在林間散步的喜悅更容易。危險可以盤點、監控，但是美麗必須不斷地重新發現。尤其是由於這個緣故，詩人和藝術家的作品就再也不是一種奢侈品，因為我們需要這些作品來提醒我們，為什麼保護森林的工作如此重要，而且就算我們盡了一切努力，有時候都還是必須承擔那種孤獨與不確定性。

文化中的森林・大事記

約西元前1萬年　更新世末期，冰川消退，北美和歐洲大部分都覆蓋著雲杉、冷杉和松樹

約西元前8000年　樺樹在北美和歐亞大陸北部很普遍，其次是其他樹木，如山毛櫸、橡樹和楓樹

約西元前2100年　目前已知最早的蘇美語版《吉爾伽美什史詩》講述了砍伐黎巴嫩的西洋杉及隨之而來的後果

約西元前1000年　栗樹引進現今美國東北部，逐漸成為主要樹種

98年　塔西佗出版《日耳曼尼亞》，將日耳曼人描述為森林的民族，這份文件後來對日耳曼的身分認同產生了巨大影響

約800年　加洛林王朝的國王和貴族宣示他們對森林的統治權，對森林進行監管，並將許多森林劃為狩獵保留區，英國和其他歐洲王國的統治者也相繼採用這種做法

約800年　馬雅文明達到約三百萬人口的巔峰，然後開始迅速瓦解，可能是環境因素所致；中美洲的大型聚落被周圍的森林重新佔據

約1000年　在現今加拿大和美國的林地印第安人中，開墾森林土地並種植玉米和豆類變得普遍

約1079年　英格蘭國王威廉一世創建了佔地約二萬九千公頃的新森林作為皇室狩獵保留區

約1150-1500年　亞瑟王史詩在英國、法國、德國和歐洲其他地區大量流傳，魔法森林成為奇幻冒險的背景

約1320年　但丁完成《神曲》，其中的地獄之旅從「暗黑樹林」開始

約1400年　探索時代開始，歐洲人航行到世界各個遙遠的地方，在過程中經常帶來剝削、殖民、森

	林砍伐、輸入外來物種和廣泛傳播疾病
約1500年	紐倫堡的康拉德・塞爾蒂斯重新發現了塔西佗的《日耳曼尼亞》，並用來創造日耳曼原始森林的浪漫形象
約1600-1900年	中國砍伐森林以開墾農業用地的速度不斷加快，除了偏遠山區之外，幾乎所有的土地都砍伐殆盡
約1650-1950年	北半球大面積的本土森林都砍伐一空，取而代之的是單一栽種快速生長的針葉樹，尤其是挪威雲杉。這種做法始於普魯士，但是最後傳遍北歐大部分地區，還包括法國與英格蘭，後來連加拿大和美國也效法
1664年	在英格蘭，約翰・伊夫林出版《林木誌》，一本有關樹木種植、使用和保護的指南
1669年	法國路易十四時期的財政部長尚－巴蒂斯特・柯貝爾頒布了一套全新的國家森林法律，取名為《有關水域和森林的法令》，顯著強化對森林的監管，以保護木材用於軍事目的
1697年	夏爾・佩羅出版《過去的故事》，其中大部分的童話故事都以洛可可式森林為背景
約1700年	日本制定了廣泛的森林保護、管理和造林政策
約1700年迄今	北美地區普遍出現大規模森林火災
1713年	薩克森州的漢斯・卡爾・凡・卡洛維茲出版《經濟林業》，普遍被視為第一本科學林業的著作，也首次提出永續的概念
約1710-1770年	法國宮廷畫家，如尚－安東・華鐸、佛杭斯瓦・布歇和尚－奧諾黑・佛拉戈納等人，以洛可可風格大量描繪森林風景，將其視為遊戲與求歡的場所
1725年	詹巴蒂斯塔・維柯在那不勒斯出版《新科學》，提出人類文明起源於森林的理論
1792年	法國種植了六萬棵樹，主要是橡樹，並取名為「自由樹」，紀念法國大革命
1812-1858年	格林兄弟的《家庭圍爐故事》在德國出現了七個不同版本，讓魔法森林的母題廣為流傳
約1825-1848年	湯瑪斯・科爾成為哈德遜河畫派的非官方創始人和領導者，他們致力於描繪歐洲殖民之前的美國原始景觀，並記錄景觀逐漸遭到破壞的過程
約1850年迄今	由於昆蟲和樹木病原體在無意中輸入非本土地區，導致全球森林的多樣性日益減少。在美

	國，這些病蟲害包括舞毒蛾（1869年）、栗枝枯病菌（約1900年）、山毛櫸介殼蟲（1920年）、荷蘭榆樹病（1928年）、胡桃潰瘍病（1967年）和光蠟瘦吉丁蟲（2002年）等，北美的栗樹完全遭毀滅
1864年	加州內華達山脈的優勝美地國家公園成立
1884-5年	西非會議在柏林召開，歐洲列強瓜分非洲，英國和法國獲得最多領土，導致非洲殖民及隨之而來的森林砍伐
約1900年	因為過度狩獵，鹿群——尤其是白尾鹿——在美國大部分地區幾乎絕跡
1914-1932年	原本是伐木工人的加州紅河木材公司廣告經理威廉．勞格海德出版了一系列小冊子，講述伐木工人保羅．班揚的故事，大肆宣揚對美國森林的破壞
1936年	德國文化革命聯盟發行了紀錄片《永恆的森林：第三帝國自然的意義》，將德國人民與森林聯繫在一起
約1960年迄今	北美和西歐森林面積逐漸穩定或增加，卻遠遠抵不上全球熱帶地區森林遭到破壞的速度，例如在奈及利亞和巴西，他們刻意放火焚燒森林或肆意砍伐，主要是為了農業
約1980年	第一個綠黨在西德成立，提供整個歐洲和世界大部分地區仿效的模式；綠黨強調保護自然，尤其是森林
1995年	聯合國政府間氣候變遷專門委員會（Intergovernmental Panel on Climate Change，簡稱IPCC）提出第二次評估報告，確認人類活動正在對全球天氣和溫度造成影響，森林在碳封存方面的重要性得到科學界的普遍認可
1997年	工業國家在日本京都舉行會議，同意減少碳排放；然而，美國參議院拒絕批准《京都議定書》（*Kyoto Protocol*）
約2000年	狩獵限制不僅讓美國重新發現鹿群的蹤跡，而且可能比以往任何時候都更常見
2022年	歐洲和北美出現了一波大規模山林火災，尤其在地中海地區格外嚴重，部分原因是氣候變得更溫暖乾燥

譯名對照

!Kung San 科伊桑人
A Forest Hymn〈森林讚美詩〉
A Treatise and Discourse of the Lawes of the Forrest《森林法律論文與論述》
Abbey in the Oak Forest《橡樹林中的修道院》
Abrahamic religions 亞伯拉罕諸教
Absolon Stumme 阿布索隆·施圖姆
Actaeon 阿克泰翁
Adam and Eve in the Garden of Eden《伊甸園中的亞當與夏娃》
Address to a Wild Deer〈致野鹿〉
Adirondack Mountains 阿第倫達克山脈
Adonis 阿多尼斯
Adriaen Collaert 亞德里安·科萊爾
Aeneid《伊尼亞斯紀》
Ainu 愛奴人
Akela 阿克拉
akibu 阿基布
Al-Khadr 艾哈蒂爾
Albert Church 艾伯特·丘奇
Albert Henry Payne 亞伯特·亨利·佩恩
Albrecht Altdorfer 阿爾布雷希特·阿爾特多弗
Alexander Humboldt 亞歷山大·洪堡
Alexandr Afans'ev 亞歷山大·阿凡斯耶夫
Alfred Bierstadt 艾爾佛雷德·比爾施塔特
Allegory of Africa《非洲寓言》
Allegory of Life《生命寓言》
American Progress《美利堅向前行》
An 安恩
Anaheim 安納罕
Ancestral Heritage 祖先遺產局
Andreas Johns 安德烈·約翰斯
Andrew Jackson 安德魯·傑克遜
Anfortas 安福塔斯
Ankerwycke Yew 安克威克紫杉
Ann Radcliffe 安·瑞德克利夫
Annals of the Roman Republic《羅馬共和國紀事》
Anne Anderson 安妮·安德森
Annie Oakley 安妮·奧克利
Ardenne 亞爾丁
Arezzo 阿雷佐
Arminius 阿米尼烏斯
Arpád Schmidhammer 阿帕德·施密哈默
Artemis 阿蒂密絲
Arthur Rackham 亞瑟·拉克姆
As You Like It《皆大歡喜》
Asher Durand 阿舍·杜蘭德
Ashurbanipal 亞述巴尼拔
Attis 阿蒂斯
Augsburg 奧格斯堡
Augustus Caesar 奧古斯都·凱撒
Aurora 奧蘿拉
Azaro 阿札羅
Baba Yaga 雅加婆婆
Babes in the Wood〈森林中的寶貝〉
Bagheera 巴希拉
Bambi: A Life in the Woods《斑比：林中生活》
Bandits on a Rocky Coast《岩岸邊的強盜》
Barbara Novak 芭芭拉·諾華克
barnacle goose 藤壺鵝
Basilica di San Francesco 聖弗朗契斯科

大教堂
Battle of Teutoburg Forest 條頓堡森林戰役
Beatnik 披頭族
beech scale 山毛櫸介殼蟲
Befana 貝法娜
Ben Okri 班・歐克里
Benjamin Harrison 班傑明・哈里森
Benuic 貝努克
Bertolt Brecht 貝托爾特・布萊希特
Bertrand Hell 伯特蘭・赫爾
Black Act《黑面人法案》
Blind Man's Bluff《蒙眼抓人》
Book of Hours《時禱書》
Boon Hooganbeck 布恩・胡甘貝克
Botticelli 波提切利
Brent Berlin 布倫特・柏林
Breslon Oak 布雷隆橡樹
Briar Rose〈玫瑰公主〉
Bricriu's Feast《布里克里的盛宴》
Brigadoon《蓬島仙舞》
British Petroleum corporation 英國石油公司
Bruno Bettelheim 布魯諾・貝特罕
Brynhild 布倫希爾德
butternut canker 胡桃潰瘍病
Cahokia 卡霍基亞
Calvert Vaux 卡爾維特・沃克斯
Camelot 卡美洛宮廷
Campania 坎帕尼亞地區
Capitulary of Villis《城鎮法令集》
Carl Sandburg 卡爾・桑德堡
Carolingians 加洛林王朝
Caspar David Friedrich 卡斯帕・大衛・弗烈德里希
Castle of the Grail 聖杯城堡
Catskill 卡茨基爾
Celts 凱爾特人
Chaco Canyon 查科峽谷
Charlemagne 查理曼大帝
Charles Marlow 查爾斯・馬洛
Charles Perrault 夏爾・佩羅
Charles Pierce 查爾斯・皮爾斯
Chasseur in the Forest《林中獵人》
Chateaubriand 夏多布里昂
Chaucer 喬叟
chestnut blight 栗枝枯病
Chiapas, Mexico 墨西哥恰帕斯州
Chinua Achebe 奇努亞・阿契貝
Christian von Mechel 克里斯蒂安・馮・梅歇爾
Christopher Columbus 克里斯多福・哥倫布
Christopher Wood 克里斯多福・伍德
Clarissa Pinkola Estes 克萊麗莎・平蔻拉・埃思戴絲
Claude Lévi-Strauss 克勞德・李維史陀
Claude Lorraine 克勞德・羅蘭
Clemens Brentano 克萊門斯・布倫塔諾
climax forest 極相森林
Coleridge 柯勒律治
Conrad Celtis 康拉德・塞爾蒂斯
Correggio 科雷吉歐
Count Eberhard von Württemberg 艾伯哈德・馮・符騰堡伯爵
Cú Chulainn 庫胡林
Cú Raoi 庫拉歐伊
Cumaean Sibyl 來自庫邁的西碧爾
Curupira 庫魯皮拉
cynegetization 狩獵化
Czeslaw Milosz 切斯瓦夫・米洛虛
Dancers and Musicians before Village with Ruined Tower《廢墟塔村前的舞者與音樂家》
Daniel Boone 丹尼爾・布恩
Daniel Chodowiecki 丹尼爾・喬多維茨基
Dante 但丁
David Graeber 大衛・格雷伯
David Wengrow 大衛・溫葛羅
Davy Crockett 戴維・克羅克特
De anima (On the Soul)《論靈魂》
Der Runenberg（The Rune Mountain）〈盧恩山〉
Descola 德斯科拉
Desolation《荒涼》
Destruction《毀滅》

Die Gartenlaube《花園涼亭——家庭畫刊》
Dionysius 狄奧尼修斯
Divine Comedy《神曲》
Dodona 多多納樹林
Doomsday Book《末日審判書》
Ducks Unlimited 野鴨基金會
During Wind and Rain〈在風雨中〉
Dutch elm disease 荷蘭榆樹病
Edgar Rice Burroughs 愛德加・萊斯・巴勒斯
Edict of Nantes 南特詔書
Edmund Burke 埃德蒙・伯克
Eduardo Kohn 愛德華多・科恩
Eichmann in Jerusalem《耶路撒冷的艾希曼》
Elamite 埃蘭王朝
Elizabeth Douglas van Buren 伊麗莎白・道格拉斯・范布倫
Elisabeth E. Schussler 伊莉莎白・舒斯勒
Elizabeth Wriothesley, Countess of Northumberland《諾森伯蘭伯爵夫人伊麗莎白・沃里斯利》
Elmsford 艾姆斯福德
Emanuel Leutze 艾曼紐・洛伊茲
Emblems《徽章》
emerald ash borer 光蠟瘦吉丁蟲
Emperor Frederick II 皇帝腓特烈二世
Enkidu 恩基杜
Enlil 恩利爾神
Essay on American Scenery〈美國風景隨筆〉
Eugène Lami 尤金・拉米
Euripides 尤里皮底斯
Eurydice 尤麗迪絲
Evangeline: A Tale of Acadie〈伊凡潔琳：阿卡迪的故事〉
Ewiger Wald. Bedeutung der Natur im Dritten Reich（*Eternal Forest: The Meaning of Nature in the Third Reich*）《永恆的森林：第三帝國的自然意義》
F. A. Lydon 林登
fakelore 偽民間傳說
Fates 命運三女神
Felix Salten 菲利克斯・薩爾騰
Feral《野性》
Ferdinand de Saussure 斐迪南・德・索緒爾
Fierce Snakes of the Jungle《叢林中的猛蛇》
Finding the Mother Tree《尋找母樹》
Fishing《釣魚》
Forest of Arden 亞登森林
Francesca 法蘭契斯卡
Francis Klingender 法蘭西斯・克林根德
Francis Quarles 法蘭西斯・夸爾斯
François Boucher 佛杭斯瓦・布歇
Franz Boas 法蘭茲・鮑亞士
Franz Schönwerth 法蘭茲・向恩韋斯
Fred Pearce 弗雷德・皮爾斯
Frederic Clements 菲德烈克・克萊門茲
Frederick Barbarossa 腓特烈一世
Frederick Jackson Turner 佛烈德瑞克・傑克遜・特納
Frederick Law Olmsted 佛雷德里克・羅・歐姆斯德
Friedrich Ludwig Jahn 弗萊德里希・路德維格・揚恩
Fruchtbringende Gesellschaft 豐收學會
Gaston Phoebus 加斯頓・菲比斯
Gems from the Poets《詩人的珍寶》
General Zoology; or, Systematic Natural History《普通動物學，又名系統性自然史》
George Henry Boughton 喬治・亨利・鮑頓
George Herbert 喬治・赫伯特
George Monbiot 喬治・蒙貝特
George Shaw 喬治・蕭
Georges-Louis, Comte de Buffon 布馮伯爵喬治－路易
German Mother Holle 德國母親霍莉
Germania《日耳曼尼亞》
Germanicus 日耳曼尼庫斯
Geronimo 傑羅尼莫
Giambattista Basile 詹巴蒂斯塔・巴吉

雷
Giambattista Vico 詹巴蒂斯塔・維柯
Gifford Pinchot 吉福德・平肖
Go Down, Moses《去吧，摩西》
Golconda 戈爾康達
Grand Canyon 大峽谷
Grandes Heures d'Anne de Bretagne《安妮・德・布列塔尼的美好時光》
Green Man 綠人
Guinevere 桂妮薇兒
Gustave Doré 古斯塔夫・多雷
gypsy moth 舞毒蛾
Ham 含
hamadryads 樹神
Hannah Arendt 漢娜・鄂蘭
Hans Carl von Carlowitz 漢斯・卡爾・凡・卡洛維茲
Hans Holbein 漢斯・霍爾拜因
Hansel and Gretel〈糖果屋〉
Happy Hazards of the Swing《鞦韆的快樂危險》
Harold Felton 哈洛德・費爾頓
Harper's Weekly《哈潑週刊》
Harpie 鷹身女妖哈爾彼
Hautdesert Castle 高地荒原城堡
Heart of Darkness《黑暗之心》
Hebrides 赫布里底群島
Heinrich Himmler 海因里希・希姆萊
Hela 赫爾
Helen Macdonald 海倫・麥克唐納
Henry David Thoreau 亨利・大衛・梭羅
Henry Fuseli 亨利・富塞利
Henry Hudson 亨利・哈德遜號
Henry Sumner Watson 亨利・薩姆納・華生
Henry Wadsworth Longfellow 亨利・沃茲華斯・朗費羅
Heraclitus 赫拉克利特
Herbal《草藥》
Herculaneum 赫庫蘭尼姆
Hercules 赫丘力士
Hercynian Oak Forest 海西橡樹林
Herder 赫爾德
Hermann Göring 赫爾曼・戈林
Hermann Hesse 赫曼・赫塞
Hernán Cortés 艾爾南・科特斯
Herrenchiemsee 海倫基姆湖宮
Hieroglyph XIV《象形文字 *XIV*》
Histoires ou contes du temps passé（*Tales of Times Past*）《過去的故事》
Hittite 西臺語
Horace Walpole 霍勒斯・沃波爾
How Forests Think《森林如何思考》
Hudson River School 哈德遜河畫派
Humbaba 胡姆巴巴
Humban 胡姆班
Humphry Repton 漢弗萊・雷普頓
Hunting《狩獵》
Huwawa 胡瓦瓦
Igbo 伊博族
Intergovernmental Panel on Climate Change 政府間氣候變遷專門委員會
Into the Woods《走進森林》
Introducing Paul Bunyan of Westwood, California《加州韋斯特伍德的保羅・班揚》
Isaac McCaslin 艾薩克・麥卡斯林
Ishtar 伊絲塔女神
Isle of Avalon 阿瓦隆島
Ivan Bilibin 伊凡・比利賓
Ivan the Terrible 伊凡雷帝
J. J. Grandville 格朗維爾
J.M.W. Turner 特納
Jack in the Green 綠衣傑克
Jacobus de Voragine 雅各・德・弗拉金
Jacques Derrida 雅克・德希達
Jacques Firmin Beauvarlet 雅克・菲爾明・博瓦雷
James Cook 詹姆斯・庫克
James Duffield Harding 詹姆斯・杜菲爾德・哈丁
James Fenimore Cooper 詹姆斯・費尼莫爾・庫珀
James George Frazer 詹姆斯・喬治・弗雷澤
James Gillray 詹姆斯・吉爾雷

James H. Wandersee 詹姆斯・萬德喜
James Hargreaves 詹姆斯・哈格里夫斯
Jamshid J. Tehrani 傑姆希德・德黑尼
Jan Steen 楊・斯堤恩
Japheth 雅弗
Jean Bourdichon 尚・布迪雄
Jean-Antoine Watteau 尚－安東・華鐸
Jean-Baptiste Colbert 尚－巴蒂斯特・柯貝爾
Jean-Dennis Vigne 尚－丹尼斯・維涅
Jean-François Lyotard 尚－佛杭斯瓦・李歐塔
Jean-Honoré Fragonard 尚－奧諾黑・佛拉戈納
Jeanne-Marie Leprince de Beaumont 琴－瑪麗・勒普林斯・迪博蒙特
Johann Knolle 約翰・諾爾
Johann Wolfgang von Goethe 約翰・沃夫岡・馮・歌德
John Augustus Knapp 約翰・奧古斯都・納普
John Burroughs 約翰・巴勒斯
John Constable 約翰・康斯塔伯
John Evelyn 約翰・伊夫林
John Frederick 約翰・腓特烈
John Galsworthy 約翰・高爾斯華綏
John Gast 約翰・賈斯特
John Gerard 約翰・傑拉德
John Manwood 約翰・曼伍德
John Martin 約翰・馬丁
John Muir 約翰・繆爾
John Peter Simon 約翰・彼得・西蒙
John Rankin 約翰・蘭金
John Ruskin 約翰・羅斯金
John Smith 約翰・史密斯
John Thompson 約翰・湯普遜
John Winthrop 約翰・溫思羅普
Jonathan Hughes 強納森・休斯
Josef Freiherr von Eichendorff 約瑟夫・弗賴赫爾・馮・艾森朵夫
Joseph Bruchac 約瑟夫・布魯查克
Joseph Conrad 約瑟夫・康拉德
Joseph Goebbels 約瑟夫・戈培爾
Joseph L. Henderson 約瑟夫・韓德森
Joshua Reynolds 約書亞・雷諾茲
Julius Caesar 尤利烏斯・凱撒
Kawanabe Kyousai 河鍋曉齋
Kay Nielsen 凱・尼爾森
Kenneth Clark 肯尼斯・克拉克
Kikelhahn Mountain 基克爾哈恩山
Kinder- und Hausmärchen（*Tales for the Hearth and Home*）《家庭園爐故事》
King Leopold II 利奧波德二世
King Ludwig II 路德維希二世
King Pepin 佩平國王
Kurtz 庫爾茲
Kyoto Protocol《京都議定書》
La belle au bois dormant（The Sleeping Beauty in the Wood）〈森林中的睡美人〉
La Scienza Nuova（*The New Science*）《新科學》
Lancelot 'Capability' Brown 蘭斯洛・布朗
Landscape with a Double Spruce《雙雲杉風景圖》
Landscape with Nymph and Satyr Dancing《女神與羊男共舞的風景》
Langenheim 蘭根海姆
Law on the Protection of Nature《自然保護法》
Le Morte d'Arthur《亞瑟王之死》
Leatherstocking 皮襪子系列
Legends of Paul Bunyan《保羅・班揚傳奇》
Leibniz 萊布尼茲
Lenape 萊納佩族
Les fleurs animées《花之幻想》
Linderhof Castle 林德霍夫堡
Lines Composed a Few Miles Above Tintern Abbey〈作於亭騰修道院上方幾哩處〉
Livre de chasse《狩獵書》
Loathly Lady 厭惡女士
Logging in Northern Wisconsin《在威斯康辛州北部伐木》
Lorelei 羅蕾萊
Loup River 盧河

Lucas Cranach the Younger 盧卡斯・克拉納赫二世
Lucas van Valckenborch 盧卡斯・凡・瓦爾肯博赫
Lucina 露西娜
Ludovico Ariosto 魯多維奇・亞里歐斯托
Ludwig Tieck 路德維希・蒂克
Maerten de Vos 馬丁・德・沃斯
Maleficent 梅菲瑟
mandragora 曼德拉草
Martin Johnson Heade 馬丁・約翰遜・海德
Mary Blair 瑪麗・布萊爾
Mary Douglas 瑪麗・道格拉斯
Mary Magdalene Reading in the Wilderness《抹大拉的馬利亞在荒野中閱讀》
Massachusetts Bay Colony 麻薩諸塞灣殖民地
Matilde Battistini 瑪蒂達・巴蒂斯緹尼
Matthew White 馬修・懷特
Maurice Maeterlinck 莫里斯・梅特林克
Melucine 美露辛
Merovingians 梅羅文加王朝
Metamorphoses《變形記》
Michael Marder 麥克・馬爾德
Michel Foucault 米歇爾・傅柯
Michelet 米榭勒
Mike Fink 邁克・芬克
Militant League for German Culture 德國文化捍衛聯盟
Minos 亡靈之王米諾斯
Modern Invasion of the Woods《現代入侵森林》
Montespan 蒙特斯潘
Morgan le Fay 摩根仙女
Mowgli 毛克利
Mughal 蒙兀兒王朝
Museum of Science and Industry in Chicago 芝加哥科學與工業博物館
mycorrhizal fungi 菌根真菌
N.K. Sandars 桑德絲
Nandi Bear 南迪熊
Naomi Sykes 娜歐蜜・塞克絲
Natty Bumppo 納提・邦波
Nebuchadnezzar 尼布甲尼撒
Negredo 黑化
Nervi 奈爾維
Neuschwanstein 新天鵝堡
New Brunswick 新布倫瑞克
Nick Hoel 尼克・霍爾
Nidhogg 尼德霍格
nixies 水精靈
Norns 諾恩三女神
Norse Elli 艾麗
Nova Scotia 新斯科細亞
Nungal 努加爾
Ode to a Nightingale〈夜鶯頌〉
Odin 奧丁大神
Oisín 奧伊辛
Okonkwo 歐康闊
Old Sam Fathers 老山姆・法澤斯
Olivia Vandergriff 奧莉薇亞・范德葛夫
Once Upon a Dream〈悠長美夢〉
Ordonnance des Eaux et Forêts（*Ordinance Concerning Waters and Forests*）《有關水域和森林的法令》
orisha 河神奧孫
Orpheus 奧菲斯
Osiris 奧西里斯
Ovid 奧維德
P. L. Travers 崔佛斯
Pando 潘多
Paolo 保羅
Paolo Uccello 保羅・烏切洛
paradigm shifts 範型轉移
Parzival《帕西法爾》
Paul Bunyan 保羅・班揚
Paul Voulet 保羅・福列
Perceforest《佩塞福雷傳奇》
Peter Lely 彼得・萊利
Peter Parley 彼得・帕利
Peter Wohlleben 彼得・沃雷本
Philippe Descola 菲利普・德斯寇拉
Philips Galle 菲利普・加勒
phonaesthesia 語音感覺
Phrygian 弗里吉亞人

Piero della Francesca 皮耶羅・德拉・弗朗西斯卡
Pierre de la Motte 皮耶・德拉莫特
Pieter Bruegel the Elder 老彼得・布勒哲爾
Pietro della Vigna 彼埃特羅・德拉・維涅
Pietro Fabris 彼得羅・法布里斯
Placidus 普拉西杜斯
Plague of Justinian 查士丁尼大瘟疫
plant blindness 植物盲
Pliny the Elder 老普林尼
Poetic Edda《詩體埃達》
Popol Vuh《波波爾・烏》
Prince Edward Island 愛德華王子島
Prince Robert〈羅伯特王子〉
Publius Quinctilius Varus 普布利烏斯・昆克蒂利烏斯・瓦盧斯
quaking aspen 白楊木
Quiche Maya 基切瑪雅族
Ralph Caldicott 勞夫・科地考特
Ralph Waldo Emerson 拉爾夫・沃爾多・愛默生
Rapunzel 長髮公主
Ratatosk 拉塔托斯克
Raul Hilberg 勞爾・希爾伯格
Ravenna 拉文納
Red River Lumber Company 紅河木材公司
Rev. Edward Topsell 愛德華・托普塞爾牧師
Rev. Gilbert White 吉爾伯・懷特牧師
Reynard the Fox 列那狐
Rhineland 萊茵蘭
Richard Dorson 理查・多爾森
Richard Overy 理查德・奧弗里
Richard Powers 理察・鮑爾斯
Rip van Winkle 李伯
Romance of the Forest《森林羅曼史》
Rosgiebing Manor 羅斯吉賓莊園
Rosicrucians 薔薇十字會
Royal Oak 皇家橡樹
Rudyard Kipling 魯德亞德・吉卜林
Runa Puma 魯納美洲豹族
Rusalia festival 盧沙利亞節
rusalki 水中女妖露莎姬
Salvator Rosa 薩爾瓦托・羅薩
Salzburg Missal《薩爾斯堡彌撒書》
Samuel Purchas 塞繆爾・珀切斯
Samuel Wale 塞繆爾・韋爾
Sara Graça da Silva 莎拉・葛蕾絲・狄席爾瓦
Saturn 撒圖恩神
Saxony 薩克森州
Scythians 斯基泰人
Selborne 塞爾伯恩
Sensitive《敏感》
sequoias 紅杉
Shamash 沙馬什
Shawangunk Kill 沙溫崗溪
Shem 閃
Shere Khan 邪漢
signifer 意符
Silesia 西利西亞
Silva《林木誌》
Sîn-lēqi-unninni 辛里奇烏尼尼
Sir Bertilak 博迪拉克爵士
Sir Bors 鮑斯爵士
Sir Edwin Landseer 埃德溫・藍道西爾爵士
Sir Gaheris 加赫雷斯爵士
Sir Galahad 加拉哈德爵士
Sir Gawain and the Green Knight《高文爵士與綠騎士》
Sir Gawain 高文爵士
Sir Lancelot 蘭斯洛爵士
Sir Percival 珀西瓦爵士
Sir Tristan 崔斯坦爵士
Sir Ywain 伊凡爵士
Song of the Broad-Axe〈闊斧歌〉
sound symbolism 語音表意
Spring《春天》
St Eustace 聖尤斯塔斯
St George and the Dragon《聖喬治與龍》
St Hubert 聖休伯特
St Lawrence River 聖勞倫斯河
Stag Hunt of John Frederick I, Elector of

Saxony《薩克森選侯約翰·腓特烈一世的獵鹿》
Steven Mancuso 史蒂文·曼庫索
Steven Sondheim 史蒂芬·桑坦
Sumerian 蘇美語
Suzanne Simard 蘇珊·希瑪爾
Sybille 西碧兒
Sylvicultura oeconomica（*Economic Forestry*）《經濟林業》
Syracuse Post-Standard《雪城標準郵報》
Tacitus 塔西佗
Talia 塔莉亞
Tammuz 塔木斯
Tannhäuser 唐懷瑟
Tarzan of the Apes《人猿泰山》
Taxile Delord 泰克希勒·狄洛德
Texaco Oil 德士古石油公司
Thain Family Forest 塞恩家族森林
The Alchemist《煉金術士》
The American Biology Teacher《美國生物教師》
The Arcadian or Pastoral State《田園或農牧國度》
The Arrival of the Queen of Sheba《示巴女王駕臨》
The Bacchae《酒神的女信徒》
The Bear〈熊〉
The Canterbury Tales《坎特伯里故事集》
The Cherry-Tree Carol〈櫻桃樹頌歌〉
The Consummation of Empire《帝國圓滿》
The Course of Empire《帝國歷程》
The Cross of the World《世界的十字架》
The Dawn of Everything《萬物的黎明》
The Dream of the Rood《十字架之夢》
The Epic of Gilgamesh《吉爾伽美什史詩》
The Fall《墮落》
The Famished Road Trilogy《飢餓之路三部曲》
The Garden of Eden《伊甸園》
The Golden Bough《金枝》
The Golden Legend《黃金傳說》
The Grand Waterworks, Versailles《凡爾賽宮的大噴泉》
The Heir Presumptive《推定繼承人》
The Hidden Life of Trees《樹木的祕密生活》
The Hunt in the Forest《森林狩獵》
The Intelligence of Flowers《花的智慧》
The Jungle Book《叢林奇譚》
The Marvelous Exploits of Paul Bunyan《保羅·班揚的驚異功績》
The Monarch of the Glen《峽谷王者》
The New Wild《新荒野》
The Order of Things《事物的秩序》
The Overstory《樹冠上》
The Postmodern Condition《後現代狀況》
The Propagation of Forest Trees《森林樹木的繁衍》
The Savage State《野蠻國度》
The Shepherds《牧羊人》
The Significance of the Frontier in American Life〈邊疆在美國生活中的意義〉
The Souvenir《紀念品》
The Stag Hunt《獵鹿》
The three golden hairs of the Devil〈魔鬼的三根金髮〉
The Tree of Liberty, with the Devil tempting John Bull《自由之樹，魔鬼誘惑約翰牛》
The Unicorn Crosses a Stream《獨角獸越過溪流》
The Well of the World's End〈世界盡頭之井〉
The Wild Man; or, The Masquerade of Orson and Valentine《野人，又名奧森與瓦倫泰的假面舞會》
Themis 泰美斯
Theodore 'Teddy' Roosevelt 西奧多·「泰迪」·羅斯福
Things Fall Apart《分崩離析》
Thomas Cole 湯瑪斯·科爾
Thomas Gainsborough 湯瑪斯·根茲博羅
Thomas Hardy 湯瑪斯·哈代
Thomas Malory 托馬斯·馬洛禮
Thomas Toft 湯馬斯·托夫特

Thousand Islands 千島群島
Thure de Thulstrup 圖爾・德・圖爾斯特魯普
Thuringia 圖林根州
To Posterity〈致後世〉
Tom Thumb〈拇指湯姆〉
Tomahawk 托馬霍克
Trajan 圖拉真
Tree of Jesse《耶西之樹》
Triton 川頓
Troylus 特洛伊勒斯
Tuscany 托斯卡尼地區
Tzeltal Maya 采塔爾馬雅族人
Ulster 烏爾斯特
Unicorn of the Annunciation《報喜的獨角獸》
Unicorn Tapestries《獨角獸掛毯》
Ur 烏爾古城
uroboros 銜尾蛇
Uruk 烏魯克城
Utnapishtim 烏特納比什提姆
Vanderbilt 范德堡
Vasilisa the Beautiful〈美麗的薇希莉莎〉
Vesper Flights《向晚的飛行》
View of Mergellina and the Palazzo Donn'Anna Beyond, Naples《那不勒斯的梅格莉娜與唐安娜宮遠景》
View of the Triumphal Arch of Augustus, Aosta《奧斯塔的奧古斯都凱旋門景觀》
vilas 維拉斯
Virgil 維吉爾
Vision of St Hubert《聖休伯特的異象》
Vladimir Bibikhin 弗拉德米爾・比比欣
Vladimir Propp 弗拉基米爾・普羅浦
W. H. Bartlett 巴特雷特
Waldgespräch（Forest Conversation）〈森林對話〉
Walking〈行走〉
Wallace 華萊士
Walt Disney Presents《華特・迪士尼秀》
Walt Whitman 華特・惠特曼
Walter Crane 華特・克蘭
Waltham Forest 沃爾瑟姆森林
Wandrers Nachtlied ii（Wanderer's Night Song ii）〈浪遊者的夜歌之二〉
Waq Waq tree 娃娃樹
water nymphs 水中仙女
Wendigo 溫迪哥
Westward the Course of Empire Takes Its Way《帝國西進向前行》
Whig Parry 輝格黨
Whitaker Chambers 惠特克・錢伯斯
Wiguam in the Forest《森林中的棚屋》
Wilhelm Heinrich Riehl 威廉・海因里希・黎耳
William B. Laughead 威廉・勞格海德
William Cullen Bryant 威廉・卡倫・布萊恩特
William Faulkner 威廉・福克納
William Wordsworth 威廉・渥茲華斯
Wittelsbach 維特爾斯巴赫家族
Wolfram von Eschenbach 沃爾夫蘭・馮・艾申巴赫
Women Who Run with the Wolves《與狼同奔的女人》
wood frog 木蛙
yakshi 藥叉女
Yggdrasil《世界之樹》
Zeeland 澤蘭島
Zellandine 澤蘭丁
Zora Neale Hurston 左拉・尼爾・赫斯頓
Zoroastrian 祆教

原書註

導言：森林與記憶

1. Charles Watkins, *Trees in Art* (London, 2018), pp. 81–3.
2. Thomas Hardy, 'During Wind and Rain', www.poetryfoundation.org, accessed 20 May 2022.
3. Attorney A. S. Embler, *David E. Brundage and Wife to Bluma Sax* (Newburgh, ny, 1933).
4. Hugh Canham, 'History of the New York Forest Owners Association, Part i', *New York Forest Owner* (September/October 2021), p. 4.
5. James H. Wandersee and Elisabeth E. Schussler, 'Preventing Plant Blindness', *American Biology Teacher*, lxi/2 (1999), p. 82.
6. Frederic Edward Clements, *Plant Succession: An Analysis of the Development of Vegetation* (Washington, dc, 1916), pp. 102–7.
7. Jack Santino, *All Around the Year: Holidays and Celebrations in American Life* (Chicago, il, 1995), p. 173.
8. Michael Williams, *Americans and their Forests: A Historical Geography* (Cambridge, 1992), pp. 35, 38.
9. Charles D. Canham, *Forests Adrift: Currents Shaping the Future of Northeastern Trees* (New Haven, ct, 2020), pp. 77–8.
10. Ibid., p. 76.
11. Ibid., p. 69.
12. Ibid., p. 68.
13. Herman Hesse, *Trees: An Anthology of Writings and Paintings by Hermann Hesse*, ed. Volker Michels, trans. Damion Searles (San Diego, ca, 2022), p. 1.
14. Maurice Maeterlinck, *The Intelligence of Flowers*, trans. Alexander Teixeira de Mattos (New York, 1913), pp. 26–30.

第 1 章 樹與葉

1. Richard Elton Walton, 'Deer Are Consuming the World's Largest Organism, Killing Off Its Opportunity for Growth', www.cnn.com, 29 November 2021.
2. Stefano Mancuso, *The Revolutionary Genius of Plants: A New Understanding of Plant Intelligence and Behavior*, no trans. given (New York, 2018), p. 91.
3. C. J. Turlings, John H. Loughrin et al., 'How Caterpillar-Damaged Plants Protect Themselves by Attracting Parasitic Wasps', *Proceedings of the National Academy of Science*, xcii (May 1995), pp. 4169–74.
4. Mancuso, *Plants*, pp. 216–17.

5. Ibid., p. 96.
6. United States Department of Health and Human Services, 'nih Human Microbiome Project Defines Normal Bacterial Makeup of the Body', www.nih.gov, 13 June 2012.
7. René Descartes, 'Meditations on First Philosophy', in *Descartes: Selected Philosophical Writings* (Cambridge, 2006), editation Six, pp. 119–20.
8. Michael Marder, *Plant Thinking: A Philosophy of Vegetal Life* (New York, 2013), p. 39.
9. Sara Black, Amber Ginsburg et al., 'The Legal Life of Plants', in *Botanical Speculations: Plants in Contemporary Art*, ed. Giovanni Aloi (Cambridge, 2021), pp. 29–47.
10. Virgil, *Aeneid*, trans. Frederick Ahl (Oxford, 2007), viii, 314–25, pp. 194–5.
11. John Leighton, and James K. Colling, *Suggestions in Design* (New York, 1881), p. 55.
12. Nathaniel Altman, *Sacred Trees* (San Francisco, ca, 1994), pp. 73–80.
13. Alexander Porteous, *The Lore of the Forest: Myths and Legends* (London, 1994), p. 157.
14. Dennis Tedlock, trans. *Popol Vuh: The Mayan Book of the Dawn of Life*, revd edn, ebook (New York, 1996), pp. 158–69.
15. Vladimir Bibikhin, *The Woods*, trans. Arch Tait (Cambridge, 2021) p. 8; Marder, *Plant Thinking*, p. 66.
16. Corrine J. Saunders, *The Forest of Medieval Romance: Avernus, Broceliande, Arden* (Woodbridge, England, 1993), pp. 19–24.
17. Corina Jenal, '*Das ist kein Wald, Ihr Pappnasen!' Zur sozialen Konstruktion von Wald. Perspektiven von Landschaftstheorie und Landschaftspraxis* (Berlin, 2019), p. 38.
18. Peter Marshall, *The Philosopher's Stone: A Quest for the Secrets of Alchemy* (New York, 2001), p. 29.
19. Eduardo Kohn, *How Forests Think: Toward an Anthropology Beyond the Human*, ebook (Berkeley, ca, 2013), location 3890.
20. Pedro Pitarch, *The Jaguar and the Priest: An Ethnology of Tzeltal Souls* (Austin, tx, 1996), p. 1–59.
21. Kohn, *How Forests Think*, locations 166–9, 1849–70.
22. Ibid., p. 66.
23. Michel Foucault, *The Order of Things: An Archeology of the Human Sciences*, trans. not given (New York, 1994), pp. 70–73.
24. Ibid., pp. 417–22.
25. Brent Berlin, 'The First Congress of Ethnozoological Nomenclature', *Journal of the Royal Anthropological Institute*, 12 (2006), pp. 23–37.
26. Ibid., pp. 37–40.
27. Dante Alighieri, *La Divina Commedia di Dante Alighieri* (Milan, 1911), Inferno, Canto i, lines 1–6, p. 1. The translation is my own.
28. Charles Watkins, *Trees in Art* (London, 2018), pp. 150–51.

第11章 樹的靈性

1. Aristotle, 'De Anima (On the Soul)', in *The Basic Works of Aristotle*, ed. Richard McKeon (New York, 2001),

section 413 a–b, pp. 556–8.
2. Mary Douglas, *Purity and Danger: An Analysis of the Concepts of Pollution and Taboo* (New York, 1994), pp. 40–41.
3. Ibid., p. 54.
4. Ibid, p. 56.
5. Ibid., p. 11.
6. James George Frazer, *The Golden Bough: A Study in Religion and Magic*, abridged edn (Mineola, ny, 2019), pp. 324–84.
7. Joseph Bruchac, *Native Plant Stories* (Golden, co, 1995), p. xi.
8. David Attenborough, *The First Eden: The Mediterranean World and Man* (Boston, ma, 1987), pp. 140–41.
9. Carol Kaesuk Yoon, *Naming Nature: The Clash between Instinct and Science* (New York, 2009), pp. 50–51.
10. Francis James Child, ed., *The English and Scottish Popular Ballads in Five Volumes*, vol. ii (Mineola, ny, 2003), verses 5 and 6, p. 4.
11. Ibid., verses 19 and 20, p. 285.
12. T. H. Philpot, *The Sacred Tree; or, The Tree in Religion and Myth* (New York, 1897), p. 84.
13. Boria Sax, *Imaginary Animals: The Monstrous, the Wondrous and the Human* (London, 2013), pp. 216–17.
14. Anonymous, 'The Seeress's Prophesy', in *The Poetic Edda* (Oxford, 1996), trans. Carolyne Larrington, verses 19–20, p. 6.
15. Anonymous, 'Grimnir's Sayings', in *The Poetic Edda*, verses 31–4, p. 56.
16. Anonymous, 'The Seeress's Prophesy', ibid., verse 47, p. 10.
17. Anonymous, 'Grimnir's Sayings', ibid., verse 35, p. 57.
18. Anonymous, 'Vafthrudnir's Sayings', ibid., verse 45, p. 47.
19. Mircea Eliade, *Shamanism: Archaic Techniques of Ecstasy* (Princeton, nj, 1974), pp. 272–3.
20. Nathaniel Altman, *Sacred Trees* (San Francisco, ca, 1994), pp. 78–9.
21. Vladmir Bibikhin, *The Woods*, ed. Artemy Magun, trans. Arch Tait (Cambridge, ma, 2021), p. 59.
22. Anonymous, 'The Dream of the Rood', trans. Michael Alexander, *The First Poems in English*, ed. Michael Alexander, ebook (London, 2008), Kindle locations 758–926.
23. Jacobus de Voragine, *The Golden Legend: Readings on the Saints*, trans. William Granger Ryan, 2 vols (Princeton, nj, 1993), vol. ii, chap. 37, pp. 168–73.
24. Maurice Maeterlinck, *The Intelligence of Flowers*, trans. Alexander Teixeira de Mattos (New York, 1913), pp. 10–11.

第三章 森林的神祕生物

1. John Burroughs, *Wake-Robin* (Cambridge, ma, 1900), p. xiii.
2. Philippe Descola, *Beyond Nature and Culture*, trans. Jamet Lloyd (Chicago, il, 2013), p. 26.
3. Ibid., p. 29; Daniel Cohen, *The Encyclopedia of Monsters* (New York, 1982), pp. 74–5.

4. Nathaniel Altman, *Sacred Trees* (San Francisco, ca, 1994), pp. 71–85.
5. Michael Williams, *Deforesting the Earth: From Prehistory to the Global Crisis, an Abridgement* (Chicago, il, 2006), pp. 224–5.
6. David D. Gilmore, *Monsters: Evil Beings, Mythical Beasts and All Manner of Imaginary Terrors* (Philadelphia, pa, 2003), pp. 75–81.
7. Ibid., p. 2.
8. Nigel J. Smith, *The Enchanted Amazon Rain Forest: Stories from a Vanishing World* (Gainesville, fl, 1976), pp. 42–52, 178–9.
9. Michael Williams, *Deforesting the Earth: From Prehistory to the Global Crisis, an Abridgement* (Chicago, il, 2006), pp. 224–5.
10. N. K. Sanders, trans., *The Epic of Gilgamesh* (New York, 1970), p. 63.
11. Andrew George, trans. *The Epic of Gilgamesh* (New York, 2016), pp. 1–21.
12. Lise Gotfredsen, *The Unicorn* (New York, 1999), p. 15.
13. Jeanne-Marie Leprince de Beaumont, 'Beauty and the Beast', in *Folk and Fairy Tales*, ed. Martin Hallett and Barbara Karasek, 5th edn (Peterborough, Canada, 2018), pp. 128–37.
14. Sara Gracça da Silva and Jamshid J. Tehrani, 'Comparative Phylogenetic Analyses Uncover the Ancient Roots of European Fairy Folktales', *Royal Society Open Science*, iii/1 (January 2016), p. 8, https://royalsocietypublishing.org.
15. Cohen, *Monsters*, pp. 3–17.
16. John Ayto, *Dictionary of Word Origins: The Histories of More than 8,000 English-Language Words* (New York, 1990), p. 374.
17. Wu Cheng'en, *Journey to the West*, trans. Anthony Yu, 4 vols (Chicago, il, 1980), vol. iii, pp. 220–37.
18. Mark Elvin, *The Retreat of the Elephants: An Environmental History of China* (New Haven, ct, 2004), pp. xvii, 44–7, 78, 321–68.
19. Sophia Suk-mun Law, *Reading Chinese Painting: Beyond Forms and Colors: A Comparative Approach to Art Appreciation*, trans. Tony Blishen (New York, 2016), pp. 74–93.
20. Peter Wohleben, *The Hidden Life of Trees: What They Feel, How They Communicate – Discoveries of a Secret World*, trans. Mike Grady (New York, 2006), ebook, locations 110–27.
21. Ibid., p. 26.
22. Brian Morris, *Animals and Ancestors: An Ethnography* (New York, 2000), p. 226.
23. Chinua Achebe, *Things Fall Apart* (New York, 1958), p. 148.
24. Ben Okri, *The Famished Road*, ebook (New York, 2016), p. 19.

第四章　征服森林

1. Bertrand Hell, 'Enraged Hunters: The Domain of the Wild in North- Western Europe', in *Nature and Society: Anthropological Perspectives*, ed. Philippe Descola and Gisli

Palsson (London, 2004), p. 555.
2. J. Hansman, 'Gilgamesh, Humbaba and the Land of the Erin-Trees', *Iraq*, xxxviii (Spring 1976), p. 24.
3. Andrew George, trans. *The Epic of Gilgamesh* (New York, 2016), pp. 104–22.
4. Hansman, 'Gilgamesh', p. 35.
5. Sara Gracça da Silva and Jamshid J. Tehrani, 'Comparative Phylogenetic Analyses Uncover the Ancient Roots of European Fairy Folktales', *Royal Society Open Science*, iii/1 (January 2016), p. 7, https://royalsocietypublishing.org.
6. Jeremy Black and Anthony Green, *Gods, Demons and Symbols of Ancient Mesopotamia: An Illustrated Dictionary* (Austin, tx, 1992), p. 106.
7. Michel Pastoureau, *The Bear: History of a Fallen King*, trans. George Holoch (Cambridge, ma, 2011), pp. 34–59.
8. Pastoureau, *The Bear*, pp. 11–26.
9. E. Douglas Van Buren, 'Mesopotamian Fauna in the Light of the Monuments. Archaeological Remarks Upon Landsberger's "Fauna Des Alten Mesopotamien"', *Archiv für Orientforschung*, vi/11 (1936–7), pp. 20–21.
10. Pastoureau, *The Bear*, pp. 11–33.
11. George, trans., *Gilgamesh*, pp. 36–46.
12. F.N.H. Al-Rawi, and A. R. George, 'Back to the Cedar Forest: The Beginning and End of Tablet v of the Standard Babylonian Epic of Gilgameš', *Journal of Cuneiform Studies*, 66 (1914), p. 74.
13. George, trans., *Gilgamesh*, pp. 37–96.
14. William Faulkner, 'The Bear', in *The Faulkner Reader* (New York, 1971), pp. 219–314.
15. Anonymous, 'Davy Crockett Theme Lyrics', www.lyricsondemand.com, accessed 28 August 2022.
16. Pastoureau, *The Bear*, p. 92.

第五章 皇室狩獵

1. Georges-Louis Leclerc, Comte de Buffon, *Buffon's Natural History*, trans. not given, 10 vols (London, 1792), vol. vi, p. 50.
2. Ibid., pp. 27–8.
3. John Ayto, *The Dictionary of Word Origins: The Histories of More than 8,000 English-Language Words* (New York, 1990), p. 161.
4. Bertrand Hell, 'Enraged Hunters: The Domain of the Wild in North-Western Europe', in *Nature and Society: Anthropological Perspectives*, ed. Philippe Descola and Gisli Palsson (London, 2004), p. 540.
5. Jean-Dennis Vigne, 'Domestication ou appropriation pour la chasse: histoire d'un choix socio-culturel depuis le néolithique. l'exemple desCerfs (Cervus)', in *Exploitation des animaux sauvages à travers le temps: xiiie rencontres internationales d'archéologie et d'histoire d'antibes – ive colloque international de l'homme et l'animal*, ed. J. Desse and F. Andoin-Rouzeau (Juan les Pins, France, 1993), p. 203.
6. Ibid., p. 204.
7. Maya Wei-haas, 'Prehistoric Female Hunter Discovery Upends Gender Role Assumptions', *National Geographic*

(4 November 2020): www.nationalgeographic.com, accessed 15 March 2021.

8. Hell, 'Enraged Hunters', pp. 533–9.
9. Jacobus de Voragine, *The Golden Legend: Readings on the Saints*, trans. William Granger Ryan, 2 vols (Princeton, nj, 1993), vol. ii, pp. 266–71.
10. Sean Kelly and Rosemary Rogers, *Saints Preserve Us! Everything You Need to Know About Every Saint You'll Ever Need* (New York, 1993), pp. 139–40.
11. Gilbert White, *The Natural History of Selborne, and the Naturalist's Calendar* (London, *c.* 1890), letter vii, p. 21.
12. Jacob and Wilhelm Grimm, *The German Legends of the Brothers Grimm*, trans. Donald Ward, 2 vols (Philadelphia, pa, 1981), vol. i, legend 309, p. 245.
13. Hell, 'Enraged Hunters', pp. 550–54.
14. Martine Chalvet, *Une histoire de la forêt*, ebook (Paris, 2011), pp. 460–67.
15. Charles Watkins, *Trees, Woods and Forests: A Social and Cultural History* (London, 2016), p. 38.
16. Ovid, *Metamorphoses*, trans. Rolfe Humphries (Bloomington, in, 1955), iii, 138–248, pp. 61–4.
17. J. Donald Hughes, *Pan's Travail: Environmental Problems of the Ancient Greeks and Romans* (Baltimore, md, 1994), pp. 94, 216.
18. Chalvet, *Histoire*, location 1464.
19. Roland Bechmann, *Trees and Man: The Forest in the Middle Ages*, trans. Katharyn Dunham (New York, 1990), p. 14.
20. Theodore Roosevelt, 'Conservation and Democracy', *Roosevelt Wildlife Bulletin*, iii/3 (September 1926), p. 498.
21. Corinne J. Saunders, *The Forest of Medieval Romance: Avernus, Broceliande, Arden* (Woodbridge, 1993), pp. 10–9.
22. Bechmann, *Trees and Man*, p. 13.
23. Saunders, *Medieval*, p. 5.
24. John Manwood and William Delson, *Treatise on Forest Law*, 5th edn (London, 1761), p. 158.
25. Saunders, *Medieval*, p. 3.
26. Chalvet, *Histoire*, pp. 1467–90.
27. GabrielBise,andGastonPoebus,*MedievalHuntingScenes(' theHuntingBook' by Gaston Poebus)*, trans. J. Peter Tallon (Huntsville, oh, 1978), pp. 58–67.
28. Francis Klingender, *Animals in Art and Thought to the End of the Middle Ages*, trans. Evelyn Antal and John Harthan (Cambridge, ma, 1971), pp. 468–9.
29. Keith Thomas, *Man and the Natural World: A History of the Modern Sensibility* (New York, 1983), p. 29.
30. Matt Cartmill, *A View to a Death in the Morning: Hunting and Nature through History* (Cambridge, ma, 1993), p. 64–5.
31. Hell, 'Enraged Hunters', p. 540.
32. Watkins, Trees, Woods and Forests, pp. 52–5.
33. Kenneth Clark, *Animals and Men: Their Relationship as Reflected in Western Art from Prehistory to the Present Day* (New York, 1977), pp. 142–3.
34. Thomas Malory, *Le Morte D'arthur*, ebook (Boston, ma, 2017), Kindle locations 124, 572–3.
35. Louis Charbenneau-Lassay, *The Bestiary of Christ*, trans.

D. M. Dooling (New York, 1991), pp. 117–26.
36. Bechmann, *Trees and Man*, pp. 30–31.
37. Manwood and Delson, *Treatise on Forest Law*.
38. Rose-Marie Hagen and Rainer Hagen, *Masterpieces in Detail: What Great Paintings Say* (Cologne, 2000), pp. 146–51.
39. Mauro Agnoletti, *Storia del bosco: il paesaggio forestale italiano*, ebook (Bari, Italy, 2020), pp. 38, 43–4.
40. Hughes, *Pan's Travail*, pp. 169–76.
41. Bechmann, *Trees and Man*, p. 33.
42. Ibid., p. 31.
43. Cartmill, *A View to a Death in the Morning*, pp. 60–61.
44. Naomi Sykes, *Beastly Questions: Animal Answers to Archeological Issues* (London, 2015), p. 72.
45. Virginia De John Anderson, *Creatures of Empire: How Domestic Animals Transformed Early America* (New York, 2004), p. 59.
46. John Cummins, *The Art of Medieval Hunting: The Hound and the Hawk* (Edison, nj, 2003), p. 74.
47. Stephen Knight, 'Robin Hood and the Forest Laws', *Bulletin of the International Association for Robin Hood Studies*, 1 (2017), p. 1.
48. White, Selborne, letter viii, p. 21.
49. Wilhelm Heinrich Riehl, 'Feld and Wald', in *Gesammelte Werke Wilhelm Heinrich Riehls*, ebook (Cleveland, oh, 2020), locations 38529–619.
50. Clark, *Animals*, p. 102.
51. Anderson, *Empire*, p. 60.
52. Ibid., p. 62.
53. James Fenimore Cooper, *The Deerslayer* (New York, 1991).
54. Felix Salten, *Bambi: A Life in the Woods*, trans. Whittaker Chambers (New York, 1928), p. 286.
55. Ibid., frontmatter.
56. Jim Sterba, *Nature Wars: The Incredible Story of How Wildlife Comebacks Turned Backyards into Battlegrounds* (New York, 2012), pp. 113–4.
57. Ibid., p. 106.
58. Ibid., p. 107.
59. Peter Smallidge, Director of Cornell University's Arnot Forest, personal communication.

第六章 森林與死亡

1. Hansjörg Küster, *Der Wald: Natur und Geschichte* (Munich, 2019), p. 192.
2. Pliny the Elder, *Natural History: A Selection*, trans. John F. Healy (New York, 1991, 1991).
3. Tacitus, *Germania*, in *The Agricola and the Germania*, trans. S. A. Handford (Harmondsworth, 1986), chap. 5, p. 104.
4. Ibid., chap. 19, pp. 117.
5. Ibid., chap. 9, p. 109.
6. Tacitus, *The Annals of Imperial Rome*, trans. Alfred John Church and William Jackson Brodriss (New York, 2007), Book 1, Nook ebook section 53.
7. Johannes Zechner, *Der Deutsche Wald: Eine Ideengeschichte Zwischen Poesie und Ideologie* (Darmstadt, 2016), p. 20.
8. Tacitus, *Annals*, Book 1, location 51.

9. Ibid., Books 1 and 2, locations 49–108.
10. Ibid., Book 2, location 108.
11. J. Donald Hughes, *Pan's Travail: Environmental Problems of the Ancient Greeks and Romans* (Baltimore, md, 1994), p. 80.
12. Ibid.
13. Zechner, *Der Deutsche Wald*, p. 20.
14. Küster, *Der Wald*, pp. 185–6.
15. Edward Hyams, *The English Garden* (London, 1966), p. 15.
16. Martine Chalvet, *Une histoire de la forêt*, Kindle edn (Paris, 2011), ebook location 794–808.
17. T. Hudson-Williams, 'Dante and the Classics', *Greece and Rome*, xx/58 (January 1951), p. 38.
18. Dante Alighieri, *La Divina Commedia di Dante Alighieri* (Milan, 1911), *Inferno*, Canto xiii, pp. 247–52.
19. Ibid., Canto v, pp. 15–24.
20. Zechner, *Der Deutsche Wald*, pp. 18–19.
21. Leonard Forster, 'Introduction and Commentary', in *Selections from Conrad Celtis, 1459–1508*, ed. Leonard Forster (Cambridge, 1948), pp. 100–111.
22. Christopher S. Wood, *Albrecht Altdorfer and the Origins of Landscape*, 2nd edn (London, 2014), p. 134.
23. Ibid.
24. Celtis, *Selections from Conrad Celtis*, pp. 24–5.
25. Wood, *Altdorfer*, pp. 154.
26. Ibid, p. 190.
27. Ibid, pp. 156–7
28. Ibid, p. 189.
29. Anonymous and Ralph Caldicott, *Babes in the Wood* (London, 1879), pp. 30–31.
30. John Keats, 'Ode to a Nightingale', in *On Wings of Song: Poems About Birds*, ed. J. D. McClatchy (New York, 2000), lines 6–8, 50–58, pp. 218–20.
31. Johann Wolfgang von Goethe, 'Wanderers Nachtlied s.c. (Ein Gleichnes)', in *Deutsche Gedichte: Von Den Anfängen bis zur Gegenwart*, ed. Echtermeyer and Benno von Wiese (Düsseldorf, 1979), p. 194. The translation is my own.
32. 'Kikelhahn', www.wikipedia.com, accessed 5 July 2021.
33. Joseph Leo Koerner, *Caspar David Friedrich and the Subject of Landscape* (London, 2009), p. 194.

第七章 森林之主

1. Edward Topsell, *The History of Four-Footed Beasts, Serpents and Insects* (facsimile of the 1658 Edition), 3 vols (London, 1967), vol. i, pp. 551–2.
2. Neil Evernden, *The Social Creation of Nature* (Baltimore, md, 1992), p. 41.
3. Bruno Bettelheim, *The Uses of Enchantment: The Meaning and Importance of Fairy Tales* (New York, 1977), p. 94.
4. Matilde Battistini, *Symbols and Allegories in Art*, trans. Stephen Sartarelli (Los Angeles, ca, 2005), p. 244.
5. Wolfram von Eschenbach, *Parzifal*, trans. A. T. Hatto (New York, 1980), p. 132.
6. Anonymous, 'Sir Gawain and the Green Knight', in *Sir Gawain and the Green Knight, an Authoritative Translation, Contexts, Criticism*, ed. Marie Borroff and Laura L.

Howes (New York, 2010), pp. 3–64.
7. Alice E. Lasater, *Spain to England: A Comparative Study of Arabic, European, and English Literature of the Middle Ages* (Jackson, ms, 1974), pp. 189–96.
8. Max Lüthi, *The European Folktale: Form and Nature*, trans. John D. Niles (Bloomington, in, 1986), pp. 32–3.
9. Sara Gracça da Silva, and Jamshid J. Tehrani, 'Comparative Phylogenetic Analyses Uncover the Ancient Roots of European Fairy Folktales', *Royal Society Open Science*, iii/1 (January 2016), https:// royalsocietypublishing. org.
10. Max Lüthi, *The Fairy Tale as an Art Form and Portrait of Man*, trans. John Erickson (Bloomington, in, 1987), pp. 135–44.
11. Bernard Roger, *The Initiatory Path in Fairy Tales*, Nook ebook (Rutledge, vt, 2015).
12. Boria Sax, *The Frog King: On Legends, Fables, Fairy Tales and Anecdotes of Animals* (New York, 1990), p. 49.
13. Albert B. Friedman, 'Morgan Le Fay in Sir Gawain and the Green Knight', *Speculum*, xxxv/2 (April 1960), pp. 269–72.
14. Joseph L. Henderson, 'Ancient Myths and Modern Man', in *Man and His Symbols*, ed. Carl G. Jung (New York, 1968), p. 123.
15. Anonymous, 'Bricriu's Feast', in *Early Irish Myths and Sagas*, ed. and trans. Jeffrey Gantz (New York, 1985), pp. 219–55.
16. Thomas Malory, *Le Morte D'arthur* (Boston, ma, 2017), chap. xxi–ii, pp. 671–4.
17. Jonathan Hughes, *The Rise of Alchemy in Fourteenth-Century England: Plantagenet Kings and the Search for the Philosopher's Stone* (New York, 2012), pp. 81–3.
18. Dennis William Hauck, *Sorcerer's Stone: A Beginner's Guide to Alchemy* (New York, 2004), p. 189.
19. Hughes, *The Rise of Alchemy*, p. 84.

第八章 森林女王

1. Laurence Half-Lancer, 'Fairy Godmothers and Fairy Lovers', in *Arthurian Women: A Casebook*, ed. Thema S. Fenster (New York, 1996), pp. 142–3, 48.
2. Matilde Battistini, *Symbols and Allegories in Art*, trans. Stephen Sartarelli (Los Angeles, ca, 2005), p. 244.
3. Alexandr Afans'ev, *Russian Fairy Tales*, trans. Norbert Guterman (New York, 1973), pp. 441–3.
4. Andreas Johns, *Baba Yaga: The Ambiguous Mother and Witch of the Russian Folktale* (New York, 2010), p. 272.
5. Ibid., p. 273.
6. Afans'ev, pp. 439–47.
7. Vladimir Propp, *Theory and History of Folklore*, trans. Ariadna Y. Martin and Richard P. Martin, vol. v: *Theory and History of Literature* (Minneapolis, mn, 1984), p. 117.
8. Ibid., pp. 116–18.
9. Ibid., p. 117.
10. Vladimir Propp, *The Morphology of the Folk Tale*, trans. Laurence Scott (Austin, tx, 1968).
11. Joanna Hubb, *Mother Russia: The Feminine Myth in Russian Culture* (Bloomington, in, 1988), pp. 48–51.

12. Ibid., p. 35.
13. Jacob Grimm, and Wilhelm Grimm, *The Annotated Brothers Grimm*, ed. and trans. Maria Tatar (New York, 2004), pp. 73–85.
14. Ibid., p. 72.
15. Afans'ev, *Russian Fairy Tales*, pp. 76–9.
16. Johns, *Baba Yaga*, p. 97.
17. Jacob and Wilhelm Grimm, *The German Legends of the Brothers Grimm*, trans. Donald Ward, 2 vols (Philadelphia, pa, 1981), vol. i, legend 171, p. 57.
18. Sabine Baring Gould, *Curious Myths of the Middle Ages*, ed. Edward Hardy (New York, 1987), pp. 79–82.
19. Josef Freiherr von Eichendorff, 'Waldgespräch', in *Deutsche Gedichte: Von den Anfängen bis zur Gegenwart*, ed. Echtermeyer and Benno von Wiese (Düsseldorf, 1979), p. 372. The translation is my own.
20. Suzanne Simard, *Finding the Mother Tree: Discovering the Wisdom of the Forest* (New York, 2021), p. 513.
21. Richard Powers, *The Overstory*, ebook (New York, 2019).

第九章　古典、洛可可與哥德森林

1. Michael Williams, *Deforesting the Earth: From Prehistory to the Global Crisis, an Abridgement* (Chicago, il, 2006), p. 91.
2. Ibid., p. 117.
3. Oliver Rackham, *History of the Countryside* (London, 2020), p. 133.
4. Ibid., p. 134; Charles Watkins, *Trees, Woods and Forests: A Social and Cultural History* (London, 2016), pp. 219–23.
5. Giambattista Vico, *The New Science of Giambattista Vico* (Ithaca, ny, 1984).
6. Martine Chalvet, *Une histoire de la forêt*, ebook (Paris, 2011), Kindle location 3773.
7. Barbara Novak, *Nature and Culture: American Landscape and Painting, 1825–1875* (New York, 1980), pp. 204–5.
8. Ibid., p. 35.
9. Jennifer Milam, *Fragonard's Playful Paintings: Visual Games in Rococo Art* (Manchester, 2006), plate v.
10. Chalvet, *Une histoire de la forêt*, Kindle locations 2384–98.
11. Charles Perrault, *Perrault, Contes* (Paris, 1981), pp. 169–78.
12. Anne Radcliffe, *The Romance of the Forest* (Oxford, 2009), pp. 266–9.
13. William Wordsworth, 'Lines Composed a Few Miles above Tintern Abbey, on Revisiting the Banks of the Wye During a Tour. July 13, 1798', in *Favorite Poems, William Wordsworth*, ebook (Mineola, ny, 1992), Kindle locations 333–85.
14. John Ruskin, *Ruskin's Writings on Art*, ed. Joan Evans (Garden City, ny, 1959), pp. 228–34.
15. Ibid., p. 167.

第十章　原始森林

1. Boria Sax, 'Mermaids', in *Storytelling: An Encyclopedia of Mythology and Folklore*, ed. Josepha Sherman, 2 vols, vol. ii (Armonk, ny, 2008), p. 304.
2. Boria Sax, 'The Basilisk and Rattlesnake, or a European

Monster Comes to America', *Society and Animals*, ii/1 (1994): pp. 3–15.
3. Henry Wadsworth Longfellow, 'Evangeline: A Tale of Acadie' [1847], https://poets.org.
4. William Cullen Bryant, 'A Forest Hymn' [1824], www.poemhunter.com.
5. Michael Williams, *Deforesting the Earth: From Prehistory to the Global Crisis, an Abridgement* (Chicago, il, 2006), p. 25.
6. William Cronon, *Changes in the Land: Indians, Colonists, and the Ecology of New England*, Nook edn (New York, 2011), p. 27.
7. Williams, *Deforesting*, p. 60.
8. MeehanChrist,'The Age of Acceleration', *Orion*, xli/2(Summer2002), p.31.
9. Ibid., p. 147.
10. Edmund Burke, *A Philosophical Enquiry into the Origin of Our Ideas of the Sublime and Beautiful* (Oxford, 2015), pp. 47–9.
11. Barbara Novak, *Nature and Culture: American Landscape and Painting, 1825–1875* (New York, 1980), p. 38.
12. John Muir, *Our National Parks* (San Francisco, ca, 1991), p. 248.
13. Anne Whinston Spirn, 'Constructing Nature: The Legacy of Frederich Law Olmstead', in *Uncommon Ground: Rethinking the Human Place in Nature*, ed. William Cronon (New York, 1996), pp. 91–6.
14. Kenneth R. Olwig, 'Reinventing Common Nature: Yosemite and Mount Rushmore: A Meandering Tale of Double Nature', in *Uncommon Ground*, ed. Cronon, pp. 363, 68.
15. Richard Grant, 'The Lost History of Yellowstone: Debunking the Myth That the Great National Park Was a Wilderness Untouched by Humans', *The Smithsonian* (January/February 2021), pp. 54–5, 116–17.
16. Thomas Cole, *Essay on American Scenery* (Catskill, ny, 2018), pp. 20–21.
17. Henry David Thoreau, 'Walking', in *The Portable Thoreau*, ed. Jeffrey S. Cramer (New York, 2012), pp. 562–71.
18. Linda S. Ferber, *The Hudson River School: Nature and the American Vision* (New York, 2009), p. 191.
19. Ibid., pp. 193–8.
20. Barbara Babcock Millhouse, *American Wilderness: The Story of the Hudson River School of Painting* (Hensonville, ny, 2007), p. 86.

第十一章 夢中森林

1. P. L. Travers, *What the Bee Knows: Reflections on Myth, Symbol and Story* (Wellingborough, uk, 1989), pp. 265–6.
2. Anonymous, *A Perceforest Reader: Selected Episodes from Perceforest: The Prehistory of King Arthur's Britain*, trans. Nigel Bryant (Woodbridge, 2012), pp. 85–102.
3. Noémie Chardonnens, 'D'un Imaginaire à l'autre : la belle endormie du roman de perceforest et son fils', *Études de lettres*, iii/4 (2011): p. 198.
4. GiambattistaBasile,'Sun,Moon,andTalia',in*Folkand*

Fairy Tales, ed. Martin Hallett and Barbara Karasek (Peterborough, Canada, 2018), pp. 79–82.
5. Charles Perrault, 'The Sleeping Beauty in the Wood', in *Folk and Fairy Tales*, ed. Hallett and Karasek, pp. 83–8.
6. Jacob and Wilhelm Grimm, *The Annotated Brothers Grimm*, ed. and trans. Maria Tatar (New York, 2004), pp. 232–9.
7. Roland Beechmann, *Trees and Man: The Forest in the Middle Ages*, trans. Katharyn Dunham (New York, 1990), pp. 261–2.
8. Michael Imort, 'A Sylvan People: Wilhelmine Forestry and the Forest as a Symbol of Germandom', in *Germany's Nature: Cultural Landscapes and Environmental History*, ed. Thomas Lenkan and Thomas Zeller (New Brunswick, nj, 2005), pp. 61–2.
9. Wolf Burchard, *Inspiring Walt Disney: The Animation of French Decorative Arts* (New York, 2021), pp. 185–7.
10. Ibid., pp. 107–17.

第十二章　叢林法則

1. Saskia Huma, 'The Real-Life Captain Kurtz', *Daily Mail*, 15 May 2021.
2. Frederick Jackson Turner, 'The Significance of the Frontier in American History (1893)', www.historians.org, accessed 14 February 2022.
3. Christopher Mcintosh, *The Swan King: Ludwig ii of Bavaria*, ebook (London, 2012), pp. 193–8.
4. Elyse Nelson, 'Sculpting about Slavery in the Second Empire', in *Fictions of Emancipation: Carpeaux's Why Born Enslaved Reconsidered*, ed. Elyse Nelson and Wendy B. Walters (New York, 2022), p. 56.
5. John Thompson, 'Africa Geographicus', 1813, www.geogrphaphicus.com, accessed 17 February 2022.
6. John Rankin, *Africa* (London, *c*. 1860).
7. Peter Parley, *The Second Book of History: The Modern History of Europe, Africa, and Asia* (Boston, ma, 1845), p. 162.
8. John Ayto, *Dictionary of Word Origins* (New York, 1990), p. 310.
9. Roland Beechman, *Trees and Man: The Forest in the Middle Ages*, trans. Katharyn Dunham (New York, 1990), p. 283.
10. Candace Slater, 'Amazonia as Edenic Narrative', in *Uncommon Ground: Rethinking the Human Place in Nature*, ed. William Cronon (New York, 1996), pp. 110–7.
11. Joseph Conrad, *Heart of Darkness* (New York, 2012), p. 38.
12. Ibid., pp. 6–7.
13. Ibid., pp. 56–7.
14. Ibid., p. 80.
15. Matthew White, *The Great Big Book of Horrible Things: The Definitive Chronicle of History's 100 Worst Atrocities* (New York, 2012), p. 542.
16. Hannah Arendt, *Eichmann in Jerusalem: A Report on the Banality of Evil* (New York, 2006).
17. Conrad, *Heart*, p. 33.
18. Adam Hochschild, *King Leopold's Ghost*, ebook (New York, 2020), pp. 533–53.
19. Marshall Everett, *Roosevelt's Thrilling Experiences in the*

Wilds of Africa: Hunting Big Game (Houston, tx, 1909), unpaginated back matter.
20. Ibid., p. 165.
21. Ibid., unpaginaged back matter.
22. Ibid., caption to unpaginated illustration entitled 'The Happy Anticipation of a Fine Feast'.
23. Edgar Rice Burroughs, *Tarzan of the Apes*, ebook (Overpark, ks, 2012), Kindle location 1906–63.
24. Ibid., Kindle location 2617.
25. Rudyard Kipling, *The Jungle Book*, ebook (Seattle, wa, 2017), Kindle location 184.
26. Ibid., Kindle location 293–308.
27. Ibid., Kindle location 910–25.
28. Allen F. Roberts, *Animals in African Art: From the Familiar to the Marvelous* (New York, 1995), pp. 16–18.

第十三章 拿著大斧頭的人

1. W. B. Laughead, *The Marvelous Exploits of Paul Bunyan* (Middletown, de, 2021), pp. 1–9.
2. CarlSandburg,*TheCompletePoemsofCarlSandburg*(NewYork,1970), p.496.
3. B. A. Botkin, *A Treasury of American Folklore: Stories, Ballads, and Traditions of the People* (New York, 1944), pp. 491–2.
4. *Legends of Paul Bunyan*, ed. Harold W. Felton (New York, 1947), pp. 221–48.
5. Michael Edmonds, *Out of the Northwoods: The Many Lives of Paul Bunyan*, Kobo edn (2009), pp. 302–4.
6. Ibid., p. 298.
7. Ibid., p. 314.
8. Ibid., p. 309.
9. Michael Williams, *Americans and Their Forests: A Historical Geography* (Cambridge, 1992), pp. 222–3.
10. Edmonds, *Northwoods*, p. 16.
11. Ibid., pp. 87–93.
12. Ibid., pp. 240–2.
13. Laughead,*Exploits*.
14. Ibid., 243–5.
15. Richard M. Dorson, *Folklore and Fakelore: Essays toward a Discipline of Folk Studies* (Cambridge, ma, 1976), pp. 335–6.
16. Ibid., p. 27.
17. Gifford Pinchot, *Breaking New Ground* (Washington, dc, 1998), pp. 27–8.
18. Edmonds, *Northwoods*, pp. 401–2.
19. Keith Thomas, *Man and the Natural World: A History of the Modern Sensibility* (New York, 1983), pp. 194–6.

第十四章 樹的政治

1. Edward Hyams, *The English Garden* (London, 1966), p. 22.
2. Nigel Everett, *The Tory View of Landscape* (New Haven, ct, 1994), p. 39.
3. Ibid., pp. 41, 44.
4. Ibid., p. 40.
5. Ibid., pp. 183–203.
6. Ibid., pp. 204–8.
7. John Evelyn, *Sylva; or, A Discourse of Forest Trees and the*

Propagation of Timber, 3rd edn (1706) (Chapel Hill, nc, 2012), p. lxxvi, at www.projectgutenberg.org, accessed 16 June 2022.

8. Thomas Toft, *Display Dish with Charles ii in a Tree*, *c.* 1680, www.metropolitanmuseum.org, accessed 16 June 2022.
9. Evelyn, *Sylva*, p. xcix.
10. Kieko Matteson, *Forests in Revolutionary France: Conservation, Community and Conflict, 1669–1848* (Cambridge, 2015), p. 37.
11. Ibid., pp. 35–6.
12. John Evelyn, *Sylva; or, A Discourse on Forest Trees* (Cambridge, 2013), vol. ii, p.5.
13. Ibid., p. 37.
14. Hanns Carl von Carlowitz, *Sylvicultura Oekenomica* (Leipzig, 1713), p. 106.
15. Hansjörg Küster, *Geschichte des Waldes: Von der Urzeit bis zur Gegenwart* (Munich, 2013), p. 176.
16. Matteson, *Forests*, p. 167.
17. Charles Watkins, *Trees in Art* (London, 2018), p. 158.
18. Oliver Rackham, *History of the Countryside* (London, 2020), pp. 135–6.
19. Martine Chalvet, Une *Histoire De La Foreêt*, ebook (Paris, 2011), Kindle locations 2319–47.
20. Küster, *Geschichte*, p. 182.
21. Matteson, *Forests*, pp. 244, 47–54.
22. Robert Delort and Francçois Walter, *Histoire de l'environnement européen* (Paris, 2001), p. 309.
23. Boria Sax, *Animals in the Third Reich*, 2nd edn (Pittsburgh, pa, 2013), pp. 64–5, 100–113, 164–73.
24. Raymond H. Dominick iii, *The Environmental Movement in Germany: Prophets and Pioneers, 1871–1971* (Bloomington, in, 1992), p. 106.
25. Ibid., pp. 105–6.
26. Bernd A. Rusinek, 'Wald und Baum in der arische-germanische Geistes- und Kulturgeschichte' in *Der Wald. Ein deutscher Mythos*, ed. Albrecht Lehmann and Klaus Schriewer (Hamburg, 2000), www.archivportal-d.de, accessed 22 July 2022, p.4. The translation is my own.
27. Dominick, *Environmental*, pp. 111–15.
28. Ibid., p. 113.
29. Rusinek, 'Wald und Baum', p. 6.
30. Jost Hermand, *Old Dreams of a New Reich: Völkish Utopias and National Socialism* (Bloomington, in, 1992), p. 281.
31. *Ewiger Wald*, (Kampfbund für deutsche Kultur, 1936), www.youtube.com, accessed 28 June 2022. This only contains the first half or so of the film. Much was probably omitted to minimize its association with Nazism.
32. Anonymous, 'Ewiger Wald', Alchetron, last modified 14 April 2022, https://alchetron.com, accessed 28 June,2022.
33. Victoria Urmersbach, 'Von Wilden Wäldern und der Liebe Zur Linde: Waldgeschichten Zwischen Realität und Mythos', in *Der Wald in Der Vielwalt Möglicher Perspektiven*, ed. Corinna Jenal and Karsten Berr (Berlin, 2022), pp. 29–30.
34. Dominick,*Environmental*,p.90.

35. Michael Williams, *Deforesting the Earth: From Prehistory to the Global Crisis, an Abridgement* (Chicago, il, 2006), p. 390.
36. Bertolt Brecht, 'An Die Nachgeborenen', in *Deutsche Gedichte: Von den Anfängen biz zur Gegenwart*, ed. Echtermeyer and Benno von Wiese (Düsseldorf, 1979), p. 632. The translation is my own.
37. Dominick, *Environmental*, pp. 111–12.
38. Williams, *Deforesting*, pp. 402–4.

第十五章 森林裡的河流

1. Michael Marder, *Plant-Thinking: A Philosophy of Vegetable Life* (New York, 2013), p. 179.
2. William Shakespeare, *Shakespeare's Sonnets* (New York, 2011), p. 175.
3. Michael Williams, *Deforesting the Earth: From Prehistory to the Global Crisis*, abridged edn (Chicago, il, 2007) pp. 172, 395–6.
4. Ashley Junger, 'Saving Our Forests for the Trees: Deforestation Is Threatening Critical Ecosystems Throughout the World', www.earthwatch. org, accessed 8 July, 2022.
5. Jordan Fisher Smith, 'The Wilderness Paradox', in *Orion* (September– October 2014), p. 37.
6. George Monbiot, *Feral: Rewilding the Land, the Sea, and Human Life* (Chicago, il, 2017).
7. Fred Pearce, *The New Wild: Why Invasive Species Will Be Nature's Salvation* (Boston, ma, 2015), pp. 96–8.
8. Jean Francçois Lyotard, *The Postmodern Condition: A Report on Knowledge*, trans. Geoff Bennington and Brian Massumi (Minneapolis, mi, 1984), pp. 31–8, 60.
9. William Cronon, 'Introduction: In Search of Nature', in *Uncommon Ground: Rethinking the Human Place in Nature*, ed. William Cronon (New York, 1996), pp. 25–6.
10. Brian J. Palik, Anthony W. D'Amato et al., *Ecological Silviculture: Foundations and Applications* (Long Grove, il, 2021), pp. 37–50, 293–5.
11. Elizabeth Weil, 'Forever Fire', *New York Times Magazine*, 16 January 2022, pp. 33–43.
12. Palik, *Silviculture*, pp. 115–42.
13. Stacey Kazacos, 'From the President', *New York Forest Owner*, lx/5 (September–October 2022), p. 3.
14. Boria Sax, *Animals in the Third Reich* (Pittsburgh, pa, 2013), pp. 167–76.
15. Jonathan Marx, *What It Means to Be 98% Chimpanzee: Apes, People and Their Genes* (Berkeley, ca, 2002), pp. 165–72.
16. David Graeber and David Wengrow, *The Dawn of Everything: A New History of Humanity* (New York, 2021).
17. Jim Holt, 'The Grand Illusion', *Lapham's Quarterly*, vii/4 (2014), pp. 187–91.

延伸閱讀

These are books that I have found especially helpful, either for background information or in addressing more specific questions. I have not included primary sources since those are discussed explicitly in my book and are not difficult to find. The one exception is the *Epic of Gilgamesh*. Because the original sources are fragmentary and very remote in time, any translation involves a great deal of interpretation, and so I have included three English versions. I have not included works that are either highly specialized or tangential to the topic of forests in human history and culture. Contrary to my usual practice, I have included a few books in languages other than English, though only when I thought they had information or perspective that was not easily available in English.

Agnoletti, Mauro, *Storia del bosco: il paesaggio forestale Italiano* (Bari, Italy, 2020).In Italian, a history of the forests of Italy.

Altman, Nathaniel, *Sacred Trees* (San Francisco, ca, 1994). A broad survey of trees in myth and legend.

Anderson, Virginia De John, *Creatures of Empire: How Domestic Animals Transformed Early America* (New York, 2004). A study of the contrasting relationships to flora and fauna among early European colonists and Native Americans.

Barr, Karsten, and Corina Jenal, eds, *Der Wald in der Vielfalt Möglicher Perspektiven* (Berlin, 2022). In German, a collection of essays on the social and historical significance of forests.

Beechmann, Roland, *Trees and Man: The Forest in the Middle Ages*, trans.

Katharyn Dunham. (New York, 1990). A detailed discussion of medieval forests, especially in France.

Bibikhin, Vladimir, *The Woods (Hyle)*, trans. Arch Tait (Cambridge, 2021).A philosophical and etymological discussion of our concept of the woods by a leading Russian philosopher.

Bruchac, Joseph, *Native Plant Stories* (Golden, co, 1995). A collection of traditional Canadian and American Indian tales by a Native American author.

Canham, Charles D., *Forests Adrift: Currents Shaping the Future of Northeastern Trees* (New Haven, ct, 2020). A forester's account of how woodlands of the American Northeast have developed and how they are likely to evolve in the decades and centuries to come.

Cartmill, Matt, *A View to a Death in the Morning: Hunting and*

Nature through History (Cambridge, ma, 1993). A cultural history of hunting.

Chalvet, Martine, *Une histoire de la forêt* (Paris, 2011). In French, an account of forests, especially in France, from Neolithic times to the present and broader cultural and historical trends.

Corvol, Andrée, *L'Homme aux Bois: Histoire des relations de l'homme et la forêt xviie–xxe siècle* (Paris, 1987). In French, a study of relations between people and forests in France during the modern era.

Cronon, William, *Changes in the Land: Indians, Colonists, and the Ecology of New England.* (New York, 2011). A highly influential modern classic, which was among the first books to look critically at the ideal of a primordial landscape.

Cronon, William, ed., *Uncommon Ground: Rethinking the Human Place in Nature* (New York, 1996). A collection of essays on the history of American forests, ephasizing how they were extensively managed to create an impression of primeval purity.

Dalley, Stephanie, trans., *Myths from Mesopotamia: Creation, the Flood, Gilgamesh, and Others*, trans. Stephanie Dalley (Oxford, 1992). Contains translations of two versions of *The Epic of Gilgamesh*, which are notable for their strict adherence to the original tablets.

Delort, Robert and François Walter, *Histoire de l'environnement européen*(Paris, 2001). In French, a history of the natural environment in Europe. Descola, Philippe, *Beyond Nature and Culture*, trans. Janet Lloyd (Chicago, il, 2013). A comprehensive study of ways in which human societies relate to their natural environments.

Ferber, Linda S., *The Hudson River School: Nature and the American Vision* (New York, 2009). A scholarly introduction to the painters of the American Hudson River School with extensive illustrations.

George, Andrew, trans. *The Epic of Gilgamesh: The Babylonian Epic Poem and Other Texts in Akkadian and Sumerian*, 2nd edn (New York, 2019).

Combines several versions of *The Epic of Gilgamesh* together in one narrative with extensive notes.

Harrison, Robert Pogue, *Forests: The Shadow of Civilization* (Chicago, il, 1993). A study in the cultural significance of forests, with special emphasis on those of Italy.

Jenal, Corina, *'Das ist kein Wald, Ihr Pappnasen!' Zur sozialen Konstruktion von Wald. Perspektiven von Landschaftstheorie und Landschaftspraxis* (Berlin, 2019). In German, a historical and philosophical study of how the concept of a wood has been socially constructed.

Kohn, Eduardo, *How Forests Think: Toward an Anthropology Beyond the Human* (Berkeley, ca, 2013). A philosophical/anthropological discussion of the significance of forests, with special emphasis on those of Latin America.

Küster, Hansjörg, *Der Wald: Natur Und Geschichte* (Munich, 2019). In German, a discussion of how forests and their terrain have changed over the centuries, written from a perspective of environmental geography.

Maeterlinck, Maurice, *The Intelligence of Flowers*, trans. Alexander Teixeira Mattos (Cambridge, ma, 1906). By a winner of the Nobel Prize for literature, this book makes a case for the sentience of plants and is arguably the first in the discipline now known as 'plant studies'.

Marder, Michael, *Plant Thinking: A Philosophy of Vegetal Life* (New York, 2013).

A philosophical investigation of the fundamental ontologies of plant life and their implications.

Matteson, Kieko, *Forests in Revolutionary France: Conservation, Community and Conflict, 1669–1848* (Cambridge, 2015). A detailed discussion of how forests were impacted by the wide range of governments in France, from Louis xiv to Napoleon iii.

Monbiot, George, *Feral: Rewilding the Land, the Sea, and Human Life* (Chicago, il, 2017). Argues for a radical rewilding, which the author believes would restore something close to the Paleolithic landscapes in Britain.

Novak, Barbara, *Nature and Culture: American Landscape and Painting, 1825– 1875* (New York, 1980). A discussion of the philosophical and aesthetic foundations of painters in the Hudson River School, especially the works depicting the vanishing American forests.

Palik, Brian J., et al., *Ecological Silviculture: Foundations and Applications* (Long Grove, il, 2021). A practical guide to the foundations of contemporary forestry.

Pearce, Fred, *The New Wild: Why Invasive Species Will be Nature's Salvation* (Boston, ma, 2015). Argues the unconventional thesis that we should accept the globalization of wildlife and that it will ultimately contribute to biodiversity.

Perlin, John, *A Forest Journey: The Story of Wood and Civilization* (Woodstock, vt, 2005). A study of how a nearly insatiable demand for wood has influenced Western culture from ancient times to the advent of fossil fuels.

Rackham, Oliver, *History of the Countryside* (London, 2020). A detailed history of British landscapes.

Sandars, N. K., trans. *The Epic of Gilgamesh*, (New York, 1977). A relatively free but artistically very effective translation.

Saunders, Corinne J., *The Forest of Medieval Romance: Avernus, Broceliande, Arden* (Woodbridge, 1993). A detailed study of the role of the forest in Medieval European romances.

Simard, Suzanne, *Finding the Mother Tree: Discovering the Wisdom of the Forest* (New York, 2021). An autobiographical account by an important figure in contemporary forestry, in which she discusses how the discipline has developed.

Smith, Nigel J., *The Enchanted Amazon Rain Forest: Stories from a Vanishing World*(Gainesville, fl, 1976). A study of the folklore of the Brazilian Amazon.

Sterba, Jim, *Nature Wars: The Incredible Story of How Wildlife Comebacks Turned Backyards into Battlegrounds* (New York, 2012). An account of how human protection has created a dramatic comeback for deer, turkeys and other American animals but also revived old resentments of them.

Thomas, Keith, *Man and the Natural World: A History of the Modern Sensibility* (New York, 1983). A modern classic that explores many facets of the relationship between human beings and the natural world.

Watkins, Charles, *Trees in Art* (London, 2018). A extensive and beautifully illustrated discussion of the conventions and ideals reflected in graphic art depicting trees.

—–, *Trees, Woods and Forests: A Social and Cultural History* (London, 2016).
A discussion of the changing attitudes towards forests, especially in Britain, as reflected in the literary and graphic arts.

Wessels, Tom, *Reading the Forested Landscape: A Natural History of New England* (New York, 1999). A book on forest forensics, which reconstructs the history of a landscape from clues in the terrain and vegetation, centred around the American Northeast.

Williams, Michael, *Americans and Their Forests: A Historical Geography* (Cambridge, 1992). An extensive history of American forests.

Williams, Michael, *Deforesting the Earth: From Prehistory to the Global Crisis, an Abridgement* (Chicago, il, 2006). A detailed history of deforestation throughout the world.

Wohlleben, Peter, *The Hidden Life of Trees: What They Feel, How They Communicate – Discoveries from a Secret World*, trans. Tim Flannery (New York, 2017). A bestselling book on forest management, particularly of old-growth forests.

Zechner, Johannes, *Der Deutsche Wald: Eine Ideengeschichte zwischen Poesie und Ideologie* (Darmstadt, 2016). In German, a discussion of how the changing concepts of the forest are reflected in poetry and the other arts.

謝詞

I wish to thank the National Convention of Independent Scholars (ncis) and Mercy College for grants for research materials that helped me write this book. Thanks especially to my wife, Linda Sax, for her generous support and many helpful suggestions. Tom Christensen has taken many beautiful photos on my property, and he has graciously allowed me to reproduce them in this book. Thanks also to the people at Reaktion Books for their confidence in the project.

圖片使用致謝（原文版）

The author and publishers wish to express their thanks to the below sources of illustrative material and/or permission to reproduce it. Some locations of artworks are also given below, in the interest of brevity:

Alte Nationalgalerie, Staatliche Museen zu Berlin: p. 164 (*top*); Amon Carter Museum of American Art, Fort Worth, tx: p. 174; from *Anne Anderson's Old, Old Fairy Tales* (Racine, wi, 1935): p. 186; Art Institute of Chicago: p. 156; Artokoloro/ Alamy Stock Photo: p. 59; Ashmolean Museum, University of Oxford: p. 29; Autry Museum of the American West, Los Angeles: p. 171 (photo Library of Congress, Prints and Photographs Division, Washington, dc); Basilica di San Francesco, Arezzo: p. 45; Bayerische Staatsbibliothek, Munich: pp. 38 (ms Cod.icon. 26, fol. 59r), 44 (ms Clm 15710, fol. 60v – photo World Digital Library); Beinecke Rare Book and Manuscript Library, Yale University, New Haven, ct: p. 133 (Mellon ms 110, fol. 131v); Bibliothèque nationale de France, Paris: pp. 74 (ms Latin 9474, fol. 191v), 84 (ms Français 616, fol. 87r), 127 (ms Réserve od-60 pet fol, fol. 19r); British Library, London: p. 125 (Cotton ms Nero a x/2, fol. 94v); photos Tom Christensen: pp. 6, 68, 99, 253; collection of the author: pp. 10 (*left*), 11, 34, 51, 57, 93, 100, 101, 138, 139, 150, 160, 161, 164 (*bottom*), 169, 172, 173, 196, 199, 206, 207, 208, 214, 227, 231, 233, 238; from Taxile Delord, *Les fleurs animées*, vol. ii (Paris, 1847): p. 36; Dover Pictorial Archive: pp. 28, 42, 96, 112; from Brothers Grimm, *Hansel and Grethel and Other Tales* (London, 1920), photo University of North Carolina at Chapel Hill Library: p. 134; from Richard Huber, *A Treasury of Fantastic and Mythological Creatures: 1,087 Renderings from Historic Sources* (New York, 1981), photo Dover Pictorial Archive: p. 63; Kunsthistorisches Museum, Vienna: p. 88; from John Leighton, *1,100 Designs and Motifs from Historic Sources* (New York, 1995), photos Dover Pictorial Archive: p. 22; Library of Congress, Prints and Photographs Divi- sion, Washington, dc: pp. 216 (photo Carol M. Highsmith), 219; The Metropolitan Museum of Art, New York: pp. 55, 56, 85, 110, 115 (*bottom*), 130, 157 (*bottom*), 197, 228; The Morgan Library and Museum, New York: p. 32 (ms g.5, fol. 18v); Museum für Islamische Kunst, Staatliche Museen zu Berlin: 41; Muzeum Narodowe, Warsaw: p. 33; National Galleries of Scotland, Edinburgh: p. 92; New-York Historical Society: pp. 177, 178, 179, 180; The New York Public Library: pp. 54, 115 (*top*), 222; private collection: pp. 104, 157 (*top*), 198, 225; Royal Collection Trust/© His Majesty King Charles iii 2023: p. 151; photos Boria

Sax: pp. 10 (*right*), 218; Schloss Charlottenburg, Berlin: p. 162; Toledo Museum of Art, oh: p. 155; Unsplash: p. 189 (photo Dylan Bman); u.s. Capitol Building: p. 194; The Wallace Collection, London: pp. 9, 159; Wikimedia Commons: pp. 48 (photo Osama Shukir Muhammed Amin frcp (Glasg), cc by-sa 4.0), 67 (photo Rama, cc by-sa 3.0 fr – Musée du Louvre, Paris), 188 (photo © Thomas Wolf/www.foto-tw.de, cc by-sa 3.0 de).

魔法森林

開啟生命、生態與靈性對話的詩意空間

Enchanted Forests: The Poetic Construction of A World Before Time

作　　者　博利亞·薩克斯 Boria Sax
譯　　者　劉泗翰
執行編輯　吳佩芬
封面設計　莊謹銘
內頁排版　高巧怡
行銷企劃　蕭浩仰、江紫涓
行銷統籌　駱漢琦
業務發行　邱紹溢
營運顧問　郭其彬
果力總編　蔣慧仙
漫遊者總編　李亞南
出　　版　果力文化／漫遊者文化事業股份有限公司
地　　址　台北市103大同區重慶北路二段88號2樓之6
電　　話　(02) 2715-2022
傳　　真　(02) 2715-2021
服務信箱　service@azothbooks.com
網路書店　www.azothbooks.com
臉　　書　www.facebook.com/azothbooks.read

發　　行　大雁出版基地
地　　址　新北市231新店區北新路三段207-3號5樓
電　　話　(02) 8913-1005
訂單傳真　(02) 8913-1056
初版一刷　2024年12月
定　　價　台幣680元
ISBN　978-626-99114-1-7

國家圖書館出版品預行編目 (CIP) 資料

魔法森林：開啟生命、生態與靈性對話的詩意空間 / 博利亞. 薩克斯(Boria Sax) 作；劉泗翰譯. -- 初版. -- 臺北市：果力文化出版；新北市：大雁出版基地發行, 2024.12
432 面；14.8×21 公分
譯自：Enchanted Forests: The Poetic Construction of A World Before Time
ISBN 978-626-99114-1-7(平裝)
1.CST: 植物生態學 2.CST: 森林 3.CST: 通俗作品
374　　113016353